ITALIAN ORIGINAL RECIPE

유럽 제빵계 거장 삐에르조르죠의

이탈리아 빵과 스낵

저자 PIERGIORGIO GIORILLI 사진 FRANCESCA BRAMBILLA
번역 김선정 감수 김창석

BnCworld

저자의 글

『이탈리아 빵』과 『스낵푸드』의 합본호 『이탈리아 빵과 스낵』 출간을 기쁘게 생각합니다. 1부 「이탈리아 빵」에서는 간단하면서도 세련된 전통 이탈리아빵 레시피에서부터 좀 더 트렌디하고 현대적인 레시피까지 다양하게 소개했습니다. 뿐만 아니라 제빵 이론과 역사에 대한 설명까지 풍부하게 담아내고자 노력하였습니다.

2부 「스낵」에서는 친구나 동료들과 퇴근 후 안주 삼아 먹는 한입 크기의 핑거푸드, 스몰푸드로 더 없이 매력적인 스낵푸드의 세계로 안내합니다. 물론 이 책에서 제안하는 제품들은 점심 대용으로도 일품입니다. 이곳에서 소개하는 채소, 치즈, 샐러드, 얇게 썬 살라메, 생선 등을 기본 속재료로 첨가한 스낵들은 1일 필수 영양소인 탄수화물, 단백질, 지방, 섬유질, 비타민 등을 함유하고 있습니다.

이 책을 통해 맛있는 이탈리아 빵과 스낵푸드를 경험하게 되시길 바라며, 여러분들의 제빵기술 발전에 조금이나마 유용한 정보가 되길 기대합니다. 여러분 모두의 행운을 빌며 이 번역서의 출판에 애써 준 김선정 Lioba에게 감사를 표합니다.

– 삐에르조르죠 조릴리 Piergiorgio Giorilli

감수자의 글

저는 제빵·요리사로서 빠르고 간단하게 만들면서도 몸에 건강한 음식을 사람들에게 알려주어야 한다는 사명감을 갖고 있었습니다. 그러던 차에 유럽의 빵과 요리를 발전시킨 이탈리아식 빵과 스낵푸드를 만나게 되었습니다.

이 책은 이탈리아식 건강빵과 그에 어울리는 다양한 음식과 음료를 소개하고 있습니다. 특히 이탈리아의 오리지널 카페 브런치 빵과 세계적으로 인기 있는 카페 브런치 요리의 다양한 레시피를 제시하며, 구체적인 이탈리아의 제빵법까지 설명하고 있습니다.

저는 이 책이 창조적인 제빵·요리사들에게 많은 영감을 주리라 확신합니다. 이 책을 읽은 제빵·요리사들에게 몇 가지 제언(提言)한다면 첫째, 이탈리아식 건강빵을 번으로 하고 우리의 전통적인 발효음식을 접목하시길 권합니다. 둘째, 이탈리아 요리에 많이 들어가는 오레가노, 바질, 로즈마리 등과 같은 허브를 이용하여 천연발효종을 만들어 포카치아, 치아바따, 빠니니를 만들어 보시길 권합니다. 셋째, 우리 밀처럼 단백질 함량이 적은 이탈리아 밀을 사용하는 제빵법을 우리 밀에 적용하시길 권합니다.

끝으로, 유럽을 대표하는 이탈리아의 전통 빵과 요리들을 소개해주는 훌륭한 책을 역저 하는데 많은 고생을 하신 김선정 선생님의 노고에 감사드립니다.

– 김창석

역자의 글

아직도 그 순간을 잊을 수 없습니다. 저의 스승이자 이 책의 저자인 삐에르조르죠 조릴리(Piergiorgio Giorilli)의 빵을 처음 맛본 그 순간을 말입니다. 다니던 직장을 그만두고 결혼한 주부였던 제가 남편까지 남겨두고 이탈리아에 빵을 배우러 유학길에 오른 그 이유를 단번에 설명해주던 순간이었습니다.

한국에서 즐겨 먹던 빵과 다른 이탈리아, 특히 삐에르조르죠의 빵은 저를 매료시키기에 충분했습니다. 삐에르조르죠는 이탈리아의 전통 제빵법인 파스타 디 리뽀르토(pasta di riporto), 비가(biga), 풀리시(poolish) 등의 선반죽 발효법을 이용해 빵을 만들기 때문에 빵에 유기산 함유량이 많고 기포가 큽니다. 이 때문에 빵이 가벼워지고 소화가 잘됩니다. 저는 삐에르조르죠의 빵을 맛보았을 때의 그 감동과 행복감을 이 번역서를 통해 많은 이들과 함께하고 싶었습니다.

이탈리아 전통빵은 약 250가지이며, 지역별 특색 있는 빵들을 모두 포함한다면 대략 1,000가지가 넘는다고 합니다. 이탈리아 빵과 스낵푸드의 합본호인 이 책의 1부에서는 이탈리아 제빵계의 거장 삐에르조르죠가 오랜 세월 동안 정밀하게 완성한 맛있는 54가지 빵과 각 빵과 어울리는 음식들을 소개합니다. 2부에서는 72가지 스낵푸드와 더불어 궁합이 잘 맞는 요리와 재료 그리고 어울리는 와인, 맥주를 소개합니다.

제빵 자문을 위해 한국에도 세 번 방문하여 한국의 실정을 잘 아는 삐에르조르죠의 조언을 바탕으로 김창석 선생님과 함께 한국에서도 이탈리아 빵에 접근할 수 있도록 노력했습니다. 이탈리아 밀가루는 한국식으로 변환하였고 한국에 없는 재료는 대체 재료를 소개하였으며, 구체적인 제조 과정과 이탈리아 제빵법의 이해를 돕기 위한 팁을 실었습니다. 또한 이탈리아에서 맛본 그 맛이 그대로 재현되는지 실험하는 수고도 아끼지 않았습니다.

저에게 이 책을 번역하도록 허락하고 적극적으로 도움을 주신 위대한 스승 삐에르조르죠와 그의 부인 파우스타(Fausta)에게 깊이 감사드립니다. 더불어 이탈리아어 번역을 검수해 주신 김세연 선생님, 사전에 없는 용어와 기법들을 검수해 주신 마르(Mar) 선생님, 칵테일 레시피를 검수해 준 바텐더 박연숙 씨, 유학 동안 많은 조언과 격려를 아끼지 않으셨던 박찬일 선생님, 제가 일했던 제과점의 주인 알렉산드로(Alessandro), 그의 엄마이자 저의 이탈리아 엄마 릴리아나(Liliana), 선뜻 저의 조건을 묻지도 따지지도 않고 번역서 출간을 허락하신 비앤씨월드 장상원 사장님 그리고 저의 신랑과 딸 김지우, 친정, 시댁 가족들과 친지들… 이 모든 분들께 감사의 마음을 전합니다.

— 김선정 Lioba

<일러두기>
1. 이 책은 외래어표기법이 아닌, 원어의 발음에 가깝게 표기하였습니다.
2. 이탈리아어의 단·복수를 통일하지 않고 혼용하여 표기하였습니다. 살라메는 단수, 살라미가 복수형입니다. 또한 포카치아 2개 이상은 포카체(facacce), 미니 포카치아 1개는 포카치나(focaccina), 미니 포카치아 2개 이상은 포카치네(focaccine)입니다.

이탈리아 빵 목차

머리말 ···································· 4

빵에서 요리에 이르기까지 ··········· 8
밀가루 ·································· 18
효모 ···································· 26
소금 ···································· 32
맥아 ···································· 34
물 ······································ 36
빵 제조법 ······························ 42
빵이 주는 즐거움 ····················· 48
가톨릭 성체성사, 신화, 토속신앙에서의 빵 ····· 52

아침 식사용 빵 ···················· 56
요구르트·바나나빵 ··················· 58
달콤한 귀리빵 ························· 60
단빵 ···································· 62
비엔나식 달걀빵 ······················ 64

오후 간식용 빵 ···················· 66
코코넛·살구·헤이즐넛빵 ·············· 68
무화과·초콜릿빵 ······················ 70

식욕을 돋우는 식전주와 함께 먹는 빵 ····· 72
안초비·레몬빵 ························· 74

양파·베이컨 포카치아 ················· 76
뻬코리노치즈·발사믹식초 포카치아 ········ 78
크림치즈를 가득 채운 보꼰치니 ········· 80

전채요리와 빵 ···················· 82
초피빵 ·································· 84
양파·건토마토빵 ······················ 86
허브(파슬리·차이브·마조람)빵 ········ 88
가지·오레가노 필론치니 ··············· 90

네루다의 '빵' ···················· 92
루콜라·건토마토 포카치아 ············· 94
회향씨 호밀 치아바따 ················· 96
그라나 빠다노·잣 포카치네 ············ 98
꽃상추·훈제 스카모르자치즈빵 ········ 100
잠두콩·로마 뻬코리노치즈빵 ·········· 102
구운 뽈렌타·라르도빵 ··············· 104
타임·사과·양파빵 ··················· 106

이사벨 아옌데의 빵 ·············· 108
참깨·당근식빵 ······················ 110
감자·로즈마리 필론치노 ············· 112
리코따·돌박하빵 ···················· 114
타임·레몬빵 ························· 116

빵의 향기 ···················· **118**

대황미뇬 ···················· 120

배·아몬드빵 ···················· 122

샬롯·돼지볼살빵 ···················· 124

단호박·호두빵 ···················· 126

미네스트레와 빵 ···················· **128**

라르도·양파빵 ···················· 130

건토마토 타르티네 ···················· 132

라르도·타임·레몬빵 ···················· 134

라디끼오·베이컨빵 ···················· 136

프리셀레 ···················· 138

돼지 치치올리빵 ···················· 140

육류, 생선요리와 빵 ···················· **142**

고수빵 ···················· 144

마늘·파슬리 트레치네 ···················· 146

딜 보꼰치니 ···················· 148

마타리상추 보꼰치니 ···················· 150

빵에 대한 미신 ···················· **152**

사과·잣·계피빵 ···················· 154

샬롯·레드 와인빵 ···················· 156

양파 필론치노 ···················· 158

풀리시를 이용한 가정식 빵 ···················· **160**

홍후추 미뇬 ···················· 162

듀럼밀·커민씨빵 ···················· 164

파프리카빵 ···················· 166

민트 미뇬 ···················· 168

생강·레몬빵 ···················· 170

치즈와 빵 ···················· **172**

감자·호두빵 ···················· 174

곡물빵 ···················· 176

사과·생강빵 ···················· 178

배·흑후추빵 ···················· 180

디저트와 빵 ···················· **182**

리코따·체리빵 ···················· 184

단호박·초콜릿빵 ···················· 186

빵 그리고 빵과 함께 먹는 음식 ···················· **188**

이탈리아 스낵
목차

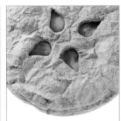

파스티체리아 살라타 ·············· **198**
   파스티체리아 살라타의 역사 ············ 200
   필요성에서 즐거움으로 ············ 201

소금 한줌 ·············· **202**
   소금의 관습 ············ 204
   소금의 사용 ············ 204
   염전의 광경 ············ 205

빵에 사용되는 곡물가루들 ·············· **208**
   곡물의 역사 ············ 211
   밀 ············ 211
   다른 곡물류 ············ 212

반죽 ·············· **214**

스폴리아토 ·············· **228**
   볶은 밀기울 브리오슈 살라타 ············ 230
   초피 크루아상 ············ 232
   타임·레몬 크루아상 ············ 234
   그라나 빠다노·후추 크루아상 ············ 236
   홍후추 크루아상 ············ 238
   잠두콩·뻬코리노 크루아상 ············ 240
   민트 스폴리아토 ············ 242
   쥐오줌풀 스폴리아토 ············ 244
   향신료 스폴리아토 ············ 246

   파프리카 스폴리아토 ············ 248
   카르다몸 스폴리아토 ············ 250
   아니스 짤츠스탕 ············ 252
   허브 짤츠스탕 ············ 254
   고수·후추 짤츠스탕 ············ 256

포카치아 ·············· **258**
   프로방스 포카치아 ············ 260
   허브 포카치아 ············ 262
   건토마토·케이퍼 포카치아 ············ 264
   쁘로볼라·로즈마리 포카치아 ············ 266
   빠르미지아나 포카치아 ············ 268
   샬롯·돼지 볼살 포카치아 ············ 270
   안초비·레몬 포카치아 ············ 272
   트레비조 지역의 붉은 라디끼오 포카치아 ············ 274
   회향씨 포카치아 ············ 276
   해바라기씨 포카치아 ············ 278
   생강·레몬 포카치아 ············ 280
   감자 피자 ············ 282
   꽃상추·훈제 스카모르자 칼조네 ············ 284

속을 채운 포카치아 ·············· **286**
   버섯으로 속을 채운 포카치아 ············ 288
   리코따로 속을 채운 포카치아 ············ 290
   참치·스카모르자 포카치아 ············ 292
   열대과일 포카치아 ············ 294

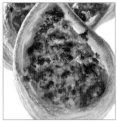

파·치즈 포카치아 ──────── 296

치즈로 속을 채운 포카치아 ──────── 299

채식주의자를 위한 포카치아 ──────── 300

속을 채운 스폴리아타 포카치아 ────── 302

꽃상추 스폴리아타 포카치아 ──────── 304

양파로 속을 채운 스폴리아타 포카치아 ──── 306

시금치로 속을 채운 스폴리아타 포카치아 ── 308

트레비조 지역 붉은 라디끼오 스폴리아타 칼조네 ── 310

파로 속을 채운 스폴리아타 포카치아 ──── 312

감자·양파 스폴리아타 포카치아 ─────── 314

속을 채운 빠니니 ────── 316

당근·우유 치아바띠나 ──────── 318

시금치·우유 치아바띠나 ──────── 320

붉은 근대뿌리·우유 치아바띠나 ─────── 322

토마토 퓌레·우유 치아바띠나 ─────── 324

카레·우유 치아바띠나 ──────── 326

밀기울 샌드위치 ──────── 328

밤가루로 만든 베네치아 살라타 ─────── 330

햄버거 타르티나 ──────── 332

핫도그 필론치노 ──────── 334

소금물에 담근 빠니니 ──────── 336

호밀·엠머밀 시골 빠니노 ──────── 338

구겔호프 살라토 ──────── 340

스낵 ────── 342

그라나 빠다노 스낵 ──────── 344

토마토 꽈드로띠 ──────── 346

호두·파 타르텔레떼 ──────── 348

연어 파고티노 ──────── 350

닭고기 스낵 ──────── 352

호박 타르텔레떼 ──────── 354

프로슈또 스낵 ──────── 356

가지 타르텔레떼 ──────── 358

프로슈또 크루도 키오치올라 ─────── 360

양파·베이컨 키슈 ──────── 362

시금치·프로슈또 키슈 ──────── 364

스펙·치즈 로톨로 ──────── 366

고르곤졸라 체스티니 ──────── 368

스트루델 ────── 370

아티초크·버섯 스트루델 ──────── 372

트레비조 지역 붉은 라디끼오 스트루델 ──── 374

채소·시금치 스트루델 ──────── 376

채소 스트루델 ──────── 379

채소·리코따 스트루델 ──────── 380

파·베이컨 스트루델 ──────── 382

시금치 스트루델 ──────── 384

인덱스 ────── 386

Pane&Pani

빵에서 요리에 이르기까지

사회학적 관점에서 지중해 모든 민족에게 빵 제조기법은 특별한 것이 아닌 일상적인 것이었다. 빵은 지중해 민족들의 역사적, 문화적 발전과 함께 대대로 전승되어 오늘날의 빵의 형태로 변화되고 성장하였다.

고대의 빵은 탄수화물, 즉 에너지를 보충해주는 데 중요한 역할을 했고, 생활환경에 많은 변화를 가져왔다. 그리고 '바바리안'이라는 이름으로 잘 알려진 알프스 너머에 거주하는 민족들에 비해 소위 '문명인'들은 보다 특색 있는 요소, 보다 발전하려는 새로운 노력을 기울였다.

바바리안들이 생곡물을 대충 반죽하여 걸쭉한 죽과 같은 상태의 뽈틸리아(poltiglia)를 형식을 갖추지 않은 원초적인 방법으로 익혀먹을 때, 고대 이집트, 그리스, 로마인들은 밀가루 생산에 중요한 밀 경작법과 오븐의 활용법을 이해하고 있었다.

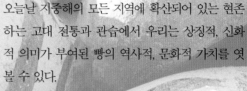

밤새 놓아두면,
뜨거운 돌에서 구운
단단한 포카치아가 완성된다.

앞 페이지는
빵을 굽는 오븐.
– 아프리카 모로코 El Gadida에서

오늘날 지중해의 모든 지역에 확산되어 있는 현존하는 고대 전통과 관습에서 우리는 상징적, 신화적 의미가 부여된 빵의 역사적, 문화적 가치를 엿볼 수 있다.

그러나 이 지중해 지역에서만 빵의 역사를 볼 수 있는 것은 아니다.

구약성서에는 '너는 빵에서 나왔기 때문에, 흙으로 돌아갈 때까지… 네 얼굴의 땀과 함께 빵을 먹을 것이다.'라는 귀절이 나온다. '빵은 사람의 노고의 열매이며 동시에 농부의 일의 강도를 생각하게 해주는 상징'이라는 서남아시아 지역 사람들의 생각을 엿볼 수 있는 대목이다. 빵의 중요성과 밀가루 생산 보급에 관한 내용도 확인할 수 있다.

빵의 유래는 많은 문서와 기록으로 후세에 전해진다.

사실 발효빵(누룩이 든), 혹은 발효하지 않은 빵(누룩이 들어 있지 않은)은 고대 모든 종교에서 순결함의 상징이며 생활의 원천으로 표현되고 있다. 가톨릭 종교의 성체성사에서도 그 상징성이 발견된다. 성체(빵으로 정의되는 성체)는 그리스도의 몸을 나타낸다. 또한 약 일만 년 전으로 거슬러 올라가 형태를 갖추지 않은 상태에서 곡물과 밀 경작을 시도하고 뜨거운 돌 위에서 단단한 포카치아를 익혀 먹었던 것으로 확인되고 있다.

아래 사진은,
Moussem 축제 기간 동안 모로코의 고원지대
Imilchil에서 빵을 반죽하는 모습

Moussem은 여름의 끝 무렵,
밀과 보리의 수확을 축하하기 위해
열리는 대형 마켓이다.

고대 이집트의 초기 제빵사들은 둥근 돔 모양의 천장으로 된 오븐을 제작했을 뿐 아니라 자연발효도 발견했다. 반죽을 휴지시키면 빵의 향미가 더 좋아지고 부드러워지는 것을 발견한 후, 이를 체계적인 제빵 신기술로 적용하였다.

그리스에서는 특히 제빵 기술을 개선하기 위해 많은 노력을 기울였고, 허브, 향신료, 우유, 꿀 등을 첨가하여 약 70여 종류의 다양한 빵을 창조했다. 그 다양한 빵의 이름은 대체로 사용하는 곡물의 형태와 유형에 근거하여 정해졌다. 또 다른 경우는 각 신에게 봉헌하는 의식과 관습에서 유래되기도 했다.
그리고 그리스는 첫 번째 공공오븐을 개발하기도 했다. 제빵사들은 오븐의 야간작업을 위해 순번과 규칙을 정하기도 했다.

11

아우구스투스 황제 시대에 로마사람들은 공공사업의 형태로 빵을 활발하게 제조했다.

수도에는 400개 이상의 오븐이 있었고, 매우 엄격한 법에 의해 빵 제조가 이루어졌다.

그 당시 사람들은 이미 빵이 재료가 간단하고 영양이 풍부하며 소화가 잘 되는 음식물이라는 것을 알고 있었다. 빵 소비를 권장하였으며 시민들에게 뽈렌타(polenta)와 곡물반죽에 빵을 먹을 것을 권하였다. 그러나 수많은 외부 침입, 폭력과 약탈의 결과로 로마 제국이 몰락하게 되면서 밀 경작이 쇠퇴하게 되었고, 빈곤층의 빵 소비는 급격하게 감소하였다. 빵 대신 눈에 띄는 것을 모두 넣은 혼합물 형태의 뽈틸리아(poltiglia)와 스프와 같이 움푹 파인 그릇에 먹는 식사를 하게 되었다.

로마 시대에 국유재산, 공공의 소유였던 제분소와 제빵소는 로마제국이 몰락하고 영토가 분리되면서 중세 시대까지 봉건 영주의 독점적 소유가 되어 예속민들에게 사용이 금지되었고, 또 그렇게 다른 생존의 형태에 맞추어 가야 했다.

그 후 이탈리아의 전반적인 경제, 문화가 회복되고, 모든 유럽 국가들의 무역이 확산되면서 빵집이 다시 모습을 보이게 되었고, 제빵기술자들의 협동조합이 두각을 나타냈다. 르네상스 시대에는 제빵기술의 부활과 발전이 두드러졌고, 특히 밀가루 정제 방식에 있어서는 더더욱 그러했다.

마리아 데 메디치 가문의 정원에서 처음으로 이뤄진 효모를 사용한 발효과정이 프랑스 국왕 앙리 4세와의 혼례 때 소개되었다. 이는 파리에 빵 제조기술을 수출하는 계기가 되었다.

그 기간 동안 프랑스 제빵 기술자들이 이탈리아 제빵사들의 기술을 전수받아 이후 고급 빵 제조에 있어 세계 최고가 되었으며, 18세기에는 오스트리아 비엔나에 그 지위를 물려주었다.

긴 세월 동안 빵의 제조와 소비로 인해 탄수화물을 섭취할 수 있었고 그로 인해 생활환경은 많이 변화되었다.

특히, 제빵기술 수준을 높인 그리스인들은 허브, 향신료, 우유, 꿀을 빵에 첨가하여 각양각색의 다양한 빵을 창조했다.

현재의 빵을 살펴보면,

제조기술과 조리방식의 다양함에도 불구하고 특히 유럽과 서양문화에서 빵은 다른 어떤 것과도 대체할 수 없는 중요한 영양물로서의 역할을 계속 이어가고 있다.

빵이 영양가가 없는 영양물로 여겨지고 인기가 없었던 적도 있었지만 최근에는 빵이 재평가되고 있다.

지방질이 많거나 라드(돼지기름)같은 재료를 덜 사용하는 등 영양학적 관점에서도 질적 수준이 높아졌고, 어떤 독특한 특성이 있는 지역빵이나 수작업으로 만든 빵 등 빵의 형태와 종류도 다양해졌다.

만약 어떤 빵이 어느 지역에서 주로 만들어진다면 그것은 차별화되어 그 지역 고유의 특산품이 되기도 했다.

빵집에는 수많은 빵들이 있는데 대부분은 전통빵들이지만, 제빵사들이 새롭게 개발한 빵도 있다. 그 빵들은 미식가들을 유혹하는 독특한 맛과 풍미를 결합한 빵들이다.

원산지의 전통 제빵 기법과 문화에 대한 존중과 고려가 담겨 있는 오늘날의 빵은 사람들에게 많은 관심과 흥미를 갖게 하며, 미각의 즐거움과 함께 정신적인 기쁨도 제공한다.

이처럼 빵은 현재 진정 영광스런 시대에 있다. 그 영광은 다행히 더 성장하는 듯하고, 뿐만 아니라 많은 음식 애호가들에게도 인정받는 듯하다.

이탈리아의 유명 레스토랑들 중에는 와인 리스트는 물론 요리와 함께 먹으면 더 좋은 빵 리스트를 고객에게 제공하는 경우도 있다.

Farina
밀가루

일반적으로 오븐에서 굽고 조리하는 빵과 요리들의 주재료인 밀가루는 곡물을 분쇄하는 과정을 통해 얻어진다.
이 과정을 거쳐서 보통밀과 듀럼밀이 각 특성에 따라 빵과 파스타가 되는 것이다.

귀리, 호밀, 밤, 보리, 메밀, 옥수수, 쌀… 곡물을
분쇄하였어도 모든 곡물들이 빵이 될 수 있는 것
은 아니다. 그러나 다양한 비율로 밀가루와 혼합
하면 가능하다.
밀알은 다양한 부분으로 구성된다.
외피, 호분층, 내배유, 배아.

밀알의 각 부분은 각기 다른 화학적 성분을 함유하고 있다. 외피와 호분층에는 섬유질과 무기질이 함유되어 있고, 배아는 비타민, 무기질, 지방, 단백질이 풍부하고, 내배유 혹은 중심 세포는 밀가루에 있는 대부분의 전분을 함유하고 있다.

밀알을 분쇄하면 껍질층인 외피와 호분층은 깎여져나가고, 내배유가 남게 된다. 그래서 다른 성분들의 함유량은 축소되지만 전분은 남게 되는 것이다.

밀기울

고품질 옥수수

밀가루

5가지 곡물가루

옥수수가루

통보리가루

빵 생산에 있어 가장 많이 사용하는 곡류는 확실히 밀이다.
그러나 밀가루에 다른 곡물가루들을 혼합해서 사용할 수 있기 때문에,
빵의 종류가 다양해질 수 있다.

밀가루에는 탄수화물(많은 양을 차지하고 있으며 특히 전분으로 구성돼 있다), 물, 단백질, 지질, 무기질, 비타민, 효소 등 다양한 성분이 함유되어 있다. 무기질의 양은 회분 분석으로 알 수 있다. 이 외의 성분들도 많이 존재하지만 정제될수록 최종 밀가루의 질은 높아지게 된다.

현행 유럽법은 잔여 회분에 기초하여 밀가루를 다음과 같이 구분한다.

    00밀가루 - 회분율 0.55%까지
    0밀가루 - 회분율 0.65%까지
    1밀가루 - 회분율 0.80%까지
    2밀가루 - 회분율 0.95%까지
    통밀가루 - 회분율 1.30%~1.70%

쇼팽의 아밀로그래프, 브라벤더의 패리노그래프 등 빵을 만들 수 있는 밀가루 등급과 특성을 측정하는 많은 실험 설비들과 도구들이 있다.

초기 브라벤더의 패리노그래프는 밀가루의 강도, 저항성, 신장성에 대한 유용한 정보를 그래프로 제공하였다면, 그 이후에는 더 발전해서 반죽의 물 흡수력에 따른 반죽의 밀도를 고려하여 다음과 같이 분류하였다.

W : 빵을 만들 수 있는 기능, 즉 밀가루의 강도
P : 반죽을 잡아 늘일 때 늘어나지 않으려는 저항성(탄성)
L : 반죽의 신장성

Lievito

효모

팽창은 화학적, 물리적, 생물학적인 작용이다.

화학적 팽창은 반죽에 화학팽창제를 넣는 과자류 제조에서 주로 활용되는 팽창법을 말한다.

물리적 팽창은 믹서의 역학적 힘에 의해 반죽에 공기가 혼입되면서 반죽이 팽창되는 것을 말한다.

생물학적 팽창은 빵 제조에 더 많이 활용된다. 자낭균류에 속하는 타원형의 단세포 미생물인 '사카로미세스 세레비시아'를 이용한 알코올 발효를 팽창의 작동원리로 활용하여 빵을 효율적으로 팽창시키는 것이다.

효모와 미생물은
살아있다.
밀가루, 물과 같이
반죽하면,
탄수화물이 에틸알코올과
이산화탄소로 변형되고,
이는 반죽을
부풀어 오르게 하여,
그 결과 팽창이
이뤄진다.

1680년 덴마크 과학자 안톤 판 레이우엔훅(A. Van Leeuwenhoek)은 효모가 발효되는 효모세포의 기능을 발견하였는데, 맥주 생산에서 남은 잔여물을 현미경으로 관찰하면서 알코올 발효의 원리를 알게 된 것이다.

발효에서 중요한 역할을 하는 모든 미생물과 곰팡이들은 숨을 쉬고 영양 섭취를 하며 번식을 한다.

소위 메타볼리즘이라고 불리는 초기의 연구에서 사카로미세스 세레비시아는 혐기성 미생물이면서 호기성 미생물일 수 있다는 사실을 알게 되었다. 즉, 산소의 유무에 상관없이 생존이 가능하다는 의미이다.

발효과정을 통해 생성되는 이산화탄소 분자는 밀가루에 글루텐을 유지시키고, 빵을 부드럽고 밀도 있게 한다.

발효는 일반적으로 따뜻한 환경에서 미생물의 세포 활동이 활발해지기 때문에 촉진되고, 0℃에서는 미생물의 세포 활동이 저하되어 발효가 정지되거나 미세하게 일어난다. 발효에 필요한 온도는 최저 약 25℃에서 최고 35℃ 정도이다.

통해 효모의 대량 증식이 이뤄졌다. 번식에 필요한 액상 재료를 위한 초기 물질로 사카로미세스 세레비시아의 필수 영양물인 당밀이 사용되었다. 왜냐하면 당밀에는 효모의 생육에 필요한 질소, 무기질, 비타민, 당분이 풍부하기 때문이다. 그리고 세포 증식을 가속화할 목적으로 당밀 중량의 10% 정도에 해당하는 무기질과 비타민 H를 포함시켰다.

유통되는 효모에는 두 가지 유형이 있다 : 압축효모와 건조효모.

압축효모의 경우 1~4℃ 냉장고에 보관하여 사용한다. 반면에 건조효모의 경우, 진공포장되어 있기 때문에 특별히 저장온도가 요구되지 않는다. 이러한 특징으로 따뜻한 나라로 수출하는 것도 가능하게 되었다.

세번째 유형의 효모는 사카로미세스 세레비시아의 자연효모이다. 맥주효모처럼 다른 잡균이 들어가지 않은 순수 배양효모가 아닌, 특히 유산 박테리아를 함유한 수많은 미생물로 구성된 마이크로플로라의 일종이다. 이 효모는 발효과정을 촉진시키는 기본 요소인 밀가루와 물을 섞은 반죽으로 만들어진다. 장시간 숙성시키면 빵 제조에 사용할 수 있는 새로운 상태가 된다.

각 효모세포는 두 개의 층으로 이뤄진 독립 유기체이다 : 벽과 막.

세포벽을 통해 외부로부터 영양분을 받고 필요 없는 성분은 배출한다. 세포막에는 같은 영양분을 수용하고 동화시키기 위해 필요한 효소가 자리 잡고 있다.

이미 1930년대에 시작된 효모산업은 세포의 순수 배양을 이용했다. 즉, 연속 배양 장비를

Sale

소금

소금은 빵의 저장성을 돕고 빵의 외피를 바삭하게 하고 갈색이 나도록 돕는다.

소금은 두 가지 유형으로 나눠볼 수 있다. 바닷소금과 암염. 바다소금은 바닷물의 증발을 통해 생성된다. 반면 암염은 염수의 증발 결과 생성된 퇴적암에서 추출해 낸 것이다.

화학식은 두 가지 모두 동일하다. 염화소디움 즉 염화나트륨이라는 화학적 요소인 염소와 나트륨으로 구성된 미네랄이다.

빵 반죽에 넣는 소금의 양은 레시피와 밀가루의 종류에 따라 1.8~2.5%로 다양하다. 일반적으로 약 2% 정도를 사용한다. 토스카나 빵의 경우는 소금을 넣지 않기도 한다.

빵을 만드는 데 소금 한 가지만으로 맛과 풍미를 낼 수는 없다. 그러나 소금은 빵 반죽의 글루텐을 더 탄력있게 하고 신장성을 향상시키고 점성을 감소시키는 작용을 한다. 또한 흡수성 즉, 물을 흡수하는 역할을 하며 제품의 저장성을 높이고, 효모의 발효 기능을 부분적으로 멈추게 하고, 외피의 색이 잘 나도록 하며, 빵 속은 하얗게 한다.

단, 반죽을 믹싱하면서 소금을 언제 넣느냐에 따라 빵 속이 더 하얗거나 혹은 더 갈색이 될 수 있다. 빵 속이 더 하얗게 되길 원한다면 믹싱 초기에 소금을 넣는다. 반면, 보다 고유의 색에 가깝게 나오길 원한다면 믹싱 중간에 소금을 넣으면 된다. 꼭 기억해야 할 점은 소금이 효모와 직접 만나지 않게 해야 하는 것이다. 왜냐하면 효모세포가 회복될 수 없게 손상되기 때문이다.

Malto 맥아

맥아는 곡물, 특히 보리 낱알의 발아에 의해 생성되는데 다음과 같은 '맥아제조법'에 의해 만들어진다. 종자가 발아할 수 있도록 미지근한 물에 낱알을 담가놓는다. 그런 다음 말려서 뿌리를 분리하고 제분한다. 이런 작업을 통해 두가지 중요한 상태를 얻게 된다. : 씨앗의 수화와 산소 공급이 이뤄진다. 따뜻하고 습한 환경에서 효소가 발생하고 전분의 당화(보리의 화학적 성분으로 전분이 맥아당으로 변화)가 시작된다. : 이러한 작용은 낱알 안에 맥아당 농축이 최고조로 도달하기 전까지는 멈추지 않는다. 끝으로, 낱알의 제분에 의해 생성되는 맥아분은 효소와 같은 귀중한 화학적 성분이 특히 풍부하다.

빵 제조에 있어 맥아의 기능은 다양하다.

- 맥아는 함유되어 있는 효소 아밀라아제에 의해 맥아당을 생성시키는 역할을 하며, 그 결과 설탕을 대신할 수 있는 맥아당을 공급하고, 빵의 볼륨을 더 커지게 하고, 규칙적인 기포를 형성한다.
- 외피의 색을 더 진하게 한다.
- 맛과 풍미를 더 강하게 한다.

맥아는 비스킷, 특히 얇게 잘라 구운 것과 같은 건과자류 제품 생산에도 광범
위하게 사용된다. 또한 저장성에 있어 향과 신선도를 더 길게 해주고, 덜 부서지
고, 맛도 더 좋게 하며 영양도 더 풍부하게 한다.

Acqua

물

오븐에서 굽고 조리하는 제품들의 경우, 물은 본질적이고 중요
한 기능을 한다.

- 글루텐을 형성해 반죽이 가능하도록 한다.
- 전분의 밀도가 높아지게 한다.
- 반죽에 소금이 용해되도록 한다.
- 효소의 반응을 촉진시킨다.
- 효모가 세포막을 통해 영양을 흡수할 수 있게 한다.
- 효모와 다른 미생물의 활동력에 절대적으로 필요한 재료 중
  하나이다.

밀가루와 물을 섞으면 최종적으로 전분, 단백질, 펜토산이 수화
된다. 전분은 그 무게의 약 1/3양(우리나라의 경우 1/2) 만큼의
물을 흡수하고 전분이 손상되면서 본래 무게의 2배가 된다. 단
백질의 경우는 손상 전분과 물 흡수율이 동일하다. 반면 펜토산
의 경우는 자기 무게의 15배의 물을 흡수한다.

사용하는 물의 유형과
특성을 아는 것은
빵을 만드는 데 있어
절대적으로 필요하다.

경도에 따라서 물은 3가지 유형으로 분류할 수
있다.
- 연수 : 경도 5 이하
- 아경수 : 경도 5~20
- 경수 : 경도 30 이상
  (프랑스 기준)

연수를 사용하면 반죽이 매끄럽고 끈적끈적하다.
경도가 높은 경우에는 칼슘, 마그네슘 이온에 의
한 글루텐의 화학적 반응으로 반죽이 단단해지고
탄력이 저하된다. 그렇기 때문에 소금을 많이 사
용하는 것은 피해야 한다.
미네랄이 너무 많이 함유된 물의 경우에는 철과
망간 때문에 최종 제품에 특이한 착색 현상과 같
은 이상 현상이 일어날 수 있다.

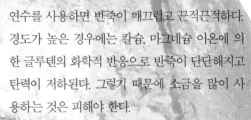

Metodi di panificazione

빵 제조법

이탈리아에서 빵을 제조하는 주요 방식은 3가지이다.
- 직접방식
- 파스타 디 리뽀르토를 이용한 반직접방식
- 비가 혹은 풀리시를 이용한 간접방식

직접방식

한 번에 모든 재료를 반죽하는 것이다. 이 기법은 다른 기법에 비해 간편하고, 빠른 시간 안에 빵을 만들 수 있다. 다른 방식에 비해 신맛이 덜하고 보관할 수 있는 기간이 짧다.

반직접방식(파스타 디 리뽀르토 이용)

파스타 디 리뽀르토(pasta di riporto)란 반죽을 미리 준비한다는 의미로 파스타 디 리뽀르토에 새로운 반죽을 합치는 방식이다. 더 강한 향과 맛이 나고, 가볍게 신맛이 돌고 저장성이 더 좋다.

| TIP |

한국에서 선반죽으로 사용하는 스폰지반죽은 알코올 발효를 통한 단백질 연화로 부피감 있는 제품을 만드는 것이 목적이라면, 파스타 디 리뽀르토, 비가, 풀리시는 유산 발효를 통한 소화흡수율증진이 목적이다.

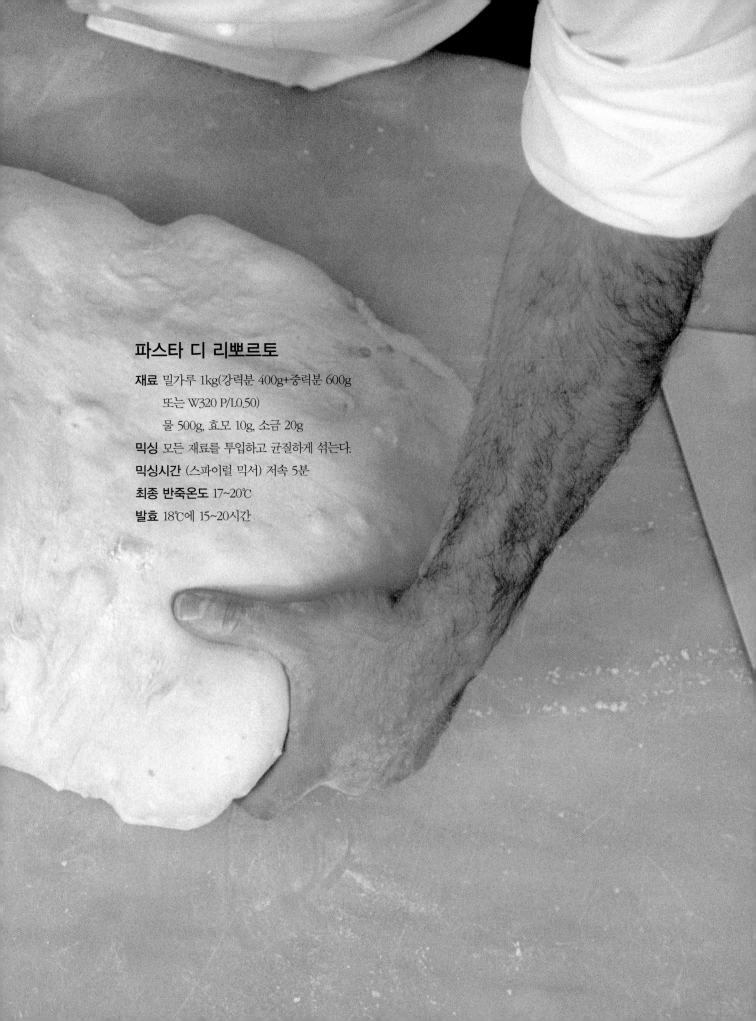

파스타 디 리뽀르토

재료 밀가루 1kg(강력분 400g+중력분 600g
또는 W320 P/L0.50)
물 500g, 효모 10g, 소금 20g

믹싱 모든 재료를 투입하고 균질하게 섞는다.

믹싱시간 (스파이럴 믹서) 저속 5분

최종 반죽온도 17~20℃

발효 18℃에 15~20시간

간접방식(비가 혹은 풀리시 이용)

이 방식은 두 단계로 이뤄진다. 첫 번째는 비가 혹은 풀리시를 준비하는 단계이다. 아래와 같이 요구되는 시간 동안 발효시킨다. 두 번째 단계에서는 다른 모든 재료를 추가한다.

비가(biga)

비가는 밀가루, 물, 효모를 각기 다른 비율로 혼합하여 14시간에서 48시간 동안 발효시킨 것으로, 건조한 반죽이다. 비가에 사용하는 밀가루는 알베오그래프 분석에 의한 강모(W)가 300 이하면 안되고, 저항성과 신장성(P/L)이 0.50~0.60이어야 한다.
발효는 16~18℃에서는 24시간 이상 발효시키면 안되고 48시간 발효 시에는 처음 24시간은 4℃에, 그다음 24시간은 18℃에 발효온도를 맞춰야 한다.

풀리시(poolish)

비가와 다르게 풀리시는 물, 밀가루, 효모로 만드는 액체상태의 반죽이다. 효모의 양은 발효시간에 비례해서 조절해야 한다. (실온발효 기준)

4~5시간	1.5%
6~7시간	1%
8~9시간	0.5%
10~12시간	0.3%
13~14시간	0.2%
15~16시간	0.1%

풀리시의 최종 온도는 23~25℃이다. 실온발효 시에는 16~22℃로 다양하게 할 수 있기 때문에 효모의 양과 시간을 조절한다.

비가

재료 밀가루 1kg(강력분 400g+중력분 600g
또는 W320 P/L0.50), 물 440g, 효모 10g

    * 위 재료는 기본 비가이며, 각 빵의 재료 및 특성
등을 고려하여 그에 알맞게 변형하여 사용하기
도 한다.

믹싱 모든 재료를 투입하고 균질하게 섞는다.

믹싱시간 (스파이럴 믹서) 저속 3분
(플런저 믹서) 저속 4분
(포크 믹서) 저속 5분

최종 반죽온도 17~20℃

발효 실온(26℃)에서 18~20시간

간접방식의 장점

  풀리시나 비가를 사용하면 빵의 맛과 풍미가 더 강해진다. 풀리시, 비가반죽이 발효되는 동안에 발생하는 유산 발효작용은 상당하다. 그러한 발효작용에 의해 유기산이 만들어지고 굽는 과정을 통해 매혹적이고 식욕을 돋우는 향이 나게 된다. 더 큰 기포가 발생하게 되고 그 결과 소화가 더 잘 되는 빵이 되며 저장성도 더 좋아진다.

풀리시

재료 밀가루 1kg(중력분 500g+박력분 500g
또는 W260 P/L0.55), 물 1kg, 효모 30g

    * 위 재료는 기본 풀리시이며, 각 빵의 재료 및 특
성 등을 고려하여 그에 알맞게 변형하여 사용하
기도 한다.

믹싱 물에 효모를 녹인 후 밀가루와 혼합한다.
밀가루 알갱이 덩어리가 생기지 않도록 고속
으로 믹싱한다.

최종 반죽온도 20℃

발효 실온(25℃)에서 2시간, 혹은 5℃ 냉장고에서
12시간

Il piacere del
pane
빵이 주는 즐거움

최근 몇 년간 빵이 불충분한 영양물이라는 인식이 사라지고 식탁에서 환영받는 맛있는 존재가 되었다. 이런 재평가의 핵심은 오래된 전통적, 지역적 레시피가 계속 전해지는 것과 함께 새로운 환경을 감지한 제빵사들의 창조적 작업이 있었기 때문일 것이다. 우리의 식탁이 다시 다양해지면서 고품격 레스토랑에서는 다양한 와인리스트와 더불어 요리와 잘 어울리는 다양한 빵을 제공하려 노력하고 있다.

가벼운 전채요리는 부드러운 빵과 궁합이 잘 맞고, 살루미는 가정식 빵(토스카나의 통밀빵부터 올트레또 빠베제 구릉지역의 커다란 빵, 치아바따에서 삐에몬테 비오바에 이르기까지)과 궁합이 잘 맞는다는 식이다.

생선요리는 촉감이 좋은 하얀빵과 특히 잘 어울진다. 빵 속이 다양하고 풍부하면 미각에서 기름기를 빼주는 역할을 하게 된다.

육류요리 중 끓이는 조리법으로 익힌 브라자토, 혹은 고기국물이 풍부한 육류의 경우는 듀럼밀로 만든 치아바따와 잘 어울린다. 그릴에서 구운 고기 혹은 스테이크는 롬바르디아 지역의 가운데 구멍이 뻥 뚫린 빵, 미케떼와 특히 조화를 이룬다.

통밀빵은 버섯 혹은 야채와 함께 먹을 것을 추천한다.

치즈와 빵의 궁합을 맞출 때는 치즈의 숙성 정도, 곰팡이 치즈인지 여부 등을 고려하여, 각 치즈의 특성과 궁합이 잘 맞는 빵을 고르도록 주의해야 한다.

빵에 버터, 꿀, 잼을 첨가하면 아침 식사용으로
최고이다. 빵이 부드러워지고 밀도도 더 높아진
다. 원하는 대로 버터, 꿀, 잼을 곁에 발라 먹어
도 되고 빵 속에 넣어서 먹어도 된다.
콩빵, 호밀빵 혹은 옥수수빵… 아침부터 하루
의 풍미를 더해주는 다양한 빵들.

Il pane
un'eucarestia anche pagana
가톨릭 성체성사, 신화, 토속신앙에서의 빵

가톨릭에서는 성찬전례를 거행함으로써 성체(빵) 안의 그리스도가 구체화된다. 사람들은 신의 본질을 이어받기 위해 성체를 영한다.

토속신앙에서는 권력과 구원을 위해 희생자들을 제물로 바치던 관습이 있었다. 현세임에도 불구하고 이러한 토속신앙은 빵의 신화에, 그리고 그리스도 신앙의식에 완전히 스며들어 있다.

유럽의 모든 지역에서는 봉헌되어진 사람들의 깊은 신앙심을 이어받을 목적으로 축제의 날 빵을 먹는다. 스페인, 그리스, 남부이탈리아에서 봉헌 행렬이 이어지고, 그것은 토지의 비옥함과 생존의 마법을 거는 지중해 신화를 상징한다.

로마신화에 나오는 농업의 여신 케레스를 기념하기 위해 초봄에 거행하는 축제의 빵들은 태양과 달 모양으로 만들며, 묘지들을 밀의 어린 싹들로 장식하고, 추수기에 결혼을 한다.

성요셉의 생애가 깃든 시칠리아 살레미 지역에는 빵 제조의 관습, 신화, 예술이 모두 있다. '살렘'이란 아라비아어로 번영과 행운을 의미하는데, 이 도시의 이름도 살레미인 것처럼 축제의 장에는 그리스도 신앙과 토속신앙이 그런 살렘의 의미와 함께 공존한다.

모든 집에는 축제의 의식이 요구된다. 1층에는 은매화와 월계수를 장식하고 세밀하게 만든 목제물을 준비하여, 엄격하고 까다로운 규율에 따라 다양한 종류와 형태의 빵을 그 목제물에 배치해 놓는다. 모든 빵에는 이름이 있고, 성스러움을 재현하기 위해 몇 주에 걸쳐서 오랜 시간 동안 숙달된 기술과 적당한 도구로 빵의 형을 뜨고, 달걀과 레몬으로 반죽에 광을 낸다.

1단에는 장식한 U자형 둥근빵을 놓는다. 별, 꽃 모양, 평화의 상징 손바닥 모양으로. 3단 중앙에는 '성체'를 놓는다. 이삭으로 장식한 성체이다. 4단 위에는 성찬에 쓰는 잔을 놓는다. 그리스도의 성체와 성혈과 성령, 토속신앙의 상징인 은매화, 월계수, 포도, 달, 해가 혼합되어져 있다.

가난한 도시에서 끌려 온 세 사람은 성령으로 구현된다. 세 사람은 성요셉, 마리아, 다소 성장한 아기예수의 의복을 갈아입고 살레미 사람들이 준비한 100가지 요리를 배불리 먹으며 점집을 거쳐간다. 그 요리를 준비한 사람들은 세 사람을 만나 음식을 대접하면서 그들의 신성함을 가로채는 특권을 경쟁을 통해 얻은 사람들이다.

점심식사가 끝날 무렵 성령들은 빵을 조각내어 선물로 나눠준다. 만약 그 빵의 크기가 작다면 흉작이었던 것이고, 그 조각이 크다면 풍작이었던 것이다.

빵에 대한 지중해의 의식은 '소망하고 기대하는 모든 것들의 마법 같은 실현'을 손으로 표현하는 것이다. 이탈리아 소설가 레오나르도 샤샤는 다음과 같이 말했다. "불가사의하고 볼 수 없고 형이상학적인 것에 완전히 무감각하게 뿌리를 내린 유물론에 기원한 신앙을 이해하고 고백하는 방법".

비옥한 토양의 여신 케레스,
경작하는 밭을 보호하고
토양을 관장하는 신이시여,
특별히 밀에게 축복을.

Pane a
colazione

아침 식사용 빵

요구르트 · 바나나빵
Pane allo yogurt e banane

재료

밀가루 1.8kg(강력분 360g + 중력분 1,440g 또는 W300 P/L0.55), 통밀가루 200g, 효모 80g, 물 400㎖, 우유 400㎖, 소금 40g, 바나나 750g, 플레인 요구르트 250g

믹싱시간

스파이럴 믹서 : 저속 3분 → 중속 6분
플런저 믹서 : 저속 4분 → 중속 7분

만드는 방법

전처리 바나나와 요구르트를 믹서에 간다.

믹싱 ① 소금, 바나나, 요구르트를 제외한 모든 재료를 넣는다.
　　　　② 글루텐이 생성되면 소금을 넣는다.
　　　　③ 글루텐이 발전되어 반죽에 탄력이 생길 때
　　　　　바나나, 요구르트를 넣는다.
　　　　④ 반죽이 윤이 나면 완료한다.(최종 반죽온도 : 26℃)

실온휴지 26℃, 30~40분(표면이 마르지 않도록 비닐을 덮는다)

분할 60g, 혹은 원하는 크기로 한다.

둥글리기 표면이 매끄럽게 되도록 둥글리기를 한다.

실온휴지 10분(표면이 마르지 않도록 비닐을 덮는다)

정형 손바닥으로 반죽을 누른 후 말아서 바나나 모양으로 만든다.

팬닝 팬 1개당 8개씩 놓고 반죽 표면에 달걀물(분량 외)을 칠한다.

발효 27~28℃, 습도 70%, 부피가 2배가 될 때까지 한다.

굽기 전 달걀물(분량 외)을 한 번 더 칠하고 위에서 아래로 길게 칼집을 낸다.

굽기 200℃ 오븐에서 굽는다. 굽는 시간은 반죽의 크기에 따라 달라진다.

과일 스튜와 요구르트 젤라토
Guazzetto di frutta e gelato allo yogurt

재료 6인 기준

과일스튜 물 100㎖, 설탕 50g, 여러 가지 과일 600g, 스타아니스 12개, 청 통후추 15g
장식용 민트 6~7잎, 향수박하 6~7장
요구르트 젤라토 탈지분유 50㎖, 민트 10장, 우유 550㎖, 달걀노른자 3개 분량, 설탕 175g, 포도당시럽 30g, 플레인 요구르트 115g

만드는 방법 소요시간 : 95분

1. **과일 스튜** : 과일은 주사위 모양으로 썰어 스타아니스, 청 통후추와 같이 그릇에 담아둔다. 냄비에 물과 설탕을 넣고 약불에서 설탕이 녹을 때까지 끓인 후 과일과 섞어 하룻밤 정도 재워둔다.

2. **요구르트 젤라토** : 분유와 민트, 우유를 80℃까지 데운다. 자기로 된 용기에 달걀노른자, 설탕, 포도당시럽을 넣고 거품기로 거품을 낸다. 데운 우유와 섞은 후 민트를 제거하고 30℃로 식힌다. 요구르트를 섞은 후 냉장고에 6~7시간 동안 둔다.

3. 과일 스튜 중앙에 작은 공 모양의 요구르트 젤라토를 올리고 민트, 향수박하로 장식하여 향을 가미한다.

Tip

* **후염법** : 글루텐 생성과 발전을 방해하는 소금을 글루텐이 생성된 이후에 넣으면 믹싱시간을 단축시키고 수분흡수율을 증가시키며 완제품의 질감을 부드럽게 한다.

* 요구르트를 반죽에 넣으면 효모와 효소의 양 증가로 발효시간을 단축하는 효과가 있다. 단, 요구르트는 효소 함유량이 많기 때문에 믹싱 초반에 넣으면 글루텐이 지나치게 가수분해되므로, 반죽에 글루텐이 생성된 이후에 넣는다.

달콤한 귀리빵

Dolce all'avena

재료

* **브리제** 밀가루 250g(박력분 250g 또는 W180 P/L0.50), 버터 150g, 우유 25㎖, 달걀 37g, 설탕 15g, 소금 5g
* **본반죽** 밀가루 1kg(중력분 1kg 또는 W280 P/L0.55), 효모 50g, 우유 500㎖, 맥아분 10g, 달걀 100g, 설탕 100g, 버터 100g, 소금 20g, 건포도 200g
* **토핑** 우유 100㎖, 설탕 100g, 녹인 버터 50g, 귀리 낱알 150g, 달걀 75g
* **살구잼** 약간

믹싱시간

스파이럴 믹서 : 저속 3분 → 중속 6분 / 플런저 믹서 : 저속 4분 → 중속 7분

만드는 방법

전처리	건포도를 27℃의 물 48g(건포도의 12%)에 1시간 동안 담근 후 체에 걸러 수분을 제거한다.
브리제 반죽	① 체 친 밀가루를 작업대 위에 놓고 그 위에 버터를 얹어 스크레이퍼로 잘게 부순다. 이때 버터의 크기는 결을 결정하며 입자 상태는 바삭한 식감을 결정한다.
	② 우유에 달걀, 설탕과 소금을 섞고 1의 가운데에 구멍을 만들어 우유 혼합물을 3회에 나눠 넣으면서 가볍게 한 덩어리로 만든다.
	③ 비닐에 싸서 평평하게 한 후 냉장고에서 휴지시킨다.
본반죽 믹싱	① 소금과 건포도를 제외한 모든 재료를 넣는다.
	② 글루텐이 생성되면 소금을 넣는다.
	③ 글루텐이 발전되어 반죽이 탄력이 있고 윤이 나면 건포도를 넣은 후 균일하게 잘 섞는다. (최종 반죽온도 : 25℃)
실온휴지	26℃, 약 60분 (부피가 2배가 될 때까지 하며, 표면이 마르지 않도록 비닐을 덮는다)
토핑	우유에 설탕과 녹인 버터를 섞은 후 귀리와 달걀을 넣는다. 비닐을 덮어서 실온에 둔다.
분할	오븐에서 사용할 수 있는 팬(파이팬 혹은 케이크팬) 크기에 맞게 반죽을 나눈다.
둥글리기	표면이 매끄럽게 되도록 둥글리기를 한다.
실온휴지	10분(표면이 마르지 않도록 비닐을 덮는다)
정형 및 팬닝	① 휴지시킨 브리제 반죽을 치댄 후 밀대로 밀어쳐서 5㎜ 두께로 만든다.
	② 선택한 팬에 맞게 브리제를 재단한 후 팬닝한 다음 살구잼을 바른다.
	③ 살구잼 위에 본반죽을 얹고 손바닥으로 눌러 평평하게 한다.
	④ 그 위에 숟가락을 이용해 토핑을 펴 바른다.
발효	28℃, 습도 70%, 약 50~60분
굽기	200~210℃ 오븐에서 굽는다. 굽는 시간은 반죽의 크기에 따라 달라진다.

감귤류 마르멜라타

Marmellata di agrumi t

재료 4인 기준

사과 2개, 배 2개, 생강 10g, 설탕 150g, 레몬 2개 (껍질과 즙 모두 사용), 오렌지 4개(껍질은 4개 모두 사용, 즙은 2개만 사용), 민트 8잎

• • • • • • • • • • • • • • • • • • •

만드는 방법 소요시간 : 60분

1. 사과와 배는 껍질을 깎고 주사위 모양으로 썬다. 생강은 다진 후 설탕 100g과 레몬즙, 오렌지즙과 함께 끓인다.

2. 레몬과 오렌지 껍질을 얇고 가늘게 썰어서 찬물에 넣고 끓인다. 끓인 물을 버리고 다시 찬물을 넣어서 끓이는 작업을 두 번 반복한 후, 체에 걸러 물기를 제거한다. 냄비에 설탕 50g과 함께 넣고 끓인 후, 사과, 배와 합쳐 섞고 식힌다.

3. 그릇에 감귤류 마르멜라타를 놓고 민트로 장식하여 완성한다.

Tip

* **맥아분** : 일명 엿기름이라고 하며 전분 분해효소와 단백질 분해효소가 많이 함유되어 있어 발효를 촉진시키는 효과가 있다.
* **브리제** : 반죽 시 밀가루와 버터를 잘게 부수듯 섞은 형태를 말하며 이 레시피에서는 빵의 바닥에 얇게 깔아서 바삭한 식감을 가미한다.
* **마르멜라타(marmellata)** : 오렌지나 레몬 등의 껍질로 만든 마멀레이드.

단빵
Pane zuccherato

재료
밀가루 1kg(강력분 400g+중력분 600g 또는 W320 P/L0.50), 비가(p.45) 250g, 효모 40g, 우유 400㎖, 달걀 112g, 소금 12g, 설탕 200g, 럼 20㎖, 버터 100g

믹싱시간
스파이럴 믹서 : 저속 5분 → 중속 5분
플런저 믹서 : 저속 6분 → 중속 6분

만드는 방법

믹싱
① 밀가루, 비가, 효모, 우유, 달걀을 넣고 균일하게 섞은 후 소금을 넣는다.
② 글루텐이 생성되면 설탕, 럼, 버터를 단계적으로 넣는다.
③ 글루텐이 발전되어 반죽이 탄력 있고 윤이 나면 완료한다.
(최종 반죽온도 : 25℃)

실온휴지 26℃, 20~25분(표면이 마르지 않도록 비닐을 덮는다)

분할 50g, 혹은 원하는 크기로 한다.

둥글리기 표면이 매끄럽게 되도록 둥글리기를 한다.

실온휴지 15분(표면이 마르지 않도록 비닐을 덮는다)

정형
① 원기둥 모양으로 만들기 위해 가스를 뺀 후 말기를 한다.
② 반죽을 굴려서 25*cm* 길이까지 늘이고 끝부분은 약간 두툼하게 한다.
③ 꽃봉오리처럼 꼬아준다.

팬닝 팬 1개당 12개씩 균일한 간격을 유지하며 놓는다.

발효 27℃, 습도 70%, 부피가 2배가 될 때까지 한다.

굽기 전 체를 사용해 밀가루(분량 외)를 뿌린다.

굽기 가볍게 스팀을 준 후, 200~210℃ 오븐에서 16~17분간 굽는다.

Tip
* 믹싱 시 소금은 반죽의 글루텐을 경화시키고 설탕, 럼, 버터는 연화시킨다. 따라서 구분해서 넣으면 질감의 변화를 줄 수 있다.
* 폰덴티(fondenti) : 퐁당

요구르트 젤라토와 딸기 폰덴티
Fragole fondenti con gelato allo yogurt

재료 4인 기준
젤라토 우유 200㎖, 플레인 요구르트 250g, 설탕 50g, 글루코오스 1큰술
폰덴티 딸기 200g, 사탕수수시럽 100㎖
장식용 발사믹식초(모데나지역 전통식초 사용) 약간

만드는 방법 소요시간 : 35분

1. **젤라토** : 냄비에 우유, 플레인 요구르트, 설탕, 글루코오스를 넣고 끓인다. 미지근해질 때까지 식힌 후 젤라토 기계에 넣는다.

2. **폰덴티** : 깨끗이 씻은 딸기는 4등분한다. 냄비에 사탕수수시럽을 넣고 데운 후 딸기를 넣어 딸기에 시럽이 잘 입혀지도록 한다.

3. 마티니 칵테일 잔 4개에 딸기를 나누어 담는다. 딸기 위에 요구르트 젤라토를 얹고 발사믹식초 몇 방울을 뿌려 장식한다.

비엔나식 달걀빵
L'uovo viennese

재료
밀가루 1kg(중력분 500g+박력분 500g 또는 W260 P/L0.50), 효모 30g,
물 450㎖, 분유 20g, 소금 25g, 설탕 40g, 달걀 100g, 버터 200g

믹싱시간
스파이럴 믹서 : 저속 5분 → 중속 8분
플런저 믹서 : 저속 7분 → 중속 8분

만드는 방법

믹싱 ① 밀가루, 효모[물(분량 외)에 녹여 사용], 물, 분유를 넣고
　　　　 균일하게 섞은 후 소금, 설탕, 달걀을 단계적으로 넣는다.
　　　　 ② 글루텐이 생성되면 버터를 넣고 반죽을 코팅한다.
　　　　 ③ 글루텐이 발전되어 반죽이 탄력 있고 윤이 나면 완료한다.
　　　　　　 (최종 반죽온도 : 25℃)

발효 6~8℃, 10~12시간

분할 45g, 혹은 원하는 크기로 한다.

둥글리기 표면이 매끄럽게 되도록 둥글리기를 한다.

실온휴지 15분(표면이 마르지 않도록 비닐을 덮는다)

정형 ① 원기둥 모양으로 만들기 위해 가스를 뺀 후 말기를 한다.
　　　　 ② 반죽을 굴려서 늘인 후 반죽의 양끝을 붙인다.
　　　　 ③ 지름 8㎝ 왕관, 혹은 도넛 모양으로 만든다.

패닝 팬 1개당 12개씩 균일한 간격을 유지하며 놓는다.

발효 25℃, 습도 70%, 1시간 30분~2시간

굽기 전 달걀물(분량 외)을 칠하고 가장자리에 칼집을 낸다.

굽기 210℃ 오븐에서 굽는다. 반죽의 모양이 최종적으로 갖춰졌을 때
　　　　 뜨거운 팬에 맞닿도록 반죽 구멍에 달걀(분량 외)을
　　　　 깨 넣는다. 흰자가 익으면 소금, 후춧가루(분량 외)를 뿌린다.
　　　　 단, 달걀노른자는 다 익지 않도록 하되 반죽이 부드러워질 때까지
　　　　 구워야 한다. 식힌 후 먹는다.

Tip

* 믹싱 시 효모를 물에 녹여 사용하면 분산성이 뛰어나다. 소금, 설탕, 달걀은 밀가루
　의 수분흡수를 방해하는 재료이므로 시차를 두고 넣는다.
* 발효 방법 중 저온 장시간 발효 시 유기산이 많이 발생한다.
* 저온 숙성 후 발효 시에는 반죽이 차갑기 때문에 일반 반죽에 비해 온도를 낮춰
　25℃에서 길게 발효를 시키는 것이 좋다. 만약 차가운 반죽을 높은 온도에서 발효
　시키면 모양이 퍼지게 된다.

사과 캐러멜
Mele caramellate

재료 4인 기준
빨간 사과 4개, 설탕 300g,
알케르메스 술(alchermes) 2큰술

만드는 방법 소요시간 : 10분

1. 사과는 씻어서 물기를 제거한다.

2. 동냄비에 설탕과 알케르메스 술을 넣고 약
　　 불에서 끓인다. 캐러멜화가 될 때까지 나무
　　 숟가락으로 계속 휘저어준다.

　　 TIP. 이때 타지 않게 조심해야 한다. 타게 되면 씁
　　　　 쓸한 맛이 나게 된다.

3. 사과에 캐러멜시럽을 잘 입힌 후 그릇에 올
　　 려 완성한다.

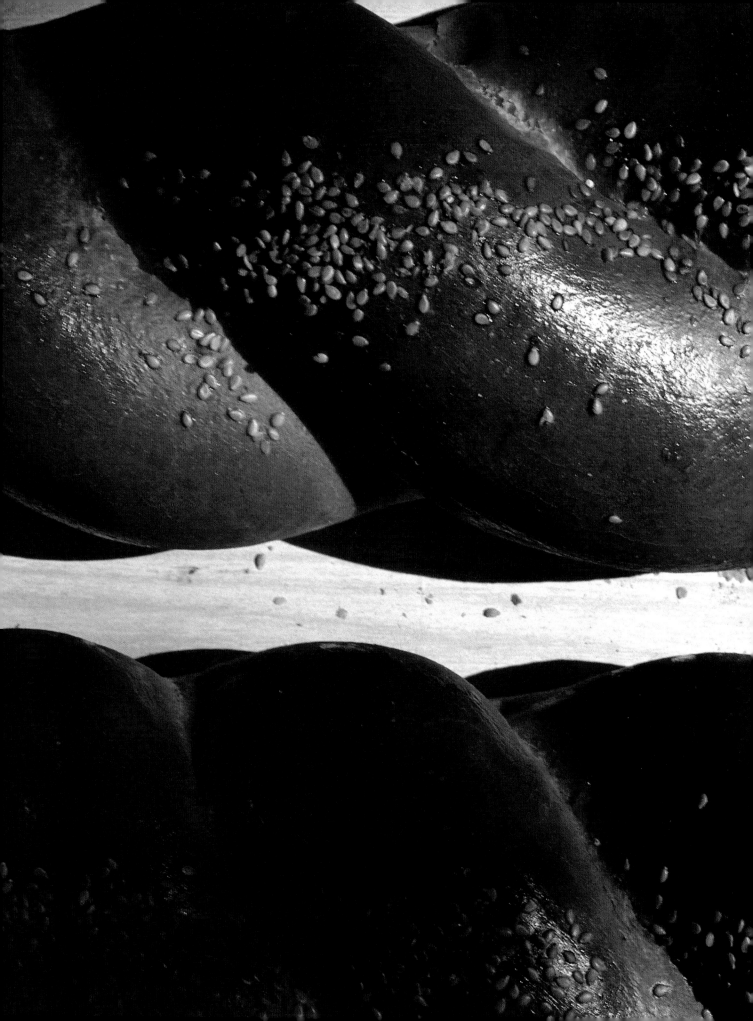

Pane a merenda

오후 간식용 빵

코코넛·살구·헤이즐넛빵
Pane al cocco, albicocche e nocciole

재료
밀가루 1kg(강력분 200g+중력분 800g 또는 W300 P/L0.55), 효모 50g,
물 600㎖, 설탕 30g, 분유 60g, 소금 20g, 버터 100g, 코코넛가루 100g,
헤이즐넛 100g, 건살구 100g

믹싱시간
스파이럴 믹서 : 저속 4분 → 중속 5분
플런저 믹서 : 저속 5분 → 중속 5분

만드는 방법

전처리 헤이즐넛은 굵게 갈아 놓고 건살구는 작게 썰어 둔다.

믹싱 ① 밀가루, 효모, 물, 설탕, 분유를 넣는다.
　　　　② 글루텐이 생성되면 소금, 버터를 단계적으로 넣는다.
　　　　③ 글루텐이 발전되어 반죽이 탄력 있고 윤이 나면 코코넛가루,
　　　　　 헤이즐넛, 건살구를 넣어 섞는다. (최종 반죽온도 : 26℃)

실온휴지 26℃, 30분(표면이 마르지 않도록 비닐을 덮는다)

분할 100g, 혹은 원하는 크기로 한다.

둥글리기 표면이 매끄럽게 되도록 둥글리기를 한다.

실온휴지 15분(표면이 마르지 않도록 비닐을 덮는다)

정형 ① 원기둥 모양으로 만들기 위해 가스를 뺀 후 말기를 한다.
　　　　② 반죽을 굴려서 30㎝ 길이까지 늘인다.
　　　　③ 반죽 2개를 한 조로 해서 느슨하게 서로 꼬아준다.

팬닝 팬 1개당 2개씩 알파벳 C 형태로 놓는다.

발효 28℃, 습도 70%, 1시간(제시된 온·습도 수치보다
　　　　높게 설정하면 반죽이 퍼지므로 주의한다)

굽기 전 체를 사용해 밀가루(분량 외)를 뿌린다.

굽기 스팀을 준 후, 210℃ 오븐에서 굽는다.
　　　　굽는 시간은 반죽의 크기에 따라 달라진다.

자바이오네
Zabaione

재료 4인 기준
샴페인(Moscato d'Asti 사용) 100㎖, 설탕 50g,
달걀 1개, 달걀노른자 4개 분량
장식용 녹인 초콜릿 약간

만드는 방법 소요시간 : 35분

1. 냄비에 샴페인과 설탕, 달걀, 달걀노른자를
   넣고 중탕으로 끓인다. 이때, 거품기로 계속
   휘저어줘야 하고, 너무 부드럽거나 너무 걸
   쭉한 크림이 되지 않게 주의해야 한다.

2. 작은 도기 그릇에 붓는다.

3. 초콜릿을 이용해 원하는 모양으로 장식한
   다. 비스킷이나 헤이즐넛 파이와 같이 제
   공해도 좋다.

Tip

* 믹싱 시 글루텐이 생성된 후에 소금과 버터를 넣으면 반
  죽의 수분흡수율을 증가시킬 수 있다.

무화과·초콜릿빵
Pane con fichi e cioccolato

재료
밀가루 1kg(중력분 1kg 또는 W280 P/L0.55), 효모 40g, 물 500㎖, 맥아분 5g,
파스타 디 리쁘르토(p.43) 250g, 소금 20g, 달걀 75g, 버터 50g, 건무화과 400g,
물방울 모양 초콜릿 200g

믹싱시간
스파이럴 믹서 : 저속 4분 → 중속 5분
플런저 믹서 : 저속 5분 → 중속 6분

만드는 방법

전처리 건무화과를 주사위 모양으로 썰어 둔다.

믹싱
① 밀가루, 효모, 물, 맥아분을 넣고 균일하게 섞은 후
　파스타 디 리쁘르토, 소금을 넣는다.

② 천천히 2~3회에 나눠 달걀을 넣는다.

③ 글루텐이 생성되면 버터를 넣어 반죽을 코팅시킨다.

④ 글루텐이 발전되어 반죽이 탄력 있고 윤이 나면
　건무화과를 넣는다.

⑤ 물방울 모양 초콜릿을 넣고 균일하게 섞이면 완료한다.
　건무화과와 초콜릿이 투입 전의 상태로 유지되도록 주의한다.
　(최종 반죽온도 : 25℃)

실온휴지 26℃, 부피가 2배가 될 때까지 한다.

분할 60g, 혹은 원하는 크기로 한다.

둥글리기 표면이 매끄럽게 되도록 둥글리기를 한다.

실온휴지 15분(표면이 마르지 않도록 비닐을 덮는다)

정형
① 원기둥 모양으로 만들기 위해 가스를 뺀 후 말기를 한다.

② 반죽을 굴려서 25㎝ 길이까지 늘인다.

③ 반죽을 당기지 말고 여유 있게 묶는다.
　단, 너무 길게 묶으면 뒤에 반죽이 남아 모양이 나쁘다.

팬닝 팬 1개당 8개씩 놓고 반죽 위에 달걀물(분량 외)을 칠한다.

발효 27~28℃, 습도 70%, 약 50~60분

굽기 스팀을 준 후 200~210℃ 오븐에서 16~17분간 굽는다.

Tip

* 믹싱 시 소금은 반죽의 글루텐을 경화시키고 달걀과 버터는 연화시킨다.
　따라서 구분해서 넣으면 질감의 차별화를 줄 수 있다.

크레마 카타라나
Crema catalana

재료 4인 기준

우유 1ℓ, 감자전분 25g, 달걀노른자 6개 분량, 설
탕 150g, 레몬 1개(껍질만 사용), 계피가루 약간,
슈거파우더 약간

만드는 방법 소요시간 : 75분

1. 냄비에 약간의 우유와 감자전분을 넣고 끓
인다. 핸드믹서나 거품기를 사용하여 감자
전분이 잘 녹도록 최소한 5분 이상은 계
속 저어준다.

2. 달걀노른자와 설탕은 거품을 낸다.

3. 1에 남은 우유와 레몬 껍질, 계피가루를 넣
고 끓인 후 레몬 껍질은 걸러낸다. 2를 조금
씩 부으면서 계속해서 거품기로 휘저으며
섞는다. 부드럽게 흐르는 물 상태에서 살짝
걸쭉한 크림 상태가 되면 완료한다.

4. 도기 그릇에 나누어 부은 후 식힌다. 체를
사용해 위에 슈거파우더를 뿌린다. 그릇을
불에 한번 통과시켜서 슈거파우더가 녹아
캐러멜화가 되면 완성이다.

Pane con gli aperitivi

식욕을 돋우는 식전주와 함께 먹는 빵

  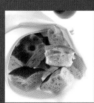 

안초비·레몬빵
Pane con acciughe e limone

재료
밀가루 1kg(중력분 1kg 또는 W280 P/L0.55), 효모 35g, 물 500㎖,
파스타 디 리쁘르토(p.43) 300g, 소금 20g, 레몬 1개(껍질만 사용), 안초비 30g

믹싱시간
스파이럴 믹서 : 저속 4분 → 중속 6분
플런저 믹서 : 저속 5분 → 중속 7분

만드는 방법

전처리 안초비를 다진다.

믹싱 ① 밀가루, 효모, 물을 넣고 균일하게 섞은 후
　　　　파스타 디 리쁘르토, 소금을 넣는다.
　　　② 글루텐이 생성, 발전되어 반죽이 탄력 있고 윤이 나면
　　　　레몬 껍질과 안초비를 넣고 균일하게 잘 섞어 완료한다.
　　　　(최종 반죽온도 : 25℃)

실온휴지 26℃, 50~60분(부피가 2배가 될 때까지 하며,
　　　　표면이 마르지 않도록 비닐을 덮는다)

분할 300g, 혹은 원하는 크기로 한다.

둥글리기 표면이 매끄럽게 되도록 둥글리기를 한다.

실온휴지 15분(표면이 마르지 않도록 비닐을 덮는다)

정형 ① 반죽을 뒤집은 후 손바닥으로 가볍게 두드려 가스를 뺀다.
　　　② 손바닥으로 누르면서 가로로 약 30㎝ 길이가 되도록 만든다.
　　　③ 윗부분의 일부를 접고 접힌 부분이 약간 포개지게
　　　　아랫부분도 접어 삼단접기한다.
　　　④ 다시 윗부분의 일부를 왼손 엄지손가락과 집게손가락으로
　　　　접어가면서 오른손 손바닥 끝으로 눌러 주며 계속 말아서
　　　　원기둥 모양으로 만든다.
　　　⑤ 전체를 같은 두께로 유지하면서 약 50㎝ 길이로 늘인다.
　　　⑥ 이음매가 일직선을 그리며 바닥에 오도록 한다.

팬닝 팬 1개당 3개씩 균일한 간격을 유지하며 놓는다.

발효 27~28℃, 습도 70%, 부피가 2배가 될 때까지 한다.

굽기 전 체를 사용해 밀가루(분량 외)를 뿌린 후 원하는 형태로 칼집을 낸다.

굽기 220℃ 오븐에서 약 25분간 굽는다.
　　　오븐에서 꺼내기 5분 전에 공기순환 밸브를 연다.

감동의 블루 칵테일
Emozione in blu

재료 1인 기준
칵테일 사과즙 2/4oz, 보드카 1/4oz, 블루 큐라
소 1oz, 플레인 요구르트 1/4oz, 얼음 약간
장식 파파야, 살구, 딸기, 까치밥나무열매, 야생포
도 등 원하는 과일과 민트

만드는 방법 소요시간 : 15분

1. 사과즙, 보드카, 블루 큐라소를 얼음과 쉐
　이킹한다. 칵테일잔에 숟가락을 이용해서
　플레인 요구르트를 담고 그 위에 쉐이킹 한
　칵테일을 얼음은 제외하고 세밀하고 정교
　하게 붓는다.
2. 파파야조각, 반 자른 살구, 딸기, 까치밥나
　무열매, 야생포도, 민트 등으로 장식하여
　완성한다.

양파·베이컨 포카치아
Focaccia con cipollotti e pancetta

재료

* 밀가루 1kg(중력분 500g+박력분 500g 또는 W260 P/L 0.55),
  통밀가루 500g, 비가(p.45) 1.5kg, 효모 50g, 물 1.65ℓ, 맥아분 30g, 소금 50g,
  엑스트라버진 올리브오일 250㎖, 양파 500g, 베이컨 500g
* 소금물 따뜻한 물 50㎖, 올리브오일 50㎖, 소금 20g

믹싱시간

스파이럴 믹서 : 저속 4분 → 중속 6분
플런저 믹서 : 저속 5분 → 중속 5분

만드는 방법

전처리	양파를 곱게 다진다. 베이컨도 작은 주사위 모양으로 썬다.
믹싱	① 소금, 올리브오일, 양파, 베이컨을 제외한 모든 재료를 넣는다.
	② 글루텐이 생성되면 소금, 올리브오일을 넣는다.
	③ 글루텐이 발전되어 반죽이 탄력 있고 윤이 나면
	양파와 베이컨을 넣고 균일하게 잘 섞어 완료한다.
	(최종 반죽온도 : 26℃)
실온휴지	26℃, 20분(표면이 마르지 않도록 비닐을 덮는다)
분할	40×60㎝ 팬 사용 시 1.3㎏, 혹은 원하는 크기로 한다.
정형 및 팬닝	팬에 올리브오일을 바른 후 반죽을 넣고 손바닥으로 가볍게 누르면서 펼친다.
발효	28℃, 습도 70%, 약 30분
소금물 바르기	따뜻한 물에 소금을 녹이고 올리브오일을 넣은 후 거품기로 휘젓는다.
	반죽 위에 골고루 소금물을 바르고 손가락으로 반죽에 깊은 구멍을 낸다.
발효	28℃, 습도 70%, 1시간
굽기	스팀을 준 후 230℃ 오븐에서 굽는다. 굽는 시간은 반죽 크기에 따라 달라진다.

Tip

* 포카치아(focaccia) : 이탈리아 서민들이 즐겨 먹던 빵이며, 중남부 지방에서 시작
  되었다. 보존이 쉬우며 맛이 담백하여 육류 및 해산물 등 여러 요리와 함께 먹을 수
  있어 전국적으로 확산되었다.
* 치뽈로띠(cipollotti) : 모양은 대파와 유사하나 끝부분이 동그란 모양이며 맛은 한국
  양파와 거의 비슷하다. 한국에는 없는 채소이므로 양파로 대체할 수 있다.
* 믹싱 시 글루텐이 생성된 후에 올리브오일과 소금을 넣으면 반죽의 물 흡수율을 증
  가시킬 수 있다.
* 칵테일 중에서 Tropical Cocktail과 Frozen Cocktail은 슬러쉬 같은 형태의 칵테일이
  며, 믹서에 재료들과 잘게 부순 얼음을 함께 넣고 가는 블렌딩 기법으로 만든다. 따
  라서 여기서 사용하는 얼음은 일반 얼음이 아닌 잘게 부순 얼음(crushed ice)이다.

열대과일 칵테일
Frullato tropicale

재료 2인 기준

망고 1/2개, 파인애플 2조각, 라임 1/2개, 플레인 요구르트 100㎖, 우유 1컵, 얼음(crushed ice 사용) 1스쿱

만드는 방법 소요시간 : 10분

1. 망고, 파인애플, 라임을 건조기로 건조시킨다.
2. 각 과일들과 플레인 요구르트, 우유를 얼음과 함께 각각 믹서에 넣고 간다.
3. 세 가지 칵테일을 유리잔에 각각 부어 완성한다.

뻬코리노치즈·발사믹식초 포카치아
Focaccia al pecorino e aceto balsamico

재료
* 밀가루 1kg(중력분 1kg 또는 W280 P/L0,55), 효모 40g, 물 550㎖,
  맥아분 10g, 소금 20g, 엑스트라버진 올리브오일 70㎖,
  양젖치즈가루(pecorino 사용) 150g, 발사믹식초 50㎖
* 소금물 따뜻한 물 15㎖, 올리브오일 25㎖, 발사믹식초 10㎖, 소금 10g

믹싱시간
스파이럴 믹서 : 저속 5분 → 중속 5분
플런저 믹서 : 저속 6분 → 중속 6분

만드는 방법

믹싱	① 밀가루, 효모, 물, 맥아분을 넣는다.
	② 글루텐이 생성되면 소금, 올리브오일을 넣는다.
	③ 글루텐이 발전되어 반죽이 탄력 있고 윤이 날 때 양젖 치즈가루, 발사믹식초를 넣고 균일하게 잘 섞이면 완료한다. (최종 반죽온도 : 25℃)
분할	40×60㎝ 팬 사용 시 1.3kg, 혹은 원하는 크기로 한다.
실온휴지	26℃, 약 20~30분(표면이 마르지 않도록 비닐을 덮는다)
정형 및 팬닝	팬에 올리브오일을 바른 후 반죽을 넣고 손바닥으로 가볍게 누르면서 펼친다.
발효	28도, 습도 70%, 약 30분
소금물 바르기	따뜻한 물에 소금을 녹이고 올리브오일을 넣은 후 거품기로 휘젓는다. 반죽 위에 골고루 소금물을 바르고 손가락으로 반죽에 깊은 구멍을 낸다.
발효	28℃, 습도 70%, 약 1시간
굽기	스팀을 준 후, 230℃ 오븐에서 23~25분간 굽는다.

과일 럼 쿨러
Rhum cooler alla frutta

재료 1인 기준
사탕수수 1개, 라임(슬라이스) 1개, 좋아하는 과일, 다크럼 1 1/2oz, 진저에일, 얼음 약간

만드는 방법 소요시간 : 15분
1. 큰 텀블러 잔에 사탕수수와 얇게 썬 라임을 넣는다. 칵테일을 휘저을 때 사용하는 기구인 나무로 된 머들러(muddler)를 사용하여, 잔 속의 사탕수수와 라임을 부순다.
2. 좋아하는 과일을 넣고 다시 한 번 부순 후 휘젓는다. 얼음을 가득 넣고 럼을 넣은 후 마지막에 진저에일로 채워 완성한다.

Tip
* 포카치아(focaccia) : 이탈리아 서민들이 즐겨 먹던 빵이며, 중남부 지방에서 시작되었다. 보존이 쉬우며 맛이 담백하여 육류 및 해산물 등 여러 요리와 함께 먹을 수 있어 전국적으로 확산되었다.
* 믹싱 시 발사믹식초는 글루텐을 용해시키므로 글루텐이 발전된 후에 넣어야 한다.
* 과일 럼 쿨러 : 다크럼을 베이스로 하는 롱드링크로 오랜 시간 동안 마시는 칵테일의 일종이다. 롱드링크류를 마실 때 주로 사용하는 '텀블러'같은 큰 잔을 사용하는 것이 좋다. 큰 텀블러 잔에 좋아하는 과일을 넣고 충분한 시간을 두고 깊은 맛을 천천히 즐기는 칵테일이다.
* 진저에일은 무알콜의 생강의 향을 함유한 탄산음료로, 일종의 자극적인 풍미로 식욕증진과 소화흡수를 돕고 정신을 맑게 하는 효과가 있다.

크림치즈를 가득 채운 보꼰치니

Bocconcini ripieni alla crema di formaggio

재료
* 밀가루 1kg(중력분 1kg 또는 W280 P/L0.50), 호밀가루 200g, 효모 50g, 물 500㎖, 분유 30g, 소금 25g, 설탕 25g, 달걀 200g, 버터 300g
* 속재료 그라나 빠다노 치즈가루 200g, 에멘탈 치즈가루 200g, 우유 400㎖, 차이브 20g, 후춧가루, 넛맥 약간

믹싱시간
스파이럴 믹서 : 저속 5분 → 중속 8분
플런저 믹서 : 저속 7분 → 중속 8분

만드는 방법

믹싱 ① 밀가루, 호밀가루, 효모, 물, 분유(물에 녹여 사용)를 넣고 균일하게 섞은 후 소금, 설탕, 달걀을 넣는다.
　　　　② 글루텐이 생성되면 버터를 넣어 반죽을 코팅시킨다.
　　　　③ 글루텐이 발전되어 반죽이 탄력 있고 윤이 나면 완료한다.
　　　　　(최종 반죽온도 : 25℃)

실온휴지 26℃, 약 10분(표면이 마르지 않도록 비닐을 덮는다)

분할 30g, 혹은 원하는 크기로 한다.

둥글리기 표면이 매끄럽게 되도록 둥글리기를 한다.

실온휴지 5분(표면이 마르지 않도록 비닐을 덮는다)

정형 다시 둥글리기를 한 후 이음매를 잘 봉한다.

팬닝 팬 1개당 12개씩 놓고 달걀물(분량 외)을 칠한다.

발효 28℃, 습도 70%, 약 60분

굽기 전 달걀물(분량 외)을 한 번 더 칠한다.

굽기 스팀을 준 후 210℃ 오븐에서 굽는다.
　　　　굽는 시간은 반죽 크기에 따라 달라진다.

속 채우기 ① 분량의 속재료를 믹서에 넣고 섞는다.
　　　　　② 빵을 식힌 후 윗부분을 자르고 속은 파낸 후 속재료로 채운다.

Tip

* 보꼰치니(bocconcini) : 한입 크기의 작은 빵
* 믹싱 시 분유가 작은 알갱이로 덩어리지지 않도록 물에 녹여 사용한다. 소금을 설탕, 달걀과 구분 없이 넣는 이유는 반죽의 수분흡수율을 고려한 것이다.
* 속재료는 하루 전에 만들어 차게 보관하면 더 좋다.
* 다이키리(Daiquiri) : 럼을 베이스로 한 대표적인 쿠바 칵테일이다. 쿠바 산티아고 해변 근처의 광산이름이며 1905년 광산에서 근무하던 미국인 기술자 콕스가 쿠바산 럼주에 라임주스와 설탕을 넣어 마신 것에서 유래되었다.

바나나 프로즌 다이키리
Banana daiquiri frozen

재료 1인 기준
바나나 술 3/4oz, 레몬즙 1/2oz, 화이트 럼 1 1/2oz, 바나나 1개, 얼음(crushed ice 사용) 1/2스쿱

만드는 방법 소요시간 : 10분

1. 믹서에 바나나 술, 레몬즙, 화이트 럼을 넣고 섞은 후, 바나나 1/2을 넣고 간다.

2. 1에 얼음을 넣고 20초 정도 더 간다.
   TIP. 이런 종류의 칵테일은 주로 믹서를 사용하는 데 믹서 사용을 통해 크림화 상태가 된다.

3. 유리잔에 붓고, 남은 바나나로 장식한다.

전채요리와 빵

Pane con gli
antipasti

초피빵

Pane al pepe sechuan

재료

* **비가** 밀가루 1kg(강력분 400g+중력분 600g 또는 W320 P/L0.55),
  물 500㎖, 효모 10g
* **본반죽** 밀가루 700g – W300 P/L 0.55(≒강력분 140g+중력분 560g), 호밀가루 300g,
  비가, 효모 40g, 물 600㎖, 소금 40g, 플레인 요구르트 250g, 초피가루 20g

믹싱시간

* **비가** 스파이럴 믹서 : 저속 3분 / 플런저 믹서 : 저속 4분 / 포크 믹서 : 저속 5분
* **본반죽** 스파이럴 믹서 : 저속 5분 → 중속 5분 / 플런저 믹서 : 저속 6분 → 중속 6분

만드는 방법

비가	밀가루, 효모, 물을 넣고 저속으로 균일하게 섞는다 (최종 반죽온도 : 18~20℃), 실온발효 18~20시간
믹싱	① 밀가루, 호밀가루, 비가, 효모, 물을 넣는다. ② 글루텐이 생성되면 소금, 플레인 요구르트, 초피가루를 　단계적으로 넣는다. ③ 글루텐이 발전되어 반죽이 탄력 있고 윤이 나면 완료한다. 　(최종 반죽온도 : 25℃)
실온휴지	26℃, 약 30분(부피가 2배가 될 때까지 하며, 표면이 마르지 않도록 비닐을 덮는다)
분할	40g, 혹은 원하는 크기로 한다.
둥글리기	표면이 매끄럽게 되도록 둥글리기를 한다.
실온휴지	5분(표면이 마르지 않도록 비닐을 덮는다)
정형	다시 둥글리기를 한 후 이음매를 잘 봉한다.
팬닝	브리오슈 팬에 이음매가 아래로 오도록 넣는다.
발효	28℃, 습도 70%, 약 40분, 발효가 반쯤 진행되었을 때 체를 사용해 호밀가루(분량 외)를 뿌린다.
굽기 전	가위로 원하는 모양으로 자른다.
굽기	스팀을 준 후 220℃ 오븐에서 굽는다. 완료 직전에 공기순환 밸브를 약간 연다. 굽는 시간은 반죽의 크기에 따라 달라진다.

셀러리 젤리와 브레자올라

Bresaola con sedano in gelatina

재료 4인 기준
셀러리 200g, 젤라틴 10g, 채소육수(p.141)
500㎖, 브레자올라 300g, 엑스트라버진 올리
브오일, 소금 약간

- -

만드는 방법 소요시간 : 30분

1. 셀러리는 얇게 썰어 소금을 약간 넣은 끓는 물에 데친다.
2. 젤라틴은 물에 담갔다가 채소육수에 넣는다.
3. 작은 틀에 채소육수 반을 붓는다. 실온에 잠시 놔두었다가 냉장고에서 응고시킨다.
4. 3에 셀러리와 남겨둔 채소육수 반을 넣어 틀을 가득 채운다. 다시 냉장고에 4시간 정도 둔다.
5. 틀에서 뺀 셀러리 젤리를 그릇에 놓고, 브레자올라를 꽃모양으로 만들어서 장식하고 올리브오일을 살짝 뿌려 완성한다.

Tip

* 초피(pepe sechuan) : 맵고 톡 쏘는 맛이 나는 허브
* 브레자올라(bresaola) : 소금에 절인 쇠고기 살루미(이탈리아 햄의 일종)이며 롬바르디아 지역이 주요 생산지이다.

양파 · 건토마토빵

Pane con cipollotti e pomodori secchi

재료

밀가루 1kg(중력분 1kg 또는 W280 P/L0.55), 효모 40g, 물 500㎖, 맥아분 10g,
파스타 디 리뽀르토(p.43) 500g, 소금 20g, 올리브오일 67㎖, 양파 200g, 건토마토 230g

믹싱시간

스파이럴 믹서 : 저속 3분 → 중속 5분, 플런저 믹서 : 저속 5분 → 중속 5분

만드는 방법

전처리　건토마토를 작게 썬 후 찬물에 약 1시간 정도 담가 부드럽게 만든 후
　　　　　물기를 제거한다. 양파도 얇게 썬다.

믹싱　　① 밀가루, 효모, 물, 맥아분을 넣고 균일하게 섞은 후
　　　　　　　파스타 디 리뽀르토, 소금을 넣는다.

　　　　　② 올리브오일을 넣고 반죽을 코팅한다.

　　　　　③ 글루텐이 생성, 발전되어 반죽이 탄력 있고 윤이 나면
　　　　　　　양파, 건토마토를 넣고 균일하게 잘 섞어 완료한다.

　　　　　　　(최종 반죽온도 : 26℃)

실온휴지　26℃, 약 50분(부피가 2배가 될 때까지 하며,
　　　　　　표면이 마르지 않도록 비닐을 덮는다)

분할　　50g, 혹은 원하는 크기로 한다.

둥글리기　표면이 매끄럽게 되도록 둥글리기를 한다.

실온휴지　5분(표면이 마르지 않도록 비닐을 덮는다)

정형　　① 다시 둥글리기를 한 후 이음매를 잘 봉한다.

　　　　　② 반죽의 표면에 별모양을 내는 카이저 전용 기구로 모양을 찍는다.

팬닝　　팬 1개당 12개씩 놓는다.

발효　　28℃, 습도 70%, 약 1시간

굽기　　스팀을 준 후 220℃ 오븐에서 굽는다. 굽기의 최종 단계에서
　　　　　공기순환 밸브를 연다. 굽는 시간은 반죽의 크기에 따라 달라진다.

Tip

* **치뽈로띠(cipollotti)** : 모양은 대파와 유사하나 끝부분이 동그란 모양이며 맛은 한국
양파와 거의 비슷하다. 한국에는 없는 채소이므로 양파로 대체할 수 있다.

* **스펙(speck)** : 알토아디제 지역의 훈제 프로슈또의 한 종류로 돼지 뒷다리를 바다
소금, 향신료, 염수에 담가 저장하여 만든 살루미

* **카라멜레(caramelle)** : 사탕 모양

* 비가나 풀리시와 달리 파스타 디 리뽀르토는 믹싱 시 밀가루, 효모, 물을 균일하게
섞은 후에 소금과 함께 넣는다. 그러면 믹싱 시간을 단축시킬 수 있고 수분흡수율
을 증가시켜 완제품의 질감이 부드럽게 된다.

스펙과 호박 카라멜레

Caramelle di zucchine allo speck

재료 4인 기준

호박 300g, 스펙 50g, 파스타 필로(pasta fillo) 3장,
우유 약간, 반경질치즈(montasio 사용) 100g, 파
50g, 엑스트라버진 올리브오일, 소금 약간

만드는 방법　소요시간 : 80분

1. 호박과 스펙을 작은 주사위 모양으로 썬다.
달군 냄비에 올리브오일을 두르고 호박과
스펙을 넣는다. 고온에서 살짝 튀긴 후 체
에 걸러 기름을 빼고 소금으로 간한다.

2. 파스타 필로 3장을 직사각형 모양으로 4등
분한다. 1을 넣고 김밥 말듯이 돌돌 만다.
190℃로 예열한 오븐에서 익힌다.

3. 우유에 치즈를 녹여 퐁듀를 준비한다.

4. 장식용 및 파스타 필로를 묶을 때 사용할
파를 가늘고 길게 잘라서 올리브오일에 튀
긴다.

5. 그릇에 퐁듀를 붓고 채소로 속을 채운 파
스타 필로를 파로 묶어서 조심스럽게 퐁듀
위에 올려놓는다. 튀긴 파로 장식하여 완
성한다.

허브(파슬리·차이브·마조람)빵

Pane alle erbe

재료

* **폴리시** 밀가루 400g(강력분 80g+중력분 320g 또는 W300 P/L0.55), 효모 20g,
  물 1ℓ, 파슬리 150g, 차이브 150g, 마조람 10g
* **본반죽** 밀가루 1kg(중력분 500g+박력분 500g 또는 W260 P/L0.55), 통밀가루 250g,
  폴리시, 효모 20g, 소금 35g, 엑스트라버진 올리브오일 50㎖

믹싱시간

스파이럴 믹서 : 저속 3분 → 중속 5분
플런저 믹서 : 저속 5분 → 중속 5분

만드는 방법

전처리 파슬리와 차이브, 마조람을 잘게 다진다.

폴리시 효모를 물에 녹인 후 모든 재료를 넣고 가루재료가 덩어리지지 않게
고속으로 균일하게 섞는다.(최종 반죽온도 : 20℃)
발효통의 뚜껑을 덮어 5℃ 냉장고에 12시간 둔다.

믹싱 ① 밀가루, 통밀가루, 폴리시, 효모를 넣는다.
② 글루텐이 생성되면 소금, 올리브오일을 넣는다.
③ 글루텐이 발전되어 반죽이 탄력 있고 윤이 나면 완료한다.
(최종 반죽온도 : 26도)

실온휴지 26℃, 약 45분(부피가 2배가 될 때까지 하며,
표면이 마르지 않도록 비닐을 덮는다)

분할 150g, 혹은 원하는 크기로 하되 가능하면 너무 크지 않게 한다.

둥글리기 표면이 매끄럽게 되도록 둥글리기를 한다.

실온휴지 10분(표면이 마르지 않도록 비닐을 덮는다)

정형 ① 반죽을 뒤집어 손바닥으로 눌러 가스를 충분히 빼면서
타원형으로 만든다.
② 반죽 윗부분의 일부를 접고 아랫부분의 일부를 접어
약간 포개지게 삼단접기한다.
③ 반죽 윗부분의 양끝을 약간 접은 후 말아준다.
④ 이음매를 확인하고 럭비공 모양으로 만든다.

팬닝 이음매 부분이 밑으로 가도록 팬 1개당 6개씩 놓는다.
반죽 위에 원하는 모양의 판을 놓고 체를 사용해
호밀가루(분량 외)를 가볍게 뿌린다.

발효 27~28℃, 습도 70%, 약 60분, 부피가 2배가 될 때까지 한다.

굽기 스팀을 준 후 210~220℃ 오븐에서 굽는다.
굽는 시간은 반죽의 크기에 따라 달라진다.

프로슈또와 그라나 빠다노 치즈 찰다

Prosciutto in cialda di grana padano

재료 4인 기준

프로슈또 12조각, 경질치즈가루(Grana Padano 사용) 100g, 파슬리 1줄기, 버터 약간

만드는 방법 소요시간 : 20분

1. 팬을 달군 후 버터를 녹인다. 치즈가루 한
   덩어리를 넣고 지름 5㎝의 두께가 일정한
   원형 모양이 되도록 눌러준다. 중불에서 약
   2분간 둔다. 팬에서 꺼낸 후 가는 막대기
   를 이용해 알파벳 C 모양이 되도록 말아
   놓는다. 같은 방법으로 총 12개의 찰다를
   만든다.
2. C 형태 모양으로 만들어 놓은 치즈 찰다 안
   에 프로슈또를 넣어 그릇에 3개씩 조심스
   럽게 올리고 파슬리로 장식하여 완성한다.

Tip

* 일반적으로 폴리시는 26℃의 실온에서 10~12시간 발
  효 시 밀가루 양의 0.3%정도의 효모를 사용하지만, 기
  타 다른 재료, 발효 시간, 온도와 비례하여 효모의 양을
  조절할 수 있다. (p.42, 43)
* 폴리시와 같이 반죽을 저온에서 숙성시키면 유기산이
  많이 발생하는 장점이 있다.
* **찰다(cialda)** : 작고 얇게 구운 형태로 장식에 주로 사
  용한다.

가지·오레가노 필론치니
Filoncini alle melanzane e origano

재료
밀가루 1kg(강력분 200g+중력분 800g 또는 W300 P/L0.55), 효모 40g, 물 500㎖,
맥아분 5g, 파스타 디 리뽀르토(p.43) 375g, 소금 20g, 오레가노 7g, 가지 300g,
엑스트라버진 올리브오일 50㎖

믹싱시간
스파이럴 믹서 : 저속 4분 → 중속 6분
플런저 믹서 : 저속 5분 → 중속 7분

만드는 방법

전처리　가지를 씻고 주사위 모양으로 썬 후 올리브오일 두른 팬에서
　　　　　갈색이 될 때까지 볶는다.

믹싱　① 밀가루, 효모, 물, 맥아분을 넣고 균일하게 섞은 후
　　　　　파스타 디 리뽀르토, 소금, 오레가노를 넣는다.
　　　② 글루텐이 생성, 발전되어 반죽이 탄력 있고 윤이 나면
　　　　　가지를 넣고 균일하게 잘 섞는다.(최종 반죽온도 : 26℃)

실온휴지　26℃, 약 50분(부피가 2배가 될 때까지 하며,
　　　　　표면이 마르지 않도록 비닐을 덮는다)

분할　150g, 혹은 원하는 크기로 한다.

둥글리기　표면이 매끄럽게 되도록 둥글리기를 한다.

실온휴지　10분(표면이 마르지 않도록 비닐을 덮는다)

정형　① 반죽을 뒤집어 손바닥으로 눌러 가스를 충분히 빼면서
　　　　　타원형으로 만든다.
　　　② 반죽 윗부분의 일부를 접고 아랫부분의 일부를 접어
　　　　　약간 포개지게 삼단접기한다.
　　　③ 반죽 윗부분의 양끝을 약간 접은 후 말아준다.
　　　④ 이음매를 확인하고 럭비공 모양으로 만든다.

팬닝　팬 1개당 6개씩 놓고 반죽 위에 원하는 모양의 판을 올린 후
　　　　체를 사용해 호밀가루(분량 외)를 가볍게 뿌린다.

발효　27~28℃, 습도 70%, 약 50~60분

굽기　스팀을 준 후 220℃ 오븐에서 25~27분간 굽는다.
　　　　꺼내기 직전에 공기순환 밸브를 연다.

라르도 카나뻬와 당절임 레몬
Canàpè di lardo e limone caramellato

재료 4인 기준
레몬 5개(껍질만 사용), 설탕 100g, 물 30㎖, 호
밀빵 600g, 라르도(콜론나타 지역의 lardo 사용)
200g, 마조람, 타임 약간

만드는 방법 소요시간 : 20분

1. 레몬 껍질(노란부분만 사용)을 잘게 다진
　다. 찬물에 넣고 끓인 후 물을 버리고 다시
　찬물을 넣어서 끓이는 작업을 두 번 반복
　한 후 체에 걸러 물기를 제거한다.

2. 냄비에 설탕, 물, 레몬 껍질을 넣고 끓인다.

3. 빵 위에 라르도를 조심스럽게 올리고, 당
　절임한 레몬 껍질, 마조람, 타임으로 장식
　하여 완성한다.

Tip

* 필론치니(filoncini) : 가느다란 모양의 빵
* 라르도(lardo) : 돼지 등 쪽의 피하지방층으로 만든 살루미
* 카나뻬(canàpe) : 빵, 크래커 등 위에 토핑을 올린 형태
　의 요리

"빵이여,
밀가루
물
그리고 불로
발효되는 존재여.
무겁고 가벼우며,
납작하고 둥근,
너의 어머니의
자궁을,
해마다 두 차례
대지에
발아를
되풀이한다.

Il pane di Neruda

네루다의 '빵'

빵이여,
참으로 단순하고
또한 참으로 심오한 존재여!
제빵사의
하얀 쟁반 위에
주방도구, 접시,
또는 종이처럼
길게 늘어선 너.
그리고 갑작스런
삶의 파도여,
씨앗과
불의 결합,
너는 자라고 자라
곧
허리, 입, 가슴,
대지의 언덕,
살아 숨 쉬는 생명처럼,
온도가 올라가고, 너는
충만함, 풍요의 바람으로
넘쳐흐른다.
그리고 그때
너는 황금빛이 된다.
그리고 너의 작은 자궁들에
수태가 이루어질 때,
너의 황금빛 반구 전체에 걸친
화상은
갈색 흉터를 남긴다.
이제,
완전한,
너는,
인간의 행위이며,
반복되는 기적이며,
생명의 의지이다.

오, 모든 이들의 빵이여,
우리는 너에게
애원하지 않을 것이다.
우리 인간들은
모호한 신들
혹은 어둠에 싸여있는 악령들의
걸인들이
아니다:
바다로부터 그리고 대지로부터
우리는 빵을 만들고,
대지와 행성에서
밀을 재배할 것이다.
모든 사람들을 위한,
매일을 위한,
모든 이들의 빵이
만들어질 것이다. 왜냐하면 우리가
단지 한 사람만을 위해서가 아니라
모두를 위해
그 씨앗을 뿌리고,
그것을 생산했기 때문이다.
빵,
모든 민중들을 위한 빵,
그리고 빵의 형태와 맛을
지닌 모든 것들을
우리는 나눌 것이다:
대지,
아름다움,
사랑,
이 모든 것들은
빵의 맛을 지니고 있고,
밀의 발아를 닮았다.
모두
나누어지기 위해,
전해지기 위해,
증식되어지기 위해 태어났다.

그러므로 빵이여,
만약 네가 사람들의 집에서
달아난다면,
만약 그들이 너를 숨긴다면,
만약 그들이 너를 부정한다면,
만약 탐욕스런 자가
너를 욕보인다면,
만약 부자가
너를 독점한다면,
만약 밀이
밭고랑과 대지를 찾지 않는다면,
빵이여,
우리는 기도하지 않을 것이다.
빵이여,
우리는 애원하지 않을 것이다.
우리는 너를 위해
다른 이들과,
다른 모든 굶주린 이들과
싸울 것이다.
우리는 모든 강과 모든 하늘 아래에서
너를 찾아 나설 것이다,
우리는 모든 대지를 나눌 것이다
왜냐하면 네가 발아되고
대지는 우리와 함께
남을 것이기 때문이다:
물, 불, 인간은
우리와 함께 싸운다.
우리는 이삭의 왕관을 쓰고
대지와 모두를 위한 빵을
얻기 위해 나아갈 것이다.
그리고 그때
삶 또한
빵의 형태를 갖고 있으며,
단순하고 심오하며,
무한하고 순수할 것이다."

– Pablo Neruda, "Ode al pane"

루콜라 · 건토마토 포카치아

Focaccia con rucola e pomodori secchi

재료

* 밀가루 1kg(중력분 1kg 또는 W280 P/L0.55), 리마치나타 듀럼밀가루
  (farina rimacinata di grano duro) 500g, 비가(p.45) 1.5kg, 효모 50g, 물 1.2ℓ,
  맥아분 30g, 소금 50g, 엑스트라버진 올리브오일 250㎖, 루콜라 230g, 건토마토 400g
* 소금물 따뜻한 물 50㎖, 엑스트라버진 올리브오일 50㎖, 소금 20g

믹싱시간

스파이럴 믹서 : 저속 4분 → 중속 6분
플런저 믹서 : 저속 5분 → 중속 5분

만드는 방법

전처리	건토마토는 잘게 썰어 찬물에 1시간 동안 담가 두었다가 물기를 제거한다. 루콜라는 씻어서 잘게 썬다.
믹싱	① 밀가루, 리마치나타 듀럼밀가루, 비가, 효모, 물, 맥아분을 넣는다. ② 글루텐이 생성되면 소금, 올리브오일을 넣는다. ③ 글루텐이 발전되어 반죽이 탄력 있고 윤이 나면 루콜라, 건토마토를 단계적으로 넣고 균일하게 잘 섞어 완료한다. (최종 반죽온도 : 26℃)
실온휴지	26℃, 20분(표면이 마르지 않도록 비닐을 덮는다)
분할	40×60cm 팬 사용 시 1.3kg, 혹은 원하는 크기로 분할한다. 올리브오일을 바른 팬에 넣고 손바닥으로 가볍게 누르면서 펼친다. 반죽의 두께는 균일하게 유지해야 한다.
실온휴지	10분(표면이 마르지 않도록 비닐을 덮는다)
정형	① 작업대 위에 팬을 뒤집어 반죽을 꺼내 바닥이 위로 오게 놓는다. ② 준비된 커터기로 눌러 찍어 낸다.
패닝	올리브오일을 바른 팬에 적당한 간격을 유지하며 놓는다.
발효	28℃, 습도 70%, 30분
소금물 바르기	따뜻한 물에 소금을 녹이고 올리브오일을 넣어 거품기로 섞는다. 반죽 위에 바르고 손가락으로 중앙에 깊은 구멍을 낸다.
발효	28℃, 습도 70%, 1시간
굽기	240℃ 오븐에서 약 20분간 굽는다.

허브(차이브)를 가미한 생선요리

Pesce alle erbette

재료 4인 기준

양파 1개, 식초 1큰술, 레몬 1개(즙만 사용), 월계수 1잎, 통후추 2알, 흰살 생선(넙치, 아귀, 농어, 허 가자미, 대구 등) 800g, 근대 800g, 사과즙 4큰술, 된장 2작은술, 간장 2작은술, 차이브(혹은 파슬리) 8줄기

만드는 방법 소요시간 : 45분

1. 냄비에 물 2컵, 양파 1/2개, 식초, 레몬즙, 월계수잎, 통후추 2알을 넣고 10분간 끓인다.
2. 1을 체에 거른 후 거른 물과 흰살 생선을 냄비에 넣고 5~7분간 끓인다.
3. 생선 크기가 반으로 줄어들 때까지 물에서 끓이고 사과즙과 된장, 간장을 넣은 후 살짝 끓인다.
4. 근대를 잘 씻어 냄비에 넣고 뚜껑을 덮어서 너무 물러지지 않도록 익힌다. 식힌 다음에 가볍게 눌러서 짠다.
5. 그릇에 근대를 놓고 그 위에 흰살 생선을 조심스럽게 놓는다. 생선 끓인 물을 살짝 붓고 가늘게 썬 차이브 혹은 파슬리로 장식하여 완성한다.

Tip

* 포카치아(focaccia) : 이탈리아 서민들이 즐겨 먹던 빵이며, 중남부 지방에서 시작되었다. 보존이 쉬우며 맛이 담백하여 육류 및 해산물 등 여러 요리와 함께 먹을 수 있어 전국적으로 확산되었다.

회향씨 호밀 치아바따

Ciabatta con farina di segale e semi di finocchio

재료

* **비가** 밀가루 900g(강력분 360g+중력분 540g 또는 W320 P/L0.55),
  호밀가루 100g, 효모 10g, 물 440㎖
* **본반죽** 호밀가루 100g, 비가, 효모 2g, 물 330㎖, 맥아분 5g, 소금 22g, 회향씨 6g

믹싱시간

* **비가** 스파이럴 믹서 : 저속 3분 / 플런저 믹서 : 저속 4분 / 포크 믹서 : 저속 5분
* **본반죽** 스파이럴 믹서 : 저속 5분 → 중속 10분 / 플런저 믹서 : 저속 5분 → 중속 12분

만드는 방법

비가	밀가루, 호밀가루, 효모, 물을 넣고 저속으로 균일하게 섞는다 (최종 반죽온도 : 18~20℃). 실온발효 18~20시간
믹싱	① 호밀가루, 비가, 효모, 물 165g, 맥아분을 넣고 균일하게 섞은 후 나머지 물 165g을 조금씩 넣는다. ② 글루텐이 생성되면 소금과 회향씨를 단계적으로 넣는다. ③ 글루텐이 발전되어 반죽이 탄력 있고 윤이 나면 완료한다. (최종 반죽온도 : 27℃)
실온휴지	26℃, 용기 안에 올리브오일을 바른 후 반죽을 넣고 35~40분간 둔다.
분할 및 정형	① 테이블 위에 밀가루(분량 외)를 뿌린다. ② 용기에서 반죽을 조심스럽게 꺼내 뒤집어 놓는다. ③ 원하는 크기, 모양으로 자른 후 단면이 윗쪽으로 오도록 하여 눌러준다.
실온휴지	35~40분
팬닝	조심스럽게 양쪽을 잡고 가볍게 늘여 적당한 간격을 유지하며 팬에 놓는다.
굽기	스팀을 준 후 230~240℃ 오븐에서 굽는다. 굽기 완료 직전에 공기순환 밸브를 연다. 굽는 시간은 반죽의 크기에 따라 달라진다.

쇠고기 카르빠치오와 샐러드

Carpaccio di vitello con insalata

재료 4인 기준

쇠고기 안심 500g, 화이트와인 150㎖, 오렌지 1개, 붉은 자몽 1개, 레몬 1개, 차이브 1다발, 샐러드 채소 200g, 발사믹식초 10㎖, 엑스트라버진 올리브오일, 소금, 후춧가루 약간

만드는 방법 소요시간 : 90분

1. 소금, 후춧가루로 간한 고기를 올리브오일을 두른 팬에 얹고 살짝 굽는다.
2. 살짝 구운 고기를 200℃ 오븐에 넣고 약 40분간 한 번 더 굽는다. 이때, 반 정도 익었을 때 와인을 뿌려 익힌다. 식힌 후 얇게 썬다.
3. 오렌지, 자몽, 레몬은 껍질을 벗겨 썰고 차이브는 다진다. 샐러드 채소는 깨끗이 씻은 후 소금, 발사믹식초, 올리브오일로 간을 한다.
4. 그릇에 샐러드 채소, 얇게 썬 고기를 올리고 오렌지, 자몽, 레몬 조각을 얹는다. 올리브오일, 소금, 후춧가루를 뿌려 간한 후 차이브로 장식하여 완성한다.

Tip

* **치아바따(ciabatta)** : 겉은 단단하고 속은 부드러운 슬리퍼 모양의 롬바르디아, 토스카나 지역 전통빵
* 본반죽 믹싱 시 물을 한 번에 넣으면 되직한 비가에 물흡수가 잘 안되므로 조금씩 나눠 넣는 것이 좋다.
* **카르빠치오(Carpaccio)** : 쇠고기를 얇게 썰어서 양념해서 먹는 요리

그라나 빠다노·잣 포카치네
Focaccine con Grana Padano e pinoli

재료
밀가루 1kg(중력분 1kg 또는 W280 P/L0.50), 효모 35g, 물 500㎖, 맥아분 10g, 소금 20g, 올리브오일 60㎖, 경질치즈가루(Grana Padano 사용) 150g, 잣 100g

믹싱시간
스파이럴 믹서 : 저속 4분 → 중속 4분
플런저 믹서 : 저속 5분 → 중속 5분

만드는 방법

전처리	잣을 굵게 다진다.
믹싱	① 밀가루, 효모, 물, 맥아분을 섞는다.
	② 글루텐이 생성되면 소금, 올리브오일을 넣는다.
	③ 글루텐이 발전되어 반죽이 탄력 있고 윤이 나면 치즈가루, 잣을 넣고 균일하게 잘 섞어 완료한다.
	(최종 반죽온도 : 25℃)
실온휴지	26℃, 약 30분(표면이 마르지 않도록 비닐을 덮는다)
분할	40×60㎝ 팬 사용 시 1.3kg, 혹은 원하는 크기로 하여 올리브오일을 바른 팬에 얹고 손바닥으로 가볍게 누르면서 펼친다. 반죽의 두께는 균일하게 유지해야 한다.
실온휴지	10분
정형	① 작업대 위에 팬을 뒤집어 반죽을 꺼낸 후 바닥이 위로 오게 놓는다.
	② 직경 10㎝ 정도의 원형 틀로 찍는다.
	③ 찍어낸 반죽의 중앙을 직경 1.5㎝ 정도의 원형 틀로 찍는다.
	④ 찍어낸 작은 반죽은 구멍 옆에 올려 붙인다.
팬닝	올리브오일을 바른 팬에 적당한 간격을 유지하며 놓는다.
발효	27~28℃, 습도 70%, 30분
굽기 전	올리브오일을 가볍게 바른 후 구멍을 손가락으로 다시 한 번 눌러준다.
실온휴지	30분
굽기	스팀을 준 후 220℃ 오븐에서 약 15분간 굽는다.

살구버섯소스와 달걀 스타라빠짜떼
Uova strapazzate con bagnetto di finferli

재료 4~6인 기준
살구버섯 200g, 마늘 1쪽, 생크림 20㎖, 채소육수 (p.141) 100㎖, 달걀 750g, 파슬리, 엑스트라버진 올리브오일, 소금, 후춧가루 약간

만드는 방법 소요시간 : 60분
1. **살구버섯소스** : 살구버섯을 잘 씻은 후 끓는 물에 데친다. 달군 팬에 올리브오일을 두르고 마늘을 넣어 향이 배게 볶은 후 건져내고, 데친 버섯을 넣고 약 10분간 익힌다. 생크림과 채소육수와 같이 믹서에 간 후 소금, 후춧가루로 간한다.
2. **달걀 스타라빠짜떼** : 달걀을 팬에 붓고 가늘고 긴 형태의 스크램블로 만든다.
3. 그릇에 달걀 스타라빠짜떼를 담고 살구버섯소스를 뿌린 후 파슬리로 장식하여 완성한다.

Tip
* **포카치네(focaccine)** : 미니 포카치아로 이탈리아 서민들이 즐겨 먹던 빵이며, 중남부 지방에서 시작되었다. 보존이 쉬우며 맛이 담백하여 육류 및 해산물 등 여러 요리와 함께 먹을 수 있다.
* **스타라빠짜떼(strapazzate)** : 달걀을 크림 상태로 조리하는 스크램블 요리

꽃상추·훈제 스카모르자치즈빵
Pane con scarola e scamorza affumicata

재료
* 풀리시 밀가루 250g(강력분 50g+중력분 200g 또는 W300 P/L0.55), 효모 20g, 물 500㎖, 꽃상추 400g
* 본반죽 밀가루 750g(중력분 375g+박력분 375g 또는 W260 P/L0.55), 풀리시, 효모 15g, 소금 20g, 엑스트라버진 올리브오일 50㎖, 훈제 연질치즈(scamorza 사용) 300g

믹싱시간
스파이럴 믹서 : 저속 3분 → 중속 5분
플런저 믹서 : 저속 5분 → 중속 5분

만드는 방법
전처리　꽃상추를 잘게 다진다.

풀리시　효모를 물에 녹인 후 모든 재료를 넣고 가루재료가 덩어리지지 않도록 고속으로 균일하게 섞는다. (최종 반죽온도 : 20℃)
　　　　발효통의 뚜껑을 덮어 5℃ 냉장고에 12시간 동안 둔다.

전처리　치즈를 주사위 모양으로 썬다.

믹싱　① 밀가루, 풀리시, 효모를 넣고 균일하게 섞는다.
　　　② 글루텐이 생성되면 소금, 올리브오일을 넣는다.
　　　③ 글루텐이 발전되어 반죽이 탄력 있고 윤이 나면 치즈를 넣고 균일하게 잘 섞은 후 완료한다.(최종 반죽온도 : 25℃)

실온휴지　26℃, 30~40분(표면이 마르지 않도록 비닐을 덮는다)

분할　50g, 혹은 원하는 크기로 한다.

둥글리기　표면이 매끄럽게 되도록 둥글리기를 한다.

실온휴지　10분(표면이 마르지 않도록 비닐을 덮는다)

정형　① 가볍게 다시 둥글리기 한 후 이음매를 잘 봉한다.
　　　② 봉한 이음매가 옆으로 향하도록 한 후 반죽의 위 1/4부분을 손날로 자르듯이 위 아래로 비벼 눌러준다.
　　　③ 반죽을 다시 세워서 쓰러지지 않게 균형을 잡아준다.

팬닝　팬 1개당 12개씩 균일한 간격을 유지하며 놓는다.

발효　27~28℃, 습도 70%, 50~60분

굽기 전　체를 사용해 밀가루(분량 외)를 뿌린다.

굽기　스팀을 준 후 220℃ 오븐에서 굽는다. 꺼내기 직전에 공기순환 밸브를 연다. 굽는 시간은 반죽의 크기에 따라 달라진다.

Tip
* 스카모르자(scamorza) : 황소유로 만든 조롱박 모양의 치즈로 표면이 매끄럽고 짙은색, 흰갈색을 띠고 탄력이 있다. 생모짜렐라 치즈와 유사하며, 피자의 토핑으로 많이 사용하고 그릴에 구워서 먹기도 한다.

프랑스식 오믈렛
Omelette alla francese

재료 4인 기준
달걀 450g, 밀가루 9큰술, 우유 9큰술, 소금, 버터 약간

만드는 방법 소요시간 : 25분
1. 달걀, 밀가루, 우유, 약간의 소금을 넣고 거품을 낸다. 덩어리지지 않게 유의한다.
2. 넓은 팬에 버터칠을 한다. 1의 거품이 많이 올라오면 팬에 1/4을 붓고 굽는다. 팬에 반죽이 가득차게 넣어서 모양이 잘 형성되게 한다.
3. 식힌 후에 뒤집개를 이용해서 반을 접어 포갠다. 계속해서 남은 반죽도 같은 방법으로 한다.
4. 완성한 후 바로 먹는 것이 좋으며 그렇지 못한 경우에는 먹기 전에 오븐에서 데우면 좋다.

잠두콩 · 로마 뻬코리노치즈빵
Pane con fave e pecorino romano

재료

밀가루 1.5kg(강력분 300g+중력분 1,200g 또는 W300 P/L0.55), 효모 60g,
물 500㎖, 우유 250㎖, 버터 100g, 파스타 디 리뽀르토(p.43) 750g, 소금 40g,
양젖치즈가루(로마 pecorino 사용) 300g, 잠두콩 퓌레 800g

믹싱시간

스파이럴 믹서 : 저속 3분 → 중속 6분
플런저 믹서 : 저속 4분 → 중속 7분

만드는 방법

믹싱
   ① 밀가루, 효모, 물, 우유, 버터를 넣고 균일하게 섞은 후
     파스타 디 리뽀르토, 소금을 넣는다.
   ② 양젖치즈가루를 넣는다.
   ③ 글루텐이 생성, 발전되어 반죽이 탄력 있고 윤이 나면
     잠두콩 퓌레를 넣고 균일하게 잘 섞는다.(최종 반죽온도 : 26℃)

실온휴지
26℃, 약 40분(부피가 2배가 될 때까지 하며,
표면이 마르지 않도록 비닐을 덮는다)

분할
40×60㎝ 팬 사용 시 1.3kg, 혹은 원하는 크기로 분할한다.
올리브오일을 바른 팬에 넣고 손바닥으로 가볍게 누르면서 펼친다.
반죽의 두께는 균일하게 유지해야 한다.

실온휴지
10분(표면이 마르지 않도록 비닐을 덮는다)

정형
   ① 작업대 위에 팬을 뒤집어 반죽을 꺼내서 바닥이 위로 오게 놓는다.
   ② 직경 10㎝ 정도의 원형 틀로 눌러 찍어 낸다.

팬닝
팬에 올리브오일을 바르고 반죽을 적당한 간격을 유지하며 놓는다.

발효
28℃, 습도 70%, 약 50~60분

굽기 전
집게손가락 끝에 밀가루(분량 외)를 묻혀 반죽의 중앙 윗부분을 눌러
모양을 낸다. 반죽의 윗면에 종이판을 이용해 반 정도 덮고
체를 사용해 밀가루(분량 외)를 뿌린다.

굽기
스팀을 준 후 210~220℃ 오븐에서 굽는다.
굽기 완료 직전에 공기순환 밸브를 연다.
굽는 시간은 반죽의 크기에 따라 달라진다.

샐러드와 달걀
Uova in insalata

재료 4인 기준

붉은 피망 1개, 노란 피망 1개, 양파 1/2개, 달걀 4
개, 생크림 30㎖, 연질치즈(scamorza 사용) 200g,
엑스트라버진 올리브오일, 소금, 후춧가루 약간

· · · · · · · · · · · · · · · ·

만드는 방법 소요시간 : 30분

1. 피망은 작은 마름모 모양으로 썰고, 양파는
   세로로 썬다. 끓는 물에 각각 데친 후 피망
   은 소금, 후춧가루, 올리브오일로 간한다.

2. 달걀은 거품을 낸 후 소금, 후춧가루, 생크
   림을 넣어 간한다. 모양 틀에 붓고 200℃ 오
   븐에서 약 10분간 익힌다.

3. 치즈를 가늘게 썰어 그릇에 담고 2를 식
   힌 후 그릇에 담는다. 피망, 양파로 장식하
   여 완성한다.

구운 뽈렌타 · 라르도빵

Pane con polenta tostata e lardo

재료

* 비가 밀가루 1kg(강력분 400g+중력분 600g 또는 W320 P/L0.55), 효모 10g, 물 450㎖
* 본반죽 밀가루 1kg(중력분 500g+박력분 500g 또는 W260 P/L0.55), 비가, 효모 30g, 물 550㎖, 소금 50g, 라르도 400g, 뽈렌타 600g

믹싱시간

* 비가 스파이럴 믹서 : 저속 3분 / 플런저 믹서 : 저속 4분 / 포크 믹서 : 저속 5분
* 본반죽 스파이럴 믹서 : 저속 3분 → 중속 5분 / 플런저 믹서 : 저속 3분 → 중속 6분

만드는 방법

비가 밀가루, 효모, 물을 넣고 저속으로 균일하게 섞는다
(최종 반죽온도 : 18~20℃). 실온발효 18~20시간

전처리 라르도를 주사위 모양으로 썰고, 뽈렌타는 얇게 구운 후 주사위 모양으로 썰어 놓는다.

믹싱 ① 밀가루, 비가, 효모, 물을 넣고 균일하게 섞는다.
② 글루텐이 생성되면 소금, 라르도를 단계적으로 넣는다.
③ 글루텐이 발전되어 반죽이 탄력 있고 윤이 나면 뽈렌타를 넣고 균일하게 잘 섞어 완료한다.(최종 반죽온도 : 26℃)

실온휴지 26℃, 약 40분
(부피가 2배가 될 때까지 하며, 표면이 마르지 않도록 비닐을 덮는다)

분할 300g, 혹은 원하는 크기로 한다.

둥글리기 표면이 매끄럽게 되도록 둥글리기를 한다.

실온휴지 5분(표면이 마르지 않도록 비닐을 덮는다)

정형 작업대 위에 옥수수가루(분량 외)를 뿌리고 반죽의 바닥이 위를 향하도록 한 후 이음매를 잘 봉하고 손바닥으로 가볍게 눌러준다.

실온휴지 이음매가 윗쪽을 향하게 놓고 10분

팬닝 ① 이음매가 바닥을 향하게 반죽을 다시 뒤집어서 팬에 놓는다.
② 체를 사용해 호밀가루(분량 외)를 가볍게 뿌린다.
③ 원하는 형태로 칼집을 낸다.

발효 27~28℃, 습도 70%, 약 45~50분

굽기 가볍게 스팀을 준 후 220℃ 오븐에서 35분간 굽는다.
굽기 완료 직전에 공기순환 밸브를 연다.

메추리알과 송로버섯

Uova di quaglia con tartufo

재료 6인 기준
메추리알 30개, 송로버섯 30g, 버터 60g, 소금 약간

만드는 방법 소요시간 : 25분

1. 작은 동팬에 버터를 발라 달군 후 한 번에 메추리알 5개씩 조심스럽게 깬다. 흰자부분에만 소금으로 간한다.

2. 메추리알의 윗부분이 빠르게 익도록 하기 위해 오븐에 팬을 넣는다. 흰자는 부드럽게 익히고 노른자는 액체 상태로 익힌다.

3. 송로버섯은 얇게 썬다.

4. 그릇에 익힌 메추리알을 놓고 각 노른자 위에 얇게 썬 송로버섯을 하나씩 올려 완성한다.

Tip

* 뽈렌타(polenta) : 소금 간한 물에 보리, 옥수수가루 등을 넣고 끓여서 만든 걸쭉한 죽 형태의 북이탈리아 요리
* 라르도(lardo) : 돼지 등 쪽의 피하지방층으로 만든 살루미

타임 · 사과 · 양파빵
Pane con timo, mele e cipollotti

재료
밀가루 1.2kg(강력분 240g+중력분 960g 또는 W300 P/L0.50), 비가(p.45) 450g,
효모 40g, 물 650㎖, 맥아분 10g, 소금 30g, 버터 75g, 타임 15g, 사과 300g, 양파 300g

믹싱시간
스파이럴 믹서 : 저속 3분 → 중속 6분
플런저 믹서 : 저속 4분 → 중속 7분

만드는 방법

전처리 사과는 껍질을 벗기고 얇게 썬 후 수분을 제거하기 위해
50℃ 오븐에서 몇 시간 동안 굽는다. 식힌 후 주사위 모양으로 썬다.
양파는 잘게 썰고 타임은 다진다.

믹싱 ① 밀가루, 비가, 효모, 물, 맥아분을 넣고 균일하게 섞는다.
② 글루텐이 생성되면 소금, 버터를 단계적으로 넣는다.
③ 글루텐이 발전되어 반죽이 탄력 있고 윤이 나면 타임, 사과,
양파를 넣고 균일하게 잘 섞는다.(최종 반죽온도 : 26℃)

실온휴지 26℃, 50분 (부피가 2배가 될 때까지 하며,
표면이 마르지 않도록 비닐을 덮는다)

분할 50g, 혹은 원하는 크기로 한다.

둥글리기 표면이 매끄럽게 되도록 둥글리기를 한다.

실온휴지 15분(표면이 마르지 않도록 비닐을 덮는다)

정형 ① 원기둥 모양으로 만들기 위해 가스를 뺀 후 말아준다.
② 반죽을 굴려서 25cm 길이까지 늘인다.
③ 늘인 반죽 3개를 한 조로 하여 머리 땋는 모양으로 꼬기를 한다.
반죽을 당기지 말고 느슨하게 하여 부피감이 있도록 한다.

팬닝 팬 1개당 6개씩 균일한 간격을 유지하며 놓는다.

발효 27~28℃, 습도 70%, 약 50분

굽기 스팀을 준 후 220℃ 오븐에서 굽는다. 꺼내기 바로 직전에
공기순환 밸브를 연다. 반죽의 크기에 따라 굽는 시간은 달라진다.

닭고기 샐러드
Insalata di pollo

재료 4인 기준
닭 가슴살 400g, 레몬 1개(즙만 사용), 엑스트라버진 올리브오일 2큰술, 양상추 1개, 셀러리 1줄기, 건포도 200g, 슬라이스 아몬드 1큰술, 소금 약간

만드는 방법 소요시간 : 30분

1. 닭 가슴살을 길고 얇게 썬 후 쪄 익힌다. 익힌 닭 가슴살은 레몬즙과 올리브오일로 간한다.

2. 양상추는 씻어서 한입 크기로 찢는다. 셀러리는 섬유질을 제거하고 얇게 썬다.

3. 건포도와 채소, 익힌 닭 가슴살, 아몬드를 섞는다. 소금으로 간한 후 그릇에 담아 완성한다.

Tip

* **치뽈로띠(cipollotti)** : 모양은 대파와 유사하나 끝부분이 동그란 모양이며 맛은 한국 양파와 거의 비슷하다. 한국에는 없는 채소이므로 양파로 대체할 수 있다.

* 사과를 전처리 하는 이유는 강한 산을 제거하여 믹싱 시 글루텐이 녹는 것을 방지할 수 있기 때문이다.

Il pane di
Isabel Allende

이사벨 아옌데의 빵

"어느 수도원의 부엌에서의 기억…
어느 평수녀님은…
원형, 직사각형 팬에 빵을 넣어,
깨끗하고 하얀 천으로 덮어두고 있었다…
그리고 창문 근처, 중세 목제 작업대 위에서 발효시켰다.
빵을 만드는 동안에, 거의 끝 무렵,
매일 일어나는 밀가루와 시상의
소박한 기적이 일어나고 있었고,

틀 안의 내용물은 삶을 다루고 있었고
그 과정은 느리고 관능적이었으며,
침대 위에 까는 규격에 맞는 시트와 같이,
벌거숭이 파뇨떼(크고 둥근 모양의 빵)를 덮은
하얀 식탁용 냅킨 아래에서 빵이 만들어졌다.
반죽은 신비로운 오랜 기다림 속에
부풀어 오르고, 기분 좋은 향미를 풍기며 움직이고,
사랑을 나누는 여인의 육체처럼 떨리고 있었다."

– Isabel Allende, "Afrodita"

참깨 · 당근식빵

Pan carré con sesamo e carote

재료

* **쁘레임파스토** 밀가루 400g(강력분 80g+중력분 320g 또는 W300 P/L0.60),
  효모 5g, 물 230㎖, 소금 7g
* **본반죽** 밀가루 2.3㎏(중력분 575g+박력분 1,725g 또는 W250 P/L0.55), 효모 75g,
  물 1.6ℓ, 맥아분 15g, 쁘레임파스토, 소금 70g, 당근 650g, 볶은 참깨 75g
* **토핑반죽** 당근즙 500㎖, 호밀가루 300g, 효모 15g

믹싱시간

* **쁘레임파스토** 스파이럴 믹서 : 저속 6분 / 플런저 믹서 : 저속 7분
* **본반죽** 스파이럴 믹서 : 저속 5분 → 중속 5분 / 플런저 믹서 : 저속 6분 → 중속 6분

만드는 방법

쁘레임파스토	모든 재료를 넣고 저속으로 균일하게 섞는다 (최종 반죽온도 : 25℃). 실온에서 1시간 발효시키고, 뚜껑을 덮어 5℃ 냉장고에 12~15시간 동안 둔다.
전처리	당근을 삶아서 믹서에 갈아 놓는다.
믹싱	① 밀가루, 효모, 물, 맥아분을 넣고 섞은 후 쁘레임파스토를 넣는다. ② 글루텐이 생성되면 소금을 넣는다. ③ 글루텐이 발전되어 반죽이 탄력 있고 윤이 나면 당근, 참깨를 넣어 균일하게 잘 섞은 후 완료한다.(최종 반죽온도 : 25℃)
실온휴지	26℃, 약 10분(표면이 마르지 않도록 비닐을 덮는다)
토핑	전처리한 당근즙에 효모를 녹인 후 체 친 호밀가루와 섞는다. 비닐을 덮어 실온에 둔다.
분할	150g, 혹은 원하는 크기로 한다.
둥글리기	표면이 매끄럽게 되도록 둥글리기를 한다.
실온휴지	10분(표면이 마르지 않도록 비닐을 덮는다)
정형	① 반죽을 뒤집어 손바닥으로 눌러 가스를 충분히 빼면서 타원형으로 만든다. ② 반죽 윗부분의 일부를 접고 아랫부분의 일부를 접어 약간 포개지게 삼단접기한다. ③ 반죽 윗부분의 양끝을 약간 접은 후 말아준다. ④ 이음매를 확인하고 럭비공 모양으로 만든다.
팬닝	이음매가 아래로 향하게 하여 팬 1개당 6개씩 놓은 후 준비한 토핑을 스패튤러로 바르고 체를 사용해 밀가루(분량 외)를 뿌린다.
발효	28℃, 습도 70%, 1시간
굽기	스팀을 준 후 210℃ 오븐에서 굽는다. 꺼내기 10분 전에 공기순환 밸브를 연다. 굽는 시간은 반죽의 크기에 따라 달라진다.

뽈닭 샐러드

Insalata tiepida di cappone t

재료 6인 기준

셀러리 1줄기, 당근 1개, 양파 1개, 세이지 3장, 월계수 3장, 뽈닭 1.5㎏, 샐러드 채소 130g, 당절임 시트론 열매 1개, 딜 약간, 호두오일, 발사믹식초, 소금, 후춧가루 약간

만드는 방법 소요시간 : 150분

1. 끓는 물에 셀러리, 당근, 양파, 세이지, 월계수잎을 넣는다. 소금으로 간하고 뽈닭을 넣은 후 약불에서 2시간 정도 둔다. 불을 끄고 그대로 식힌다.

2. 샐러드 채소는 깨끗이 씻고 시트론 열매는 작은 조각으로 썬다.

3. 약간의 호두오일, 발사믹식초 몇 방울, 소금, 후춧가루를 섞어 샐러드 소스를 준비한다.

4. 뽈닭의 뼈를 발라낸 후 시트론 열매와 섞는다.

5. 그릇에 샐러드 채소를 담고 그 위에 시트론 열매와 섞은 뽈닭을 올린다. 샐러드 소스를 뿌리고 딜로 장식하여 완성한다.

Tip

* 쁘레임파스토(preimpasto)는 파스타 디 리뽀르토와 같이 본반죽 전에 미리 준비하는 선반죽으로 반죽을 저온 장시간 발효시켜 유기산을 생성시키는 방식이다. 이 반죽은 저온숙성시켜 차갑기 때문에 본반죽의 다른 재료와 잘 섞이지 않으므로 저속으로 가루재료를 충분히 섞은 후에 넣는다.

감자·로즈마리 필론치노
Filoncino con patate e rosmarino

재료

* **비가** 밀가루 1kg(강력분 400g+중력분 600g 또는 W320 P/L0.55), 효모 10g, 물 500㎖
* **본반죽** 리마치나타 세몰라가루(farina di semola rimacinata) 1kg, 비가, 효모 30g, 물 500㎖ , 소금 50g, 감자 500g, 로즈마리 30g

믹싱시간

* **비가** 스파이럴 믹서 : 저속 3분 / 플런저 믹서 : 저속 4분 / 포크 믹서 : 저속 5분
* **본반죽** 스파이럴 믹서 : 저속 5분 → 중속 5분 / 플런저 믹서 : 저속 6분 → 중속 6분

만드는 방법

비가 밀가루, 효모, 물을 넣고 저속으로 균일하게 섞는다
(최종 반죽온도 : 17~18℃). 실온발효 18~20시간

전처리 감자를 삶는다. 로즈마리는 잘게 다진다.

믹싱 ① 세몰라가루, 비가, 효모, 물을 넣는다.
② 글루텐이 생성되면 소금, 감자, 로즈마리를 넣는다.
③ 글루텐이 발전되어 반죽이 탄력 있고 윤이 나면 완료한다.
(최종 반죽온도 : 26℃)

실온휴지 26℃, 약 40분(부피가 2배가 될 때까지 하며,
표면이 마르지 않도록 비닐을 덮는다)

분할 100g, 혹은 원하는 크기로 한다.

둥글리기 표면이 매끄럽게 되도록 둥글리기를 한다.

실온휴지 10분(표면이 마르지 않도록 비닐을 덮는다)

정형 ① 반죽을 뒤집어 손바닥으로 눌러 가스를 충분히 빼면서
타원형으로 만든다.
② 반죽 윗부분의 일부를 접고 아랫부분의 일부를 접어
약간 포개지게 삼단접기한다.
③ 반죽 윗부분의 양끝을 약간 접은 후 말아준다.
④ 이음매를 확인하고 럭비공 모양으로 만든다.
⑤ 밀가루(분량 외)를 뿌린 작업대 위에 성형한 반죽을 올려 놓는다.
⑥ 이음매 부분이 위로 향하게 놓고 위 아래로 가볍게 3~4회 굴려
밀가루를 자연스럽게 묻힌다.

팬닝 이음매가 아래로 향하게 한 후 팬 1개당 8개씩 놓는다.

발효 27~28℃, 습도 70%, 약 50분

굽기 전 표면에 원하는 모양으로 칼집을 낸다.

굽기 스팀을 준 후 220℃ 오븐에서 약 18~20분간 굽는다.

육회
Cradité di vitello

재료 2인 기준
쇠고기 안심(본 레시피에서는 송아지로 함) 350g, 당근, 셀러리, 차이브 적당량, 엑스트라버진 올리브오일 100㎖, 레몬 1/2개(즙만 사용), 소금, 후춧가루 약간

만드는 방법 소요시간 : 15분
1. 고기를 곱게 다진다.
2. 당근, 셀러리, 차이브를 다진 후 올리브오일, 레몬즙, 소금, 후춧가루를 뿌려 간한다.
3. 고기와 채소를 섞은 후 그릇에 담아 완성한다.

Tip

* 필론치노(filoncino) : 가느다란 모양의 빵
* 소금의 사용 여부에 따라 본반죽 믹싱 시 선반죽을 넣는 시기가 달라진다. 비가는 소금을 사용하지 않으므로 본반죽 믹싱 시 가루재료와 함께 초기에 넣는다.

리코따·돌박하빵
Pane con ricotta e nepitella

재료

* **비가** 밀가루 1kg(강력분 400g+중력분 600g 또는 W320 P/L0.55),
  효모 10g, 물 450㎖
* **본반죽** 밀가루 1.5kg(중력분 750g+박력분 750g 또는 W260 P/L0.55),
  듀럼밀가루(farina di grano duro) 700g, 비가, 효모 50g, 물 1.3ℓ, 맥아분 20g,
  소금 65g, 엑스트라버진 올리브오일 100㎖, 리코따 350g, 돌박하 60g

믹싱시간

* **비가** 스파이럴 믹서 : 저속 3분 / 플런저 믹서 : 저속 4분 / 포크 믹서 : 저속 5분
* **본반죽** 스파이럴 믹서 : 저속 3분 → 중속 6분 / 플런저 믹서 : 저속 4분 → 중속 7분

만드는 방법

비가	밀가루, 효모, 물을 넣고 저속으로 균일하게 섞는다 (최종 반죽온도 : 17~19℃). 실온발효 18~20시간
믹싱	① 밀가루, 듀럼밀가루, 비가, 효모, 물, 맥아분을 넣는다. ② 글루텐이 생성되면 소금, 올리브오일을 넣는다. ③ 글루텐이 발전되어 반죽이 탄력 있고 윤이 나면 리코따, 돌박하를 넣고 섞는다. (최종 반죽온도 : 26℃)
실온휴지	26℃, 약 20분(표면이 마르지 않도록 비닐을 덮는다)
분할	200g, 혹은 원하는 크기로 한다.
둥글리기	표면이 매끄럽게 되도록 둥글리기를 한다.
실온휴지	15분(표면이 마르지 않도록 비닐을 덮는다)
정형	① 원기둥 모양으로 만들기 위해 가스를 뺀 후 말아준다. ② 반죽을 굴려서 30㎝ 길이까지 늘인다. ③ 반죽의 반은 밀대로 밀어 펴서 타원형 모양이 되도록 한다. ④ 밀대로 밀지 않은 반은 3등분하여 머리카락 땋듯 땋는다. ⑤ 밑에 가느다란 타원형 모양, 위는 머리 땋은 모양이 오도록 해 반을 접는다.
팬닝	팬 1개당 4개씩 놓고 머리 땋은 모양 이음매가 반죽에 잘 붙도록 점검한다.
발효	28℃, 습도 70%, 약 1시간(크기가 2배가 될 때까지 한다)
굽기 전	체를 사용해 밀가루(분량 외)를 가볍게 뿌린다.
굽기	스팀을 준 후 220℃ 오븐에서 27분간 굽는다. 꺼내기 5분 전에 공기순환 밸브를 연다.

Tip

* 리코따(ricotta) : 우유에 산, 염을 넣고 끓인 후 응고시켜 만든 유제품
* 스포르마티니(sformatini) : 작은 틀에 내용물을 채워서 조리한 후 뒤 엎는 형태의 요리

바질소스와 연어스포르마티니
Sformatini di salmone con vellutata di basilico

재료 4인 기준

연어 280g, 가지 1개, 토마토 2개, 생강가루 5g, 엑스트라버진 올리브오일, 소금, 후춧가루 약간
바질소스 : 바질 1다발, 버터 100g, 생크림 50㎖, 생선육수(p.133) 50㎖, 소금 약간

만드는 방법 소요시간 : 50분

1. 작은 알루미늄 틀에 오일(분량 외)을 바른다.
2. 연어는 얇게 썰어 앞, 뒤로 소금, 후춧가루로 간한 후 틀에 넣어 냉장고에 둔다.
3. 가지 껍질은 아주 얇고 길게 썰고 토마토 껍질은 사각형 모양으로 자른다. 밀가루(분량 외)를 묻혀 올리브오일에 살짝 튀긴다.
4. 껍질을 벗긴 가지와 토마토는 주사위 모양으로 썬다.
5. 팬에 올리브오일을 두르고 가지를 살짝 볶은 후 토마토를 넣고 한 번 더 볶는다. 생강가루와 소금, 후춧가루로 간한다.
6. 소스를 만들기 위해 바질과 버터를 믹서에 갈고, 생크림과 생선육수를 넣는다. 소금으로 간하다.
7. 연어를 채운 틀 위에 볶은 가지, 토마토를 가득 채운다. 200℃ 오븐에 7~9분간 굽는다. 식힌 후 틀을 유산지 위에 올린 후 내용물을 뺀다.
8. 그릇에 소스를 얹고 연어스포르마티니를 올린 후 튀긴 가지와 토마토 껍질로 장식하여 완성한다.

타임·레몬빵

Pane con timo e limone

재료

* **풀리시** 밀가루 250g(강력분 50g+중력분 200g 또는 W300 P/L0.55), 효모 15g,
  물 500㎖, 레몬 껍질 100g, 타임 20g(말린 타임 사용 시에는 10g)
* **본반죽** 밀가루 650g(중력분 325g+박력분 325g 또는 W260 P/L0.55),
  호밀가루 100g, 풀리시, 효모 15g, 소금 20g, 버터 50g

믹싱시간

스파이럴 믹서 : 저속 3분 → 중속 5분

만드는 방법

전처리	레몬 껍질은 껍질 안쪽의 흰 부분을 제거한 후 길게 썬다.
	끓는 물에 데치고 체에 걸러 물기를 제거한 후 식힌다. 타임은 다진다.
풀리시	효모를 물에 녹인 후 나머지 재료를 모두 넣고
	가루재료가 덩어리지지 않도록 고속으로 균일하게 섞는다.
	(최종 반죽온도 : 20℃)
	발효통의 뚜껑을 덮어 5℃ 냉장고에 12시간 동안 둔다.
믹싱	① 밀가루, 호밀가루, 풀리시, 효모를 넣는다.
	② 글루텐이 생성되면 소금, 버터를 단계적으로 넣는다.
	③ 글루텐이 발전되어 반죽이 탄력 있고 윤이 나면 완료한다.
	(최종 반죽온도 : 25℃)
실온휴지	26℃, 약 45~50분(부피가 2배가 될 때까지 하며,
	표면이 마르지 않도록 비닐을 덮는다)
분할	60g, 혹은 원하는 크기로 한다.
둥글리기	표면이 매끄럽게 되도록 둥글리기를 한다.
실온휴지	15분(표면이 마르지 않도록 비닐을 덮는다)
정형	① 가스를 뺀 후 원기둥 모양으로 만들기 위해 말아준다.
	② 반죽을 굴리면서 늘인 후 여러 가지 모양으로 꼰다.
	이때, 반죽을 당기지 말고 여유 있게 꼰다.
팬닝	팬 1개당 11개씩 놓고 반죽 위에 체를 사용해
	호밀가루(분량 외)를 뿌린다.
발효	28℃, 습도 70%, 50~60분, 부피가 2배가 될 때까지 한다.
굽기	스팀을 준 후 220~230℃ 오븐에서 굽는다. 꺼내기 직전에
	공기순환 밸브를 연다. 굽는 시간은 반죽의 크기에 따라 달라진다.

어린 잠두콩 퓌레와 바삭하게 튀긴 숭어

Triglie croccanti di passatina di fave novelle

재료 4인 기준

잠두콩 400g, 마늘 1쪽, 샬롯 1개, 생선육수(p.133),
생크림 약간, 엑스트라버진 올리브오일 약간, 숭어
8조각, 밀가루(세몰라가루 사용) 100g, 반경질치즈
(남이탈리아의 대표적인 반경질치즈인 provolone
사용) 약간

만드는 방법 소요시간 : 60분

1. 잠두콩은 물에 불려 껍질을 분리한다.
2. 냄비에 올리브오일, 마늘, 잠두콩 3/4 분량,
   샬롯을 넣은 후 재료들이 잠기도록 생선육
   수를 붓는다. 끓인 후 약간의 생크림과 올
   리브오일과 함께 믹서에 넣고 간다.
3. 숭어는 소금으로 간한 후 밀가루(세몰라가
   루)를 묻혀 기름에 튀긴다.
4. 잠두콩 나머지 1/4 분량은 삶는다.
5. 그릇에 2를 담고 그 위에 튀긴 숭어를 올
   린다. 가볍게 삶은 잠두콩과 치즈를 올려
   완성한다.

L'odore del
pane
빵의 향기

"…마리아, 너의 부드러운 손으로
밀가루 반죽을 누르고 펴고 평평하게 하고,
그리하여 종이처럼 매끄럽고, 달처럼 크다.
벌린 손 위에 너는 나를 가져오고,
그리고 나를 뜨거운 테스토(testo) 위에
조심스럽게 내려놓고,
그런 다음 너는 떠나간다.
나는 반죽을 돌리고,
집게로 불 아래 반죽을 자극하고,
적절한 색이 나고 부풀어 오르면서
금속성의 소리가 날 때까지:
빵의 향기가 집 안에 가득하다."

– Giovanni Pascoli,
  "I nuovi Poemetti" 중에 "La Piada"

대황미뇬
Mignon al rabarbaro

재료

* **풀리시** 밀가루 250g(강력분 50g+중력분 200g 또는 W300 P/L0.55), 효모 15g, 물 400㎖, 녹인 버터 50g, 대황가루 150g
* **본반죽** 밀가루 800g(중력분 400g+박력분 400g 또는 W260 P/L0.55), 풀리시, 효모 15g, 소금 20g, 설탕 50g, 달걀 300g

믹싱시간

스파이럴 믹서 : 저속 3분 → 중속 6분
플런저 믹서 : 저속 5분 → 중속 5분

만드는 방법

풀리시 효모를 물에 녹인 후 모든 재료를 넣고 가루재료가 덩어리지지 않게 고속으로 균일하게 섞는다. (최종 반죽온도 : 20℃)
발효통의 뚜껑을 덮어 5℃ 냉장고에 12시간 동안 둔다.

믹싱 ① 밀가루, 풀리시, 효모를 넣는다.
② 글루텐이 생성되면 소금, 설탕, 달걀을 넣는다.
③ 글루텐이 발전되어 반죽이 탄력 있고 윤이 나면 완료한다.
(최종 반죽온도 : 25℃)

실온휴지 26℃, 10~15분(표면이 마르지 않도록 비닐을 덮는다)

분할 30g, 혹은 원하는 크기로 한다.

둥글리기 표면이 매끄럽게 되도록 둥글리기를 한다.

실온휴지 15분(표면이 마르지 않도록 비닐을 덮는다)

정형 ① 원기둥 모양으로 만들기 위해 가스를 뺀 후 말기를 한다.
② 반죽을 굴리면서 늘인 후 여러 가지 모양으로 꼰다.
③ 반죽을 당기지 말고 여유 있게 꼰다.

팬닝 팬 1개당 12개씩 놓고 달걀물(분량 외)을 칠한다.

발효 28℃, 습도 70%, 50분

굽기 전 한 번 더 달걀물(분량 외)을 칠한다.

굽기 스팀을 준 후 200~210℃ 오븐에서 약 15분간 굽는다.
굽기 완료 직전에 공기순환 밸브를 연다.

Tip

* 대황 : 산골짜기 습지에 주로 사는 풀로 변비, 소화불량에 좋으며 화상에 쓰이기도 한다.
* 미뇬(mignon) : 작은 크기의 빵
* 스칼로빠(scaloppa) : 얇게 썬 고기
* 찰다(cialda) : 얇게 만들어서 주로 장식에 사용한다.

거위 간 스칼로빠와 감자 찰다
Scaloppa di fegato d'oca in cialda di patate

재료 4인 기준
거위 간 200g, 중간 크기의 감자 1개, 산새버섯(포르치니 버섯) 500g, 마늘 1쪽, 가정식 빵 100g, 마조람 1줄기, 타임 1줄기, 로즈마리 1줄기, 파슬리 1줄기, 엑스트라버진 올리브오일, 버터, 소금, 후춧가루 약간

만드는 방법 소요시간 : 60분

1. 거위 간을 50g씩 얇게 썰어 분할한 후 냉장고에 넣어 둔다.

2. 감자는 껍질을 벗기고 얇은 파인애플 모양처럼 가운데 구멍이 뚫린 원형으로 8조각 썬다. 팬에 올리브오일을 두르고 감자 앞뒷면을 노릇하게 익힌다.

3. 버섯은 얇게 썬 후 마늘과 올리브오일을 넣고 달군 팬에 넣어 갈색이 될 때까지 굽고 마지막에 소금으로 간한다.

4. 올리브오일을 두른 팬에 사각형으로 썬 빵을 넣고 구운 후, 믹서에 허브(나중에 사용할 허브를 약간 남겨둔다)와 같이 넣고 간 후 소금, 후춧가루로 간한다.

5. 거위 간 위에 4를 뿌리고 120℃ 오븐에서 2분간 굽는다.

6. 그릇에 버섯, 감자 찰다, 거위 간, 4의 소스, 두 번째 찰다의 순으로 얹고 이쑤시개로 고정시킨다. 올리브오일을 살짝 뿌리고 허브로 장식하여 완성한다.

배 · 아몬드빵
Pane con pere e mandorle

재료

밀가루 1kg(강력분 200g+중력분 800g 또는 W300 P/L0.55), 효모 35g, 물 350㎖,
우유 150㎖, 파스타 디 리뽀르토(p.43) 300g, 설탕 40g, 소금 20g, 달걀 150g, 버터 150g,
아몬드가루 200g, 배 800g

믹싱시간

스파이럴 믹서 : 저속 3분 → 중속 6분
플런저 믹서 : 저속 5분 → 중속 6분

만드는 방법

전처리 배는 껍질을 벗기고 얇게 썬 후 수분을 제거하기 위해 50℃ 오븐에서
　　　　몇 시간 동안 굽는다. 식힌 후 주사위 모양으로 썬다.

믹싱 ① 밀가루, 효모, 물, 우유를 넣고 균일하게 섞은 후
　　　　파스타 디 리뽀르토, 설탕, 소금, 달걀을 넣는다.
　　　　② 글루텐이 생성되면 버터를 넣고 반죽을 코팅시킨다.
　　　　③ 글루텐이 발전되어 반죽이 탄력 있고 윤이 나면
　　　　아몬드가루, 배를 단계적으로 넣고 균일하게 잘 섞은 후 완료한다.
　　　　(최종 반죽온도 : 26℃)

실온휴지 26℃, 40~45분(부피가 2배가 될 때까지 하며,
　　　　표면이 마르지 않도록 비닐을 덮는다)

분할 60g, 혹은 원하는 크기로 한다.

둥글리기 표면이 매끄럽게 되도록 둥글리기를 한다.

실온휴지 10분(표면이 마르지 않도록 비닐을 덮는다)

정형 ① 다시 둥글리기를 하고 이음매는 잘 봉한다.
　　　　② 반죽을 손으로 감싼 후 손날에 힘을 주어 위 아래로 밀어 준다.
　　　　얇은 서양배 모양으로 만든다.

팬닝 팬 1개당 8개씩 균일한 간격을 유지하며 놓는다.

발효 28℃, 습도 70%, 약 50분

굽기 전 달걀물(분량 외)을 칠한다.

굽기 스팀을 준 후 210~220℃ 오븐에서 18분간 굽는다.
　　　　꺼내기 직전에 공기순환 밸브를 연다.

Tip

* 밀레폴리에(millefoglie) : 층을 쌓아 올린 형태의 요리

거위 간 밀레폴리에
Millefoglie di fegato d'oca

재료 4인 기준

거위 간 500g, 재움용 레드와인(Vin Santo 사용)
50㎖, 서양배 4개, 소스용 레드와인(Montalcino 사
용) 1ℓ, 계피 1개, 스타아니스 2개, 정향 2개, 노
간주나무열매 4개, 설탕 150g, 송로버섯(노르치아
지역의 검은 송로버섯 사용) 50g, 백후춧가루, 소
금 약간

· · · · · · · · · · · · · · · ·

만드는 방법 소요시간 : 95분

1. 거위 간은 재움용 와인에 약 1시간 정도
차게 재운다.

2. 배는 냄비에 소스용 와인과 계피, 스타아니
스, 정향, 노간주나무열매, 설탕을 넣고 30
분간 약불에 끓인다. 와인이 거의 다 증발
하고 걸쭉해지면 배를 건져 믹서에 간 후
체에 거른다.

3. 송로버섯을 잘 씻어서 얇게 썬다. 거위 간
은 4등분 한 후 다시 5~6조각으로 두껍
게 썬다.

4. 지름 6㎝의 작은 틀의 바닥에 쿠킹포일을
깐 후 거위 간과 송로버섯을 하나씩 교차하
며 층을 쌓아 꽉 채운다.

5. 그릇에 틀에서 뺀 4를 놓고 배 소스, 소금,
백후춧가루를 뿌려 완성한다.

샬롯·돼지볼살빵

Pane con scalogno e guanciale

재료

밀가루 1.6kg(강력분 640g+중력분 960g 또는 W320 P/L0.55), 비가(p.45) 600g,
효모 50g, 물 700㎖, 맥아분 10g, 소금 40g, 엑스트라버진 올리브오일 100㎖,
돼지볼살 500g, 샬롯 400g

믹싱시간

스파이럴 믹서 : 저속 3분 → 중속 6분
플런저 믹서 : 저속 4분 → 중속 7분

만드는 방법

전처리	돼지볼살을 주사위 모양으로 썰고 샬롯은 잘게 다진다.
	팬에 올리브오일 50㎖와 샬롯을 넣고 볶은 뒤 돼지볼살을 넣고
	약 10분간 조리한다.
믹싱	① 밀가루, 비가, 효모, 물, 맥아분을 넣는다.
	② 글루텐이 생성되면 소금, 올리브오일을 넣는다.
	③ 글루텐이 발전되어 반죽이 탄력있고 윤이 나면 돼지볼살,
	샬롯을 넣고 균일하게 잘 섞는다.(최종 반죽온도 : 26℃)
실온휴지	26℃, 35~40분(부피가 2배가 될 때까지 하며,
	표면이 마르지 않도록 비닐을 덮는다)
분할	40g, 혹은 원하는 크기로 한다.
둥글리기	표면이 매끄럽게 되도록 둥글리기를 한다.
실온휴지	5분(표면이 마르지 않도록 비닐을 덮는다)
정형	다시 둥글리기를 하고 이음매는 잘 봉하여 아래로 향하게 한다.
패닝	작은 원형 틀에 1개씩 넣는다.
발효	27~28℃, 습도 70%, 50~60분
굽기	스팀을 준 후 220℃ 오븐에서 굽는다.
	굽기 완료 직전에 공기순환 밸브를 연다.
	굽는 시간은 반죽의 크기에 따라 달라진다.

Tip

* **샬롯** : 양파의 일종으로 크기가 작음

피스타치오로 옷을 입힌 소 간요리

Paté di fegato di vitello e pistacchi di Bronte

재료 4인 기준

쇠고기 간(본 레시피에서는 송아지로 함) 500g,
프로슈또 코또(익힌 돼지다리살로 만든 살루미)
200g, 양파 100g, 정제버터 100g, 피스타치오
80g, 포트와인 100㎖, 화이트와인(Marsala 사
용) 150㎖, 부드러운 버터 300g, 젤라틴 15g, 계
절 채소 약간

만드는 방법 소요시간 : 80분

1. 간과 프로슈또는 주사위 모양으로 썰고 양
   파는 가늘고 얇게 썬다. 팬에 정제버터를
   녹인 후 중불에서 양파를 볶다가 소 간과
   프로슈또를 넣는다. 5분간 더 볶다가 화이
   트와인을 뿌린 후 증발시킨다. 고기 가는
   기계에 넣어서 간다. 식혀둔 후 버터를 넣
   고 섞은 후 모형 틀에 채워서 맛의 풍미를
   위해 적어도 10시간 정도 냉장고에 둔다.
2. 젤라틴은 물에 불린 후 데운 포트와인에 넣
   는다. 모형 틀에 붓고 3시간 동안 냉장 보관
   하여 응고시킨다.
3. 소 간, 프로슈또를 틀에서 빼고 굵게 다진
   피스타치오를 묻힌 후 얇게 썬다. 2의 젤리
   도 썰어 둔다.
4. 그릇에 간, 프로슈또를 놓고, 젤리와 계절
   채소로 조화롭게 장식하여 완성한다.

단호박 · 호두빵

Pane con zucca e noci

재료

* 비가 밀가루 200g(강력분 80g+중력분 120g 또는 W320 P/L0.55), 효모 2g, 물 90㎖
* 본반죽 밀가루 1kg(중력분 1kg 또는 W280 P/L0.55), 비가, 효모 40g, 우유 280㎖, 맥아분 10g, 단호박 400g, 소금 24g, 설탕 80g, 버터 60g, 호두 400g

믹싱시간

* 비가 스파이럴 믹서 : 저속 3분 / 플런저 믹서 : 저속 4분 / 포크 믹서 : 저속 5분
* 본반죽 스파이럴 믹서 : 저속 3분 → 중속 5분 / 플런저 믹서 : 저속 4분 → 중속 6분

만드는 방법

비가	밀가루, 효모, 물을 넣고 저속으로 균일하게 섞는다 (최종 반죽온도 : 18~20℃). 실온발효 18~22시간
전처리	단호박은 쿠킹포일로 감싼 후 냄비에 넣고 50℃ 오븐에서 수분이 없어질 때까지 몇 시간 동안 굽는다. 씨를 제거하고 으깨서 식혀둔다. 호두는 굵게 간다.
믹싱	① 밀가루, 비가, 효모, 우유, 맥아분, 단호박을 넣는다. ② 글루텐이 생성되면 소금, 설탕, 부드러운 버터를 넣는다. ③ 글루텐이 발전되어 반죽이 탄력 있고 윤이 나면 호두를 넣어 균일하게 잘 섞는다.(최종 반죽온도 : 26℃)
실온휴지	26℃, 약 30분(표면이 마르지 않도록 비닐을 덮는다)
분할	150g, 혹은 원하는 크기로 한다.
둥글리기	표면이 매끄럽게 되도록 둥글리기를 한다.
실온휴지	5분(표면이 마르지 않도록 비닐을 덮는다)
정형	다시 둥글리기를 하고 이음매는 잘 봉하여 아래로 향하게 한다.
팬닝	팬 1개당 6개씩 놓고 달걀물(분량 외)을 칠한다.
발효	팬에 놓고 27~28℃, 습도 70%, 약 50~60분
굽기 전	체를 사용해 밀가루(분량 외)를 뿌린 후 원하는 형태로 칼집을 낸다.
굽기	스팀을 준 후 200~220℃ 오븐에서 굽는다. 최종 단계에서 공기순환 밸브를 연다. 반죽의 크기에 따라 굽는 시간은 달라진다.

Tip

◦ 단호박의 수분 함유량은 반죽의 되기에 영향을 미치므로 믹싱 초반에 넣어
물의 양을 조절한다.

오리 간과 소 안심

Filetto con fegato d'anatra t

재료 8인 기준

쇠고기 안심 1.5kg, 오리 간 200g, 빵(토스카나빵 사용) 200g, 마늘 1쪽, 타임 2줄기, 고기육수(p.137) 100g, 생크림 100㎖, 돼지 내장 100g, 엑스트라버진 올리브오일, 소금 약간

소스 반경질치즈(provolone 사용) 200g, 우유 400㎖, 달걀노른자 2개 분량

만드는 방법 소요시간 : 85분

1. 소 안심은 손질하여 썰고, 오리 간과 빵은 주사위 모양으로 썬다. 돼지 내장으로 주머니를 준비한다.

2. 팬에 올리브오일을 두르고 마늘, 타임, 오리 간, 빵을 넣어 굽는다. 마늘과 타임은 건져낸다.

3. 육수와 생크림을 믹서에 간 후 2에 붓는다.

4. 소 안심에 3을 넣고 김밥 말듯이 돌돌 말아 돼지 내장 주머니에 넣어 잘 고정시킨다.

5. 팬에 올리브오일을 두르고 4를 갈색이 되도록 살짝 구운 후 180℃로 예열한 오븐에서 약 40분간 굽는다. 중간에 흘러나온 육즙을 고기 앞뒤에 묻혀가며 굽는다. 겉이 바삭하게 구워지면 돼지내장은 제거한다.

6. 주사위 모양으로 썬 치즈와 우유를 중탕으로 녹여 소스를 준비한다. 치즈가 다 녹으면 달걀노른자를 넣고 75℃까지 가열한다.

7. 그릇에 고기를 썰어 올리고 6의 소스를 뿌려 완성한다.

Pane per le
minestre

미네스트레와 빵

라르도·양파빵
Pane con lardo e cipolle

재료

밀가루 1.6kg(강력분 640g+중력분 960g 또는 W320 P/L0.55), 비가(p.45) 600g, 효모 50g, 물 700㎖, 맥아분 10g, 소금 40g, 엑스트라버진 올리브오일 100㎖, 양파 300g, 라르도 400g

믹싱시간

스파이럴 믹서 : 저속 3분 → 중속 6분
플런저 믹서 : 저속 4분 → 중속 7분

만드는 방법

전처리　양파를 얇게 썰어 올리브오일 두른 팬에 볶는다.
　　　　　라르도는 주사위 모양으로 썰어 놓는다.

믹싱　　① 밀가루, 비가, 효모, 물, 맥아분을 넣는다.
　　　　　② 글루텐이 생성되면 소금, 올리브오일을 넣는다.
　　　　　③ 글루텐이 발전되어 반죽이 탄력 있고 윤이 나면 양파, 라르도를
　　　　　　 넣고 균일하게 잘 섞는다.(최종 반죽온도 : 26℃)

실온휴지　26℃, 35~40분(부피가 2배가 될 때까지 하며,
　　　　　　표면이 마르지 않도록 비닐을 덮는다)

분할　　300g, 혹은 원하는 크기로 한다.

둥글리기　표면이 매끄럽게 되도록 둥글리기를 한다.

실온휴지　15분(표면이 마르지 않도록 비닐을 덮는다)

정형　　① 반죽을 뒤집어 손바닥으로 가볍게 두드려 가스를 뺀다.
　　　　　② 손바닥으로 누르면서 가로로 약 20㎝ 길이가 되도록 만든다.
　　　　　③ 윗부분의 일부를 접고 접힌 부분이 약간 포개지게
　　　　　　 아랫부분도 접어 삼단접기한다.
　　　　　④ 다시 윗부분의 일부를 왼손 엄지손가락과 집게손가락으로
　　　　　　 접어가면서 오른손 손바닥 끝으로 눌러주며 계속 말아서
　　　　　　 원기둥 모양으로 만든다.
　　　　　⑤ 전체를 같은 두께로 유지하면서 약 30㎝ 정도의 길이로 늘인다.
　　　　　⑥ 이음매가 일직선을 그리며 바닥에 오도록 확인한다.

팬닝　　팬 1개당 3개씩 균일한 간격을 유지하며 놓는다.

발효　　27~28℃, 습도 70%, 50~60분

굽기 전　체를 사용해 밀가루(분량 외)를 뿌린 후
　　　　　반죽 위 중앙을 칼로 길게 칼집을 낸다.

굽기　　스팀을 준 후 220℃ 오븐에서 굽는다.
　　　　　굽기 완료 직전에 공기순환 밸브를 연다.
　　　　　굽는 시간은 반죽의 크기에 따라 달라진다.

보리주빠
Zuppa d'orzo

재료 4인 기준

셀러리 2줄기, 토마토 100g, 베이컨 100g, 보리 400g, 물 2ℓ, 가지 1개, 마늘 2쪽, 바질 10잎, 엑스트라버진 올리브오일, 소금 약간

만드는 방법　소요시간 : 90분

1. 셀러리, 토마토를 작은 주사위 모양으로 썬다. 올리브오일을 두른 냄비에 셀러리와 베이컨을 넣어 살짝 볶고, 보리와 물을 붓는다. 20분간 익힌 후 베이컨은 건져내고 토마토를 넣어 20분간 더 익힌다.

2. 올리브오일을 두른 팬에 껍질 벗겨 반으로 썬 가지와 마늘을 올리고 180℃ 오븐에서 20분간 굽는다.

3. 가지 껍질은 얇고 길게 썰고 토마토 껍질은 사각형 모양으로 썬다. 밀가루(분량 외)를 묻혀 올리브오일에 살짝 튀긴다.

4. 구운 후 가지 1/2 분량은 바질과 같이 믹서에 간 후 소금, 후춧가루로 간해서 소스로 만들어 냉장고에 둔다. 나머지 가지는 가늘고 긴 완자 모양을 만든다.

5. 그릇에 1ℓ을 담고 중앙에 가지를 놓고 소스, 올리브오일을 살짝 뿌린다. 튀긴 가지 껍질과 토마토 껍질로 장식하여 완성한다.

Tip

* 라르도(lardo) : 돼지 등 쪽의 피하지방층으로 만든 살루미
* 주빠(zuppa) : 수프

건토마토 타르티네
Tartine ai pomodori secchi

재료

밀가루 1kg(강력분 200g+중력분 800g 또는 W300 P/L0.55), 비가(p.45) 300g, 효모 35g, 물 500㎖, 맥아분 10g, 마늘소금 8g, 소금 25g, 엑스트라버진 올리브오일 50㎖, 건토마토 250g

믹싱시간

스파이럴 믹서 : 저속 3분 → 중속 6분
플런저 믹서 : 저속 5분 → 중속 5분

만드는 방법

전처리　건토마토는 잘게 다진 후 찬물에 90분간 담가 부드러워지게 한 후 수분을 제거한다.

믹싱　　① 밀가루, 비가, 효모, 물, 맥아분을 넣는다.

　　　　　② 글루텐이 생성되면 마늘소금, 소금, 올리브오일을 넣는다.

　　　　　③ 글루텐이 발전되어 반죽이 탄력 있고 윤이 나면 토마토를 넣고 균일하게 잘 섞은 후 완료한다.(최종 반죽온도 : 26℃)

분할　　35g, 혹은 원하는 크기로 한다.

둥글리기　표면이 매끄럽게 되도록 둥글리기를 한다.

실온휴지　26℃, 10분(표면이 마르지 않도록 비닐을 덮는다)

정형　　① 가볍게 다시 둥글리기 한 후 이음매를 잘 봉한다.

　　　　　② 1/2부분에서 손날로 자르듯이 위 아래로 비벼 모양을 낸다.

팬닝　　팬 1개당 12씩 놓고 체를 사용해 호밀가루(분량 외)를 뿌린다.

발효　　27~28℃, 습도 70%, 약 60분

굽기　　스팀을 준 후 210℃ 오븐에서 18분간 굽는다.

　　　　　굽기 완료 직전에 공기순환 밸브를 연다.

달마티아 생선 브로도
Brodo di pesce alla dalmata

재료 10인 기준

작은 크기 양파 1개, 당근 1/2개, 셀러리 1/2줄기, 노란 피망 1/2개, 토마토 4개, 드라이한 화이트와인 1컵, 생선육수 2ℓ, 감성돔 혹은 농어 1kg, 마늘 2쪽, 고추, 오레가노 약간, 월계수 1잎, 엑스트라버진 올리브오일, 소금, 후춧가루 약간

· · · · · · · · · · · · · · · · · · · ·

만드는 방법 소요시간 : 45분

1. 모든 채소는 다지고 토마토는 껍질 벗겨 다진다. 생선은 껍질, 가시, 뼈를 제거한다.

2. 냄비에 올리브오일을 두르고 토마토를 제외한 모든 채소를 볶다가 토마토를 넣어 한 번 더 볶는다. 소금, 후춧가루로 간한 후 화이트와인을 넣어 향을 준다. 화이트와인을 증발시킨 후 생선육수, 마늘, 고추, 오레가노, 월계수잎, 생선을 넣고 끓인다.

3. 생선이 다 익으면 마늘과 월계수잎은 건져내고 생선 브로도는 그릇에 담아 완성한다.

· · · · · · · · · · · · · · · · · · · ·

생선육수

재료　생선 손질 후 남은 뼈, 머리 부분, 양파·당근·셀러리 2:1:1 비율, 흰 통후추 약간, 물(필요한 육수량의 2배)

만드는 방법

1. 큰 냄비에 재료를 모두 넣고 약불에서 30분간 끓인다.

2. 체에 걸러 육수를 사용한다.

TIP 1. 생선의 뼈와 머리 부분은 찬물에 담가 피를 제거한 후 사용하는 것이 좋다. 이때, 레몬 혹은 식초를 약간 뿌리면 생선 비린내를 없앨 수 있다.

TIP 2. 파슬리를 넣어도 된다. 또한 채소와 허브는 다른 종류로 변경하거나 양을 늘릴 수 있다. 단, 당근과 셀러리를 너무 많이 넣게 되면 그 맛과 향이 강해질 수 있으므로 주의해야 한다.

Tip

* 타르티네(tartine) : 작은 크기의 빵
* 브로도(brodo) : 국물이 있는 수프

라르도 · 타임 · 레몬빵
Pane con lardo, timo e limone

재료
* **풀리시** 밀가루 250g(강력분 50g+중력분 200g 또는 W300 P/L0.55), 효모 15g,
  물 500㎖, 타임 20g(말린 타임을 사용할 경우 10g)
* **본반죽** 밀가루 750g(중력분 375g+박력분 375g 또는 W260 P/L0.55),
  풀리시, 효모 15g, 소금 20g, 엑스트라버진 올리브오일 50㎖,
  레몬 1개(껍질만 사용), 라르도 200g

믹싱시간
스파이럴 믹서 : 저속 3분 → 중속 6분, 플런저 믹서 : 저속 5분 → 중속 5분

만드는 방법
전처리 타임을 잘게 다진다.

풀리시 효모를 물에 녹인 후 모든 재료를 넣고 가루재료가 덩어리지지 않게
고속으로 균일하게 섞는다.(최종 반죽온도 : 20℃)
발효통의 뚜껑을 덮어 5℃ 냉장고에 12시간 동안 둔다.

전처리 라르도를 주사위 모양으로 썬다.

믹싱 ① 밀가루, 풀리시, 효모를 넣는다.
② 글루텐이 생성되면 소금, 올리브오일을 넣는다.
③ 글루텐이 발전되어 반죽이 탄력 있고 윤이 나면
레몬 껍질과 라르도를 넣고 균일하게 잘 섞은 후 완료한다.
(최종 반죽온도 : 26℃)

실온휴지 26℃, 약 40~45분(부피가 2배가 될 때까지 하며,
표면이 마르지 않도록 비닐을 덮는다)

분할 180g, 혹은 원하는 크기로 한다.

둥글리기 표면이 매끄럽게 되도록 둥글리기를 한다.

실온휴지 15분(표면이 마르지 않도록 비닐을 덮는다)

정형 ① 반죽을 뒤집어 손바닥으로 가볍게 두드려 가스를 뺀다.
② 손바닥으로 누르면서 가로로 약 18㎝ 정도 되도록 만든다.
③ 윗부분의 일부를 접고 접힌 부분이 약간 포개지게
아랫부분도 접는다.
④ 다시 윗부분의 일부를 왼손 엄지손가락과 집게손가락으로
접어가면서 오른손 손바닥 끝으로 눌러주며 계속 말아서
원기둥 모양으로 만든다.
⑤ 전체를 같은 두께로 유지하면서 약 25㎝ 정도의 길이로 늘인다.
⑥ 이음매가 일직선을 그리며 바닥에 오도록 확인한다.

팬닝 팬 1개당 4개씩 놓고 반죽 양 끝의 윗쪽에 칼집을 약간 낸다.

발효 27~28℃, 습도 70%, 45~50분

굽기 스팀을 준 후 220℃ 오븐에서 굽는다. 굽기 완료 직전에
공기순환 밸브를 연다.

채소주빠
Zuppa di verdure

재료 4인 기준
완두콩 등 갖가지 좋아하는 콩 500g, 중간 크기 감자
3개, 당근 2개, 셀러리 2줄기, 양배추 300g, 양파 4개,
마늘 2쪽, 고기육수(p.137) 2ℓ, 로즈마리 2줄기, 소금,
후춧가루 약간, 엑스트라버진 올리브오일 50㎖

만드는 방법 소요시간 : 120분
1. 콩은 하룻밤 불린다. 냄비에 불린 콩과 콩
   의 3/4까지 잠기도록 물을 붓고 소금 간을
   한 후 삶는다.
2. 채소는 깨끗이 씻고 껍질을 벗긴다. 감자, 당
   근, 셀러리를 작은 주사위 모양으로 양배추는
   사각형 모양으로, 양파는 얇게 썬다.
3. 냄비에 약간의 올리브오일을 두른 후 마늘, 채
   소를 넣어 살짝 볶은 후 육수를 붓는다. 콩을
   넣고 30분간 끓인다.
4. 팬에 올리브오일 50㎖와 로즈마리를 넣고 로
   즈마리 향이 배도록 센 불에 살짝 볶는다.
5. 3을 그릇에 붓고 로즈마리 향이 밴 올리브오
   일을 살짝 뿌리고 소금, 후춧가루로 간한다.

Tip
* **라르도(lardo)** : 돼지 등 쪽의 피하지방층으로 만든 살루미
* **주빠(zuppa)** : 수프

라디끼오 · 베이컨빵
Pane con radicchio e pancetta

재료

밀가루 1.6kg(강력분 640g+중력분 960g 또는 W320 P/L0.55), 비가(p.45) 600g,
효모 50g, 물 700㎖, 소금 40g, 엑스트라버진 올리브오일 100㎖, 라디끼오 크림 400g
[올리브오일 약간, 양파 50g, 라디끼오 200g, 채소육수(p.141) 150㎖],
라디끼오(조각 내서 사용) 200g, 베이컨 500g

믹싱시간

스파이럴 믹서 : 저속 3분 → 중속 6분
플런저 믹서 : 저속 4분 → 중속 7분

만드는 방법

전처리　라디끼오 크림을 준비한다. 냄비에 올리브오일을 두르고 잘게 썬 양파,
　　　　라디끼오를 넣고 볶는다. 채소육수를 넣고 끓인 후 식혀 믹서에 간다.

믹싱　① 밀가루, 비가, 효모, 물을 넣는다.
　　　② 글루텐이 생성되면 소금, 올리브오일을 넣고 균일하게 섞은 후
　　　　라디끼오 크림을 넣는다.
　　　③ 글루텐이 발전되어 반죽이 탄력 있고 윤이 나면 라디끼오 조각,
　　　　베이컨을 넣고 균일하게 잘 섞은 후 완료한다. (최종 반죽온도:26℃)

실온휴지　26℃, 30~40분(부피가 2배가 될 때까지 하며,
　　　　　표면이 마르지 않도록 비닐을 덮는다)

분할　150g, 혹은 원하는 크기로 한다.

둥글리기　표면이 매끄럽게 되도록 둥글리기를 한다.

실온휴지　10분(표면이 마르지 않도록 비닐을 덮는다)

정형　① 반죽을 뒤집어 손바닥으로 눌러 가스를 빼면서 타원형으로 만든다.
　　　② 반죽 윗부분의 일부를 접고 아랫부분의 일부를 접어
　　　　약간 포개지게 삼단접기한다.
　　　③ 반죽 윗부분의 양끝을 약간 접은 후 말아준다.
　　　④ 이음매를 확인하고 럭비공 모양으로 만든다.

팬닝　팬 1개당 6개씩 일정한 간격을 유지하며 놓는다.

발효　27~28℃, 습도 70%, 약 50~60분

굽기 전　체를 사용해 밀가루(분량 외)를 뿌린 후 나뭇잎 모양으로 칼집을 낸다.

굽기　스팀을 준 후 220℃ 오븐에서 굽는다. 마지막에 공기순환 밸브를 연다.
　　　굽는 시간은 반죽의 크기에 따라 달라진다.

Tip

* 라디끼오(radicchio) : 샐러드 채소의 일종
* 크레마(crema) : 크림 수프의 일종

감자 · 파 크레마
Crema di patate e porri

재료 4인 기준

감자 500g, 파 200g, 고기육수 1ℓ, 우유 100㎖, 버터
50g, 타임 1줄기, 로즈마리 1줄기, 베이컨 80g, 엑스트
라버진 올리브오일, 소금, 후춧가루 약간

만드는 방법　소요시간 : 90분

1. 감자는 껍질을 벗긴 후 주사위 모양으로 썬다.
　파 150g은 감자와 비슷한 크기로 썰고 50g은
　얇고 길게 썬다.

2. 냄비에 올리브오일을 두른 후 파 150g, 감자,
　고기육수를 붓는다. 약 40분간 끓인 후 믹서
　에 갈고 우유를 섞는다.

3. 팬에 버터를 두른 후 타임과 로즈마리를 살짝
　볶는다. 체에 걸러 위에서 만든 크림에 넣고 소
　금, 후춧가루로 간한다.

4. 베이컨은 가늘고 길게 썰어 팬에 노릇하게 굽
　는다.

5. 얇고 길게 썬 파 50g은 뜨거운 물에 살짝 데
　쳐 장식용으로 사용한다.

6. 그릇에 크림을 붓고 베이컨, 파, 타임으로 장식
　하여 완성한다.

고기육수

재료　쇠고기 양지 1kg, 양파 · 당근 · 셀러리 2:1:1
비율, 흑통후추 약간, 월계수잎 1장, 물 3ℓ(양지
분량의 3배)

만드는 방법

1. 큰 냄비에 재료를 모두 넣고 약불에서 1시간
　~1시간 30분간 끓인다.

2. 끓을 때 뜨는 불순물과 거품을 제거한 후 체
　에 걸러 육수를 사용한다.

TIP 1. 양지는 끓는 물에 살짝 데친 후에 사용하면 좋다.
TIP 2. 채소와 허브는 다른 종류로 변경하거나 양을
　　　늘려도 된다. 단, 당근과 셀러리를 너무 많이
　　　넣게 되면 그 맛과 향이 강해질 수 있으므로
　　　주의해야 한다.

프리셀레
Friselle

재료
리마치나타 듀럼밀 세몰라가루(semola rimacinata di grano duro) 1kg,
듀럼통밀 세몰라가루(semola integrale di grano duro) 500g, 비가(p.45) 800g,
효모 25g, 소금 30g, 엑스트라버진 올리브오일 50㎖

믹싱시간
스파이럴 믹서 : 저속 3분 → 중속 6분
플런저 믹서 : 저속 5분 → 중속 5분

만드는 방법

믹싱 ① 모든 재료를 한꺼번에 넣고 균일하게 섞는다.
② 글루텐이 생성, 발전되어 반죽이 탄력 있고 윤이 나면 완료한다.
(최종 반죽 온도 : 26℃)

실온휴지 26℃, 20분(표면이 마르지 않도록 비닐을 덮는다)

분할 80g, 혹은 원하는 크기로 한다.

둥글리기 표면이 매끄럽게 되도록 둥글리기를 한다.

실온휴지 15분(표면이 마르지 않도록 비닐을 덮는다)

정형 ① 원기둥 모양으로 만들기 위해 가스를 뺀 후 말기를 한다.
② 반죽을 굴려서 30cm 길이까지 늘인다.
③ 도넛 모양으로 만들고 이음매는 반죽과 반죽을 겹쳐
확실하게 눌러 붙인다.
④ 밀가루(분량 외)를 뿌린 작업대 위에 반죽을 올려
밀가루를 자연스럽게 묻힌다.

팬닝 팬 1개당 8개씩 균일한 간격을 유지하며 놓는다.

실온휴지 약 60~70분(부피가 2배가 될 때까지 하며,
표면이 마르지 않도록 비닐을 덮는다)

굽기 210℃ 오븐에서 약 20분간 구운 후 모양이 형성되고
반 정도 익었을 때 오븐에서 꺼낸다. 뜨거울 때 반을 자른 후
다시 160℃에서 한 번 더 굽는다.

닭 · 아스파라거스 미네스트라
Minestra di pollo e asparagi

재료 6인 기준
당근 1개, 셀러리 1/2줄기, 양파 1/2개, 닭고기
500g, 아스파라거스 24개, 물 1.5ℓ, 소금, 후춧가
루 약간

만드는 방법 소요시간 : 60분

1. 당근, 셀러리, 양파는 껍질을 벗기고 작은
크기로 썬다. 닭고기 역시 손질 후 작은 크
기로 썬다. 아스파라거스는 씻어서 봉우
리 부분과 아랫부분으로 2등분한다. 아랫
부분의 일부는 장식용으로 얇게 짧게 채
썬다.

2. 냄비에 물을 붓고 당근, 셀러리, 양파, 닭고
기, 아스파라거스 아랫부분을 넣어 끓인 후
믹서에 갈아 부드러운 크림 상태가 되도록
한다. 소금, 후춧가루로 간한다.

3. 아스파라거스의 봉우리부분과 얇게 채 썬
아랫부분은 끓는 물에 살짝 데쳐서 장식용
으로 사용한다.

4. 그릇에 미네스트라를 담고 아스파라거스
로 장식하여 완성한다.

Tip

* 프리셀레(friselle) : 뿔리아, 캄빠니아 지역의 대표적인 빵
으로 가운데 구멍이 있는 챰벨라 모양(도넛 모양)의 빵
* 미네스트라(minestra) : 수프

돼지 치치올리빵
Pane ai ciccioli di maiale

재료

밀가루 1kg(중력분 1kg 또는 W280 P/L0.55), 효모 40g, 물 550㎖, 소금 10g,
설탕 200g, 라드(돼지기름) 50g, 치치올리 살루미 500g

믹싱시간

스파이럴 믹서 : 저속 3분 → 중속 6분
플런저 믹서 : 저속 5분 → 중속 5분

만드는 방법

믹싱
① 밀가루, 효모, 물을 넣고 균일하게 섞은 후 소금을 넣는다.
② 글루텐이 생성되면 설탕, 라드를 단계별로 넣는다.
③ 글루텐이 발전되어 반죽이 탄력 있고 윤이 나면
　치치올리를 넣고 균일하게 잘 섞는다.(최종 반죽온도 : 26℃)

실온휴지 26℃, 15~20분(표면이 마르지 않도록 비닐을 덮는다)

분할 100g, 혹은 원하는 크기로 한다.

둥글리기 표면이 매끄럽게 되도록 둥글리기를 한다.

실온휴지 10분(표면이 마르지 않도록 비닐을 덮는다)

정형
① 반죽을 밀대로 밀어 펴서 타원형으로 만든다.
② 나뭇잎 모양으로 칼집을 낸다.

팬닝 팬 1개당 6개씩 일정한 간격을 유지하며 놓는다.

발효 27~28℃, 습도 70%, 1시간

굽기 200~220℃ 오븐에서 10~15분간 굽는다. 공기순환 밸브는 열어 둔다.

잠두콩·완두콩 미네스트라
Minestra di fave e piselli

재료 6인 기준

양파 1개, 파슬리 1다발, 상추 3장, 채소육수 1ℓ, 잠두
콩 150g, 완두콩 150g, 통밀 파스타 150g, 민트 1줄
기, 엑스트라버진 올리브오일, 소금, 후춧가루 약간

만드는 방법 소요시간 : 85분

1. 콩은 물에 불려 껍질을 분리한다.
2. 양파, 파슬리는 곱게 다진다. 상추는 한입 크
　기로 썰어둔다.
3. 냄비에 채소육수 1/2 분량을 붓고, 양파, 파
　슬리, 잠두콩을 넣어 15분간 끓인다. 완두콩
　과 상추를 넣어 5분간 더 끓인다(충분히 익
　었는지 살펴보고 그렇지 않으면 몇 분 더 끓
　인다. 더 끓일 경우에 필요하면 채소육수를
　더 넣는다).
4. 냄비에 파스타 삶을 물을 끓인 후 소금을 넣
　어 간한다. 물이 끓으면 파스타를 삶는다.
5. 3에 다진 민트, 삶은 파스타를 넣고 올리브오
　일을 뿌리고 소금, 후춧가루로 간한다.

채소육수

재료

양파·당근·셀러리 2:1:1 비율, 흰 통후추 약간,
물(필요한 육수량의 1.5배)

만드는 방법

1. 큰 냄비에 재료를 모두 넣고 약불에서 20분
　간 끓인다.
2. 체에 걸러 육수를 사용한다.

TIP 채소와 허브는 다른 종류로 변경하거나 양을
늘려도 된다. 단, 당근과 셀러리를 너무 많이
넣게 되면 그 맛과 향이 강해질 수 있으므로
주의해야 한다.

Tip

* **치치올리(ciccioli)** : 돼지의 연골과 껍질이 포함된 고기
　를 쇼트닝에 튀겨 만든 살루미
* **미네스트라(Minestra)** : 수프

Pane per i
secondi
육류, 생선요리와 빵

고수빵
Pane al coriandolo

재료

* **풀리시** : 밀가루 250g(강력분 50g+중력분 200g 또는 W300 P/L0.55), 효모 15g, 물 500㎖, 고수 20g
* **본반죽** : 밀가루 700g(중력분 350g+박력분 350g 또는 W260 P/L0.55), 통밀가루 50g, 풀리시, 효모 15g, 소금 20g, 버터 50g

믹싱시간

스파이럴 믹서 : 저속 3분 → 중속 5분
플런저 믹서 : 저속 5분 → 중속 5분

만드는 방법

풀리시   효모를 물에 녹인 후 모든 재료를 넣고 가루재료가 덩어리지지 않게 고속으로 섞는다.(최종 반죽온도 : 20℃)
발효통의 뚜껑을 덮어 5℃ 냉장고에 12시간 동안 둔다.

믹싱   ① 밀가루, 통밀가루, 풀리시, 효모를 넣는다.
② 글루텐이 생성되면 소금, 버터를 단계적으로 넣는다.
③ 글루텐이 발전되어 반죽이 탄력 있고 윤이 나면 완료한다.
(최종 반죽온도 : 26℃)

실온휴지   26℃, 40~45분(부피가 2배가 될 때까지 하며, 표면이 마르지 않도록 비닐을 덮는다)

분할   50g, 혹은 원하는 크기로 한다.

둥글리기   표면이 매끄럽게 되도록 둥글리기를 한다.

실온휴지   15분(표면이 마르지 않도록 비닐을 덮는다)

정형   ① 가스를 뺀 후 원기둥 모양으로 말아준다.
② 반죽을 굴려서 30㎝ 길이까지 늘인다.
③ 반죽을 당기지 말고 여유 있게 묶는다. 너무 길게 묶으면 반죽이 남아 모양이 좋지 않다.

팬닝   팬 1개당 12개씩 놓고 체를 사용해 호밀가루(분량 외)를 뿌린다.

발효   27~28℃, 습도 70%, 40~50분(부피가 2배가 될 때까지 한다)

굽기   스팀을 준 후 210~220℃ 오븐에서 굽는다. 굽기 완료 직전에 공기순환 밸브를 연다. 굽는 시간은 반죽의 크기에 따라 달라진다.

감성돔과 가지요리
Oratina in castello

재료 6인 기준

각 300g짜리 감성돔 3조각, 가지 3개, 플레인 요구르트 1개, 소금, 백후춧가루, 타라곤 약간

소스 : 샬롯 1개, 감자전분 20g, 레드와인(Sauvignon 사용) 800㎖, 생선육수(p.133) 800㎖, 레몬즙 약간, 소금, 백후춧가루, 엑스트라버진 올리브오일 약간

만드는 방법 소요시간 : 75분

1. 오븐팬에 올리브오일을 바른다. 감성돔은 뼈를 제거하고 타라곤은 잘게 다진다. (장식용은 남겨 둔다) 가지는 얇은 조각으로 썬다.

2. 오븐팬 위에 감성돔을 놓고 소금, 후춧가루로 간한 후 타라곤을 뿌리고 플레인 요구르트를 바른다. 가지를 감성돔 위에 올리고 다시 그 위에 플레인 요구르트를 바른 후 200℃로 예열한 오븐에서 10분간 굽는다.

3. 소스 : 작은 냄비에 올리브오일과 샬롯을 넣고 볶은 후 감자전분을 뿌린다. 와인, 생선육수를 넣고 약불에서 5분간 끓이고 소금, 후춧가루로 간한 후 레몬즙을 뿌린다. 소스가 부드러워지고 윤이 나면 완성이다.

4. 생선을 반으로 자른 후 그릇에 가지와 켜켜이 얹는다. 소스를 뿌리고 타라곤으로 장식하여 완성한다.

Tip

* **고수** : 미나리과 초본식물

마늘·파슬리 트레치네
Treccine all'aglio e prezzemolo

재료
밀가루 1.6kg(강력분 320g+중력분 1,280g 또는 W300 P/L0.55), 비가(p.45) 600g,
효모 50g, 물 700㎖, 맥아분 10g, 소금 40g, 버터 100g, 마늘 400g,
파슬리 100g, 우유 약간

믹싱시간
스파이럴 믹서 : 저속 3분 → 중속 6분
플런저 믹서 : 저속 5분 → 중속 5분

만드는 방법

전처리 마늘은 우유에 담갔다가 체에 걸러 물기를 제거한 후
오븐에서 건조시킨다. 파슬리는 잘게 다진다.

믹싱 ① 밀가루, 비가, 효모, 물, 맥아분을 넣는다.
② 글루텐이 생성되면 소금, 버터를 단계적으로 넣는다.
③ 글루텐이 발전되어 반죽이 탄력 있고 윤이 나면
마늘, 파슬리를 넣어 균일하게 잘 섞는다.(최종 반죽온도 : 25℃)

실온휴지 26℃, 10분(표면이 마르지 않도록 비닐을 덮는다)

분할 30g, 혹은 원하는 크기로 한다.

둥글리기 표면이 매끄럽게 되도록 둥글리기를 한다.

실온휴지 15분(표면이 마르지 않도록 비닐을 덮는다)

정형 ① 가스를 뺀 후 원기둥 모양으로 말아준다.
② 반죽을 굴려서 40cm 길이까지 늘인다.
③ 반죽을 당기지 말고 여유 있게 묶는다. 혹은 반죽 3개를
한 조로 하여 머리카락 땋는 모양으로 꼰다.

팬닝 팬 1개당 15개씩 혹은 6개씩 놓고 달걀물(분량 외)을 칠한다.

발효 27~28℃, 습도 70%, 약 40분(부피가 2배가 될 때까지 한다)

굽기 전 달걀물(분량 외)을 다시 한 번 칠한다.

굽기 스팀을 준 후 210~220℃ 오븐에서 약 15~17분간 굽는다.

그릴에 구운 넙치·오징어요리
Rombo e calamari alla griglia

재료 4인 기준
토마토 100g, 넙치 200g, 오징어 4마리, 소금, 후
춧가루, 간장, 엑스트라버진 올리브오일 약간
장식 당절임 레몬 껍질 약간, 딜 1줄기

만드는 방법 소요시간 : 30분

1. 토마토는 씨를 제거하고 주사위 모양으로
썬다. 자기로 된 용기에 넣고 소금, 후춧가
루, 간장, 올리브오일로 간한다.

2. 넙치는 4조각으로 썰고 오징어는 2cm 폭으
로 길게 썬다. 각각 소금, 후춧가루, 올리브
오일을 뿌려 간한 후 달궈진 그릴에 굽는
다.(오징어는 8분, 넙치는 6분)

3. 구운 오징어에 토마토를 채워 돌돌 말아 그
릇에 놓고 넙치를 그 위에 조심스럽게 올린
다. 올리브오일을 살짝 뿌리고 당절임한 레
몬 껍질과 딜로 장식해 완성한다.

Tip
* 트레치네(treccine) : 여러 가닥으로 꼬아 만든 빵
* 마늘의 매운 맛을 내는 알리신은 반죽의 글루텐을 용해
시키므로 반드시 전처리해 사용한다.

딜 보꼰치니
Bocconcini all'aneto

재료

밀가루 1.2kg(중력분 1.2kg 또는 W280 P/L0.55), 효모 50g, 우유 500㎖, 설탕 20g,
소금 25g, 달걀 225g, 버터 150g, 딜 50g

믹싱시간

스파이럴 믹서 : 저속 3분 → 중속 6분
플런저 믹서 : 저속 5분 → 중속 5분

만드는 방법

믹싱
① 밀가루, 효모, 우유(미지근하게 데워 사용), 설탕을 넣고
균일하게 섞은 후 소금을 넣는다.
② 천천히 2~3회에 걸쳐 달걀을 넣는다.
③ 글루텐이 생성되면 버터를 넣어 반죽을 코팅한다.
④ 글루텐이 발전되어 반죽이 탄력 있고 윤이 나면 딜을 넣어
균일하게 잘 섞은 후 완료한다.(최종 반죽온도 : 25℃)

실온휴지 26℃, 30~40분(부피가 2배가 될 때까지 하며, 표면이 마르지 않도록
비닐을 덮는다), 냉장고에 휴지시킬 경우는 5~6시간 둔다.

분할 30g, 혹은 원하는 크기로 한다.

둥글리기 표면이 매끄럽게 되도록 둥글리기를 한다.

실온휴지 5분(표면이 마르지 않도록 비닐을 덮는다)

정형 다시 둥글리기를 한 후 이음매를 잘 봉한다.

팬닝 팬 1개당 15개씩 놓고 달걀물(분량 외)을 칠한다.

발효 25℃, 습도 70%, 50~60분

굽기 전 한 번 더 달걀물(분량 외)을 칠한 후
가위를 이용해 원하는 모양으로 자른다.

굽기 가볍게 스팀을 준 후 210℃ 오븐에서 15분간 굽는다.

Tip

* 보꼰치니(bocconcini) : 한입 크기의 작은 빵
* 믹싱 시 소금은 반죽의 글루텐을 경화시키고 달걀과 버터는 연화시킨다. 따라서 구
분해서 넣으면 질감의 차별화를 줄 수 있다.
* 완제품의 식감에 변화를 주기 위해 달걀을 많이 넣는 경우에는 반죽에 달걀이 잘 섞
일 수 있게 2~3회에 나누어 넣는다.

가재새우와 바지락 요리
Scampi e vongole veraci

재료 4인 기준

바지락 12개, 가재새우 8마리, 시계꽃 열매(pas-
sion fruit) 4개, 오렌지 1/2개(즙만 사용), 레몬 1/2
개(즙만 사용), 엑스트라버진 올리브오일 100㎖, 소
금, 백후춧가루 약간

만드는 방법 소요시간 : 35분

1. 바지락을 소금물에 몇 시간 동안 담가 둔
다. 바지락에서 이물질이 다 빠져나와서 물
이 깨끗해질 때까지 반복한다.

2. 가재새우는 칼로 반을 가른 후 내장을 제거
한다. 바지락은 열어서 가재새우와 같이 큰
그릇에 놓고 젖은 행주로 덮어 둔다.

3. 그릇 두 개에 시계꽃 열매를 2개씩 나눠 담
은 후 각각 오렌지즙과 레몬즙을 뿌리고 소
금, 후춧가루로 간한다. 올리브오일을 50㎖
씩 붓고 거품기로 휘젓는다.

4. 가재새우와 바지락을 5분간 소금물에 담가
두었다가 물기를 제거한다.

5. 차가운 그릇 4개에 두 가지 소스를 붓고 그
위에 가재새우와 바지락을 놓는다. 소금과
올리브오일을 뿌려 완성한다.

마타리상추 보꼰치니
Bocconcini alla mâche

재료

* **풀리시** : 밀가루 250g(강력분 50g+중력분 200g 또는 W300 P/L 0.55), 효모 20g, 물 500㎖, 마타리 상추 120g
* **본반죽** : 밀가루 700g(중력분 350g+박력분 350g 또는 W260 P/L0.55), 풀리시, 효모 15g, 소금 20g, 버터 50g

믹싱시간

스파이럴 믹서 : 저속 3분 → 중속 5분
플런저 믹서 : 저속 5분 → 중속 5분

만드는 방법

전처리 마타리 상추는 잘게 다진다.

풀리시 효모를 물에 녹인 후 모든 재료를 넣고 가루재료가 덩어리지지 않게
고속으로 균일하게 섞는다(최종 반죽온도 : 20℃).
발효통의 뚜껑을 덮어 5℃ 냉장고에 12시간 동안 둔다.

믹싱 ① 밀가루, 풀리시, 효모를 넣는다.
② 글루텐이 생성되면 소금, 버터를 단계적으로 넣는다.
③ 글루텐이 발전되어 반죽이 탄력 있고 윤이 나면 완료한다.
(최종 반죽온도 : 25℃)

실온휴지 26℃, 30~40분
(부피가 2배가 될 때까지 하며, 표면이 마르지 않도록 비닐을 덮는다)

분할 30g, 혹은 원하는 크기로 한다.

둥글리기 표면이 매끄럽게 되도록 둥글리기를 한다.

실온휴지 15분(표면이 마르지 않도록 비닐을 덮는다)

정형 ① 가스를 뺀 후 원기둥 모양으로 말아준다.
② 반죽을 굴려서 30㎝ 길이까지 늘인다.
③ 반죽을 당기지 말고 여유 있게 돌돌 만다.
④ 달팽이 모양으로 만든 후 가장자리를 스크레이퍼로 자른다.

팬닝 팬 1개당 15개씩 놓고 달걀물(분량 외)을 칠한다.

발효 27~28℃, 습도 70%, 50분

굽기 전 다시 한 번 달걀물(분량 외)을 칠한다.

굽기 가볍게 스팀을 준 후 210℃ 오븐에서
15분간 굽는다. 굽기 완료 직전에
공기순환 밸브를 연다.

쏨뱅이 스튜요리
Scorfano in guazzetto

재료 4인 기준

방울토마토 400g, 샬롯 1개, 마늘 1쪽, 쏨뱅이 600g, 밀가루 약간, 생선육수(p.133) 400㎖, 바질 1다발, 엑스트라버진 올리브오일, 소금, 후춧가루 약간, 차이브 2~3줄기

만드는 방법 소요시간 : 60분

1. 방울토마토를 씻어서 반으로 자르고 샬롯은 다진다.

2. 팬에 올리브오일을 두르고 마늘과 샬롯을 볶다가 토마토를 넣고 마늘은 건져낸다. 몇 분간 더 볶은 후 오븐팬에 옮겨 담는다.

3. 쏨뱅이는 작은 조각으로 썬 후 소금, 후춧가루로 간한다. 밀가루를 묻혀 올리브오일을 두른 팬에 살짝 굽는다. 오븐팬에 쏨뱅이와 2를 놓고, 생선육수를 부은 후 쿠킹포일로 덮어 190℃ 오븐에서 10분간 굽는다.

4. 팬에서 쏨뱅이를 꺼내고, 팬 바닥에 있는 토마토와 육즙을 믹서에 넣고 바질과 함께 곱게 간다. 소금, 후춧가루로 간한 후 체에 거른다.

5. 그릇에 4의 소스를 담고 그 위에 쏨뱅이를 조심스럽게 얹은 후 차이브로 장식하여 완성한다.

Tip

* 보꼰치니(bocconcini) : 한입 크기의 작은 빵

151

Le credenze del **pane**
빵에 대한 미신

…만약 빵을 태웠다면 불길할 징조이다.

…만약 오븐 안에서 빵이 쓰러지면, 재난의 징조이다.

…만약 굽는 동안 빵이 쪼개지면, 가족 중 누군가의 죽음에 대한 예언이다.

…만약 빵을 땅에 떨어뜨렸다면, 주워서 입맞춰야 한다.

…식탁 위에서 빵을 뒤집지 말아야 한다.

…먹지 않는 빵은 칼질을 하지 말아야 한다.

…금요일에는 빵을 칼로 자르지 않고,
손으로 조각을 낸다.

빵은 행운의 상징일 것이며,
또한 부적과 같이 사용되어졌다.
예를 들어, 좋은 한해를 빌기 위해 올리브나무에 기도하는 것처럼 말이다.

만약 빵이 부서졌다면, 그 빵을 버리지 않고,
동물들의 사료로 사용했다.

사과 · 잣 · 계피빵

Pane con mele, pinoli e cannella

재료

밀가루 1kg(강력분 200g+중력분 800g 또는 W300 P/L0.55), 효모 30g,
물 200㎖, 우유 300㎖, 파스타 디 리뽀르토(p.43) 300g, 설탕 50g, 소금 20g,
달걀 150g, 버터 150g, 계핏가루 5g, 사과 800g, 잣 150g

믹싱시간

스파이럴 믹서 : 저속 3분 → 중속 6분
플런저 믹서 : 저속 5분 → 중속 6분

만드는 방법

전처리   사과는 껍질을 벗기고 얇게 썬 후 수분을 제거하기 위해
         50℃ 오븐에서 몇 시간 동안 굽는다. 식힌 후 주사위 모양으로 썬다.

믹싱   ① 밀가루, 효모, 물, 우유를 넣고 균일하게 섞은 후
         파스타 디 리뽀르토, 설탕, 소금을 넣는다.

         ② 천천히 2~3회에 걸쳐 달걀을 넣는다.

         ③ 글루텐이 생성되면 버터를 넣어 반죽을 코팅한 후
         계피가루를 넣는다.

         ④ 글루텐이 발전되어 반죽이 탄력 있고 윤이 나면 사과, 잣을 넣어
         균일하게 잘 섞는다. (최종 반죽온도 : 25℃)

실온휴지 26℃, 50분(부피가 2배가 될 때까지 하며,
         표면이 마르지 않도록 비닐을 덮는다)

분할   70g, 혹은 원하는 크기로 한다.

둥글리기 표면이 매끄럽게 되도록 둥글리기를 한다.

실온휴지 15분(표면이 마르지 않도록 비닐을 덮는다)

정형   ① 가스를 빼고 원기둥 모양으로 말아준다.

         ② 반죽을 굴려서 20㎝ 길이까지 늘인다.

         ③ 도넛 모양으로 만들어 이음매 부분의 반죽을
         겹쳐 눌러 붙인다.

팬닝   작은 원형팬에 1개씩 넣는다.

발효   27~28℃, 습도 70%, 1시간

굽기 전 달걀물(분량 외)을 칠한다.

굽기   스팀을 준 후 220℃ 오븐에서 약 20~22분간 굽는다.
         굽기 완료 직전에 공기순환 밸브를 연다.

사슴 탈리아타 요리

Tagliata di cervo

재료 4인 기준

붉은 라디끼오 1포기, 레드와인(Barbera 사용) 100
㎖, 꿀 50㎖, 잣 100g, 사슴 등심 400g, 발사믹식초
200㎖, 샬롯 1개, 월계수 1장, 설탕 30g, 사슴 폰도
브루노(육즙 소스) 300g, 중간크기 감자 4개, 엑스
트라버진 올리브오일, 소금 약간

만드는 방법 소요시간 : 40분

1. 라디끼오는 깨끗이 씻어서 길고 얇게 썬 후
   올리브오일을 두른 팬에서 볶는다. 와인을
   부어 증발시킨 후 꿀을 넣고 5분간 더 볶다
   가 잣을 넣고 소금으로 간한다.

2. 사슴고기는 소금으로 간한 후 그릴에서 약 6
   분간 구운 후 얇은 조각으로 썬다. 라디끼오
   를 얹은 후 김밥을 말듯이 돌돌 말아 둔다.

3. 감자는 껍질을 벗긴 후 원하는 모양으로 썰
   어 끓는 물에서 삶는다. 올리브오일을 뿌려
   200℃ 오븐에서 약 30분간 굽는다.

4. 냄비에 발사믹식초와 샬롯, 월계수잎, 설탕,
   폰도 브루노를 넣고 약불에서 끓인다.

5. 그릇에 소스를 놓고 사슴고기와 감자를 얹
   어 완성한다.

Tip

* 사과를 전처리 하는 이유는 강한 산을 제거하여 믹싱 시
  글루텐이 녹는 것을 방지할 수 있기 때문이다.

* 탈리아타(tagliata) : 5㎜ 정도로 얇게 썬 고기를 그릴이
  나 팬에 구운 후 고기와, 그 고기에서 배어 나온 육즙을
  이용하여 만든 소스와 함께 먹는 요리

샬롯·레드 와인빵
Pane con scalogno e vino rosso

재료
밀가루 1kg(중력분 1kg 또는 W280 P/L0.55), 효모 40g, 물 500㎖,
레드와인 100㎖, 맥아분 10g, 소금 25g, 샬롯 200g

믹싱시간
스파이럴 믹서 : 저속 3분 → 중속 5분
플런저 믹서 : 저속 3분 → 중속 7분

만드는 방법

전처리 샬롯을 잘게 다진다. 팬에 약간의 버터와 함께 넣고
약불에서 볶은 후 와인 1/4 분량을 붓고 끓인 후 식힌다.

믹싱 ① 소금과 샬롯을 제외한 모든 재료를 넣는다.
② 글루텐이 생성되면 소금을 넣는다.
③ 글루텐이 발전되어 반죽이 탄력 있고 윤이 나면 샬롯을 넣어
균일하게 잘 섞는다.(최종 반죽온도 : 26℃)

실온휴지 26℃, 약 60분(부피가 2배가 될 때까지 하며,
표면이 마르지 않도록 비닐을 덮는다)

분할 150g, 혹은 원하는 크기로 한다.

둥글리기 표면이 매끄럽게 되도록 둥글리기를 한다.

실온휴지 10분(표면이 마르지 않도록 비닐을 덮는다)

정형 ① 반죽을 뒤집어 손바닥으로 눌러 가스를 빼면서
타원형으로 만든다.
② 반죽 윗부분의 일부를 접고 아랫부분의 일부를 접어
약간 포개지게 삼단접기한다.
③ 반죽 윗부분의 양끝을 약간 접은 후 말아준다.
④ 이음매를 확인하고 럭비공 모양으로 만든다.

팬닝 팬 1개당 6개씩 놓는다.

발효 28℃, 습도 70%, 1시간

굽기 전 체를 사용해 밀가루(분량 외)를 가볍게 뿌린 후
가위를 이용해 원하는 모양으로 자른다.

굽기 강하게 스팀을 준 후 240℃ 오븐에서 굽는다.
굽는 시간은 반죽의 크기에 따라 달라진다.

사보이가의 노루 요리
Capriolo di Casa Savoia

재료 4인 기준
200g짜리 노루 4조각, 셀러리 2줄, 양파 4개,
당근 6개, 정향, 노간주나무열매 약간, 레드와인
600㎖, 발사믹식초 1큰술, 굵은 소금, 가는 소금,
후춧가루, 버터 약간

만드는 방법 소요시간 : 135분

1. 노루고기는 손질하고, 셀러리, 양파, 당근은
씻어서 손질 후 적당한 크기로 썰어 둔다.

2. 와인에 노루고기, 셀러리, 양파, 당근, 정향,
노간주나무열매, 굵은 소금을 넣고 16시간
동안 재워둔 후 채소는 체에 걸러 둔다.

3. 팬에 버터를 살짝 바른 후 노루고기의 겉
면이 갈색이 되도록 구운 후 채소와 같이
180℃ 오븐에서 1시간 동안 굽는다. 중간에
채소는 저어 주고, 노루고기는 뒤집어 준다.

4. 그릇에 노루고기와 채소를 놓고 소금, 후춧
가루, 발사믹식초를 뿌려 완성한다.

Tip

* 빵에 와인을 넣을 경우 고품질의 와인을 사용해야 빵
의 풍미가 좋다.
* 와인과 같은 발효주에는 효모, 효소와 에틸알코올이 함유
되어 있어 발효시간을 단축시키는 효과가 있다.
* 샬롯 : 양파의 일종으로 크기가 작음

양파 필론치노
Filoncino alla cipolla

재료

밀가루 800g(강력분 320g+중력분 480g 또는 W320 P/L0.55),
호밀가루 200g, 비가(p.45) 300g, 효모 30g, 물 550㎖, 맥아분 10g, 소금 25g,
엑스트라버진 올리브오일 50㎖, 양파 200g

믹싱시간

스파이럴 믹서 : 저속 3분 → 중속 5분
플런저 믹서 : 저속 4분 → 중속 6분

만드는 방법

전처리　양파를 잘게 다진다.

믹싱　① 밀가루, 호밀가루, 비가, 효모, 물, 맥아분을 넣는다.
　　　② 글루텐이 생성되면 소금, 올리브오일을 넣는다.
　　　③ 글루텐이 발전되어 반죽이 탄력 있고 윤이 나면 양파를 넣어
　　　　 균일하게 잘 섞은 후 완료한다. (최종 반죽온도 : 26℃)

실온휴지　26℃, 35~40분(부피가 2배가 될 때까지 하며,
　　　　　 표면이 마르지 않도록 비닐을 덮는다)

분할　250g, 1개에 30g씩 3개를 한 조로 하여 반죽을 나눈다.

둥글리기　표면이 매끄럽게 되도록 둥글리기를 한다.

실온휴지　15분(표면이 마르지 않도록 비닐을 덮는다)

정형 1　① 250g 반죽을 뒤집어 손바닥으로 가볍게 두드려 가스를 뺀다.
　　　　② 손바닥으로 누르면서 가로로 약 20㎝ 길이가 되도록 만든다.
　　　　③ 윗부분의 일부를 접고 접힌 부분이 약간 포개지게
　　　　　 아랫부분도 접어 삼단접기한다.
　　　　④ 다시 윗부분의 일부를 왼손 엄지손가락과 집게손가락으로
　　　　　 접어가면서 오른손 손바닥 끝으로 눌러주며 계속 말아서
　　　　　 원기둥 모양으로 만든다.
　　　　⑤ 전체를 같은 두께로 유지하면서 약 30㎝ 길이까지 늘인다.
　　　　⑥ 이음매가 일직선을 그리며 바닥에 오도록 확인한다.

정형 2　① 30g 반죽을 가스를 뺀 후 원기둥 모양으로 말아준다.
　　　　② 반죽을 굴려서 45㎝ 길이까지 늘인다.
　　　　③ 반죽을 당기지 말고 3가닥을 한 조로 여유 있게 꼬기를 한다.
　　　　④ 부피감이 있는 머리 땋는 모양이 되도록 한다.

정형 3　정형 1에 물을 바르고 정형 2를 얹는다.

팬닝　팬 1개당 2개씩 놓고 체를 사용해 호밀가루(분량 외)를 가볍게 뿌린다.

발효　27~28℃, 습도 70%, 약 40분(크기가 2배가 될 때까지 한다)

굽기　스팀을 준 후 220℃ 오븐에서 35분간 굽는다.
　　　굽기 완료 직전에 공기순환 밸브를 연다.

토끼고기와 레몬그라스
Coniglio al lemon grass

재료　4인 기준

토끼 등심 2조각, 레몬그라스 4개, 쌀 200g, 방울
토마토 400g, 토끼 폰도 비안코(토끼고기 육즙으
로 만든 소스) 500g, 마늘 1쪽, 타임, 고추, 소금, 후
추, 엑스트라버진 올리브오일 약간

만드는 방법　소요시간 : 80분

1. 손질한 토끼 등심을 8조각으로 나눈다. 레
　몬그라스는 반을 잘라서 토끼고기 안에 넣
　는다.

2. 약간의 소금을 넣은 물에 쌀을 넣고 20분
　간 끓인다. 물기를 제거한 후 넓은 그릇에
　펼쳐 식힌다.

3. 토마토는 껍질을 벗기고 반으로 자른다. 냄
　비에 올리브오일과 마늘을 볶은 후 마늘은
　건져내고 토마토를 넣어 볶아 토마토 소스
　를 완성한다.

4. 토끼고기는 소금, 후춧가루로 간한 후 올
　리브오일을 두른 팬에 약 2분간 굽는다.
　토끼 폰도 비안코(소스)를 뿌려 약 15분
　간 더 구운 후 소금, 후춧가루로 간하고
　따뜻하게 둔다.

5. 달라붙지 않는 냄비에 2를 넣고 소금, 다진
　타임, 다진 고추를 넣고 볶는다.

6. 그릇에 토마토 소스를 붓고, 그 위에 원형
　틀을 올린다. 틀 속에 5를 채운 후 틀을 제
　거한다. 마지막으로 토끼고기를 올려 완성
　한다.

Tip

* 필론치노(filoncino) : 가느다란 모양의 빵

풀리시를 이용한 가정식 빵
Pane casereccio con poolish

재료
* **풀리시** : 밀가루 1kg(중력분 500g+박력분 500g 또는 W260 P/L0.55),
  호밀가루 200g, 효모 60g, 12℃ 물 2ℓ
* **본반죽** : 밀가루 1.4kg(중력분 700g+박력분 700g 또는 W260 P/L0.55),
  호밀가루 400g, 풀리시, 소금 60g

믹싱시간
스파이럴 믹서 : 저속 6분 → 중속 10분
플런저 믹서 : 저속 8분 → 중속 10분

만드는 방법

풀리시   효모를 물에 녹인 후 밀가루, 호밀가루를 넣고
가루재료가 덩어리지지 않게 고속으로 균일하게 섞는다
(최종 반죽온도 : 20℃), 실온발효 25℃ 2시간

믹싱   ① 밀가루, 호밀가루, 풀리시를 넣는다.
② 글루텐이 생성되면 소금을 넣는다.
③ 글루텐이 발전되어 반죽이 탄력 있고 윤이 나면 완료한다.
    (최종 반죽온도 : 25℃)

실온휴지   26℃, 약 30분(표면이 마르지 않도록 비닐을 덮는다)

분할   150g, 혹은 원하는 크기로 한다.

둥글리기   표면이 매끄럽게 되도록 둥글리기를 한다.

실온휴지   10분(표면이 마르지 않도록 비닐을 덮는다)

정형   ① 반죽을 뒤집어 손바닥으로 눌러 가스를 충분히 빼면서
타원형으로 만든다.
② 반죽 윗부분의 일부를 접고 아랫부분의 일부를 접어
약간 포개지게 삼단접기한다.
③ 반죽 윗부분의 양끝을 약간 접은 후 말아준다.
④ 이음매를 확인하고 럭비공 모양으로 만든다.

팬닝   팬 1개당 6개씩 놓는다.

발효   24~26℃, 습도 70%, 약 90분

굽기 전   체를 사용해 밀가루(분량 외)를 가볍게 뿌린 후
원하는 모양으로 칼집을 낸다.

굽기   스팀을 준 후 220~230℃ 오븐에서 굽는다.
굽기 완료 직전에 공기순환 밸브를 연다.
굽는 시간은 반죽의 크기에 따라 달라진다.

소 볼살과 레몬 껍질을 가미한 감자 칸논치니
Cannoncino di manzo con cannoncini al limone

재료 4인 기준
셀러리 3줄기, 당근 2개, 양파 1개, 소 볼살 600g,
레드와인 200㎖, 좋아하는 향의 허브 1다발(타임,
로즈마리 사용), 감자 200g, 레몬 1개(껍질만 사
용), 토마토 페이스트 15g, 파스타 필로(pasta fillo)
2장, 소금, 후춧가루, 엑스트라버진 올리브오일, 버
터 약간

만드는 방법 소요시간 : 380분

1. 감자를 제외한 모든 채소는 주사위 모양으로 썬 후 올리브오일을 두른 팬에 볶는다.

2. 냄비에 쇠고기를 구운 후 1을 넣는다. 와인을 붓고 증발시킨 후 물을 붓고 허브를 넣는다. 뚜껑을 덮어 약불에 6시간 동안 끓인다. 불을 끄기 전에는 뚜껑을 열어둔 채로 끓인다.

3. 껍질 벗긴 감자는 삶아 체에 내리고 부드러운 버터와 섞는다. 소금, 후춧가루, 레몬 껍질을 섞은 후 짤주머니에 담는다.

4. 파스타 필로에 녹인 버터를 바르고 3을 그 위에 짠다. 돌돌 말아서 원기둥 모양으로 만든 후 180℃ 오븐에 5분간 굽는다.

5. 고기가 다 익으면 냄비에서 빼고 채소와 고기육수, 토마토 테이스트는 믹서에 간다.

6. 그릇에 믹서에 간 소스를 뿌리고 고기를 썰어서 놓고 감자로 속채운 파스타 필로도 놓는다. 타임과 로즈마리로 장식하여 완성한다.

홍후추 미뇬
Mignon al pepe rosa

재료

밀가루 900g(강력분 180g+중력분 720g 또는 W300 P/L0.55), 호밀가루 100g,
비가(p.45) 150g, 효모 30g, 우유 100㎖, 토마토 퓌레 450g, 소금 22g,
올리브오일 100㎖, 리코따 150g, 홍후춧가루 20g

믹싱시간

스파이럴 믹서 : 저속 3분 → 중속 6분
플런저 믹서 : 저속 5분 → 중속 5분

만드는 방법

믹싱   ① 밀가루, 호밀가루, 비가, 효모, 우유, 토마토 퓌레를 넣는다.
        ② 글루텐이 생성되면 소금, 올리브오일을 넣는다.
        ③ 글루텐이 발전되어 반죽이 탄력 있고 윤이 나면
           리코따, 홍후춧가루를 넣어 균일하게 잘 섞이면 완료한다.
           (최종 반죽온도 : 25℃)

실온휴지 26℃, 20~30분(표면이 마르지 않도록 비닐을 덮는다)

분할   25g, 혹은 원하는 크기로 한다.

둥글리기 표면이 매끄럽게 되도록 둥글리기를 한다.

실온휴지 15분(표면이 마르지 않도록 비닐을 덮는다)

정형   ① 가스를 뺀 후 원기둥 모양으로 말아준다.
        ② 반죽을 굴려서 25㎝ 길이까지 늘인다.
        ③ 반죽을 당기지 말고 여유 있게 꼬기를 한다.

팬닝   팬 1개당 15개씩 놓고 반죽 위에 체를 사용해
        호밀가루(분량 외)를 뿌린다.

발효   27~28℃, 습도 70%, 50~60분

굽기   스팀을 준 후 200~220℃ 오븐에서 약 15분간 굽는다.

소 채끝살 요리
Scamone di vitello

재료 4인 기준

양파 1/2개, 당근 1개, 버터 100g, 쇠고기 채끝살(본
레시피에서는 송아지로 함) 600g, 로즈마리 1줄기,
월계수 1잎, 육수 혹은 화이트와인 1잔, 엑스트라버
진 올리브오일, 소금, 후춧가루 약간

만드는 방법 소요시간 : 75분

1. 양파와 당근은 얇고 길게 채 썰어서 버터
   두른 팬에 살짝 볶는다.

2. 팬에 올리브오일을 두르고 고기 겉면을 구
   운 후 소금으로 간하고 로즈마리, 월계수
   잎을 올려서 200℃ 오븐에 45분간 굽는다.
   굽는 도중 뒤집어주고, 육수 혹은 화이트
   와인을 뿌린다. 마지막에 소금, 후춧가루로
   간한다.

3. 오븐에서 꺼내서 약 15분간 두었다가 얇
   게 썰어 그릇에 놓고 채소로 장식하여 완
   성한다.

Tip

* **미뇬(mignon)** : 작은 크기의 빵
* 토마토 퓌레의 수분 함유량이 반죽의 되기에 영향을 미치
  므로 믹싱 초반에 넣어 물의 양을 조절한다.

듀럼밀 · 커민씨빵

Pane con farina di grano duro e semi di cumino

재료

밀가루 250g(강력분 100g+중력분 150g 또는 W320 P/L0.55),
리마치나타 듀럼밀가루(farina di grano duro rimacinata) 1.25kg, 비가(p.45) 450g,
효모 50g, 물 900㎖, 소금 40g, 달걀 225g, 엑스트라버진 올리브오일 80㎖, 커민씨 10g

믹싱시간

스파이럴 믹서 : 저속 3분 → 중속 6분
플런저 믹서 : 저속 5분 → 중속 6분

만드는 방법

믹싱
① 밀가루, 듀럼밀가루, 비가, 효모, 물을 넣고
   균일하게 섞은 후 소금을 넣는다.
② 천천히 2~3회에 걸쳐 달걀을 넣는다.
③ 글루텐이 생성되면 올리브오일을 넣는다.
④ 글루텐이 발전되어 반죽이 탄력 있고 윤이 나면 커먼씨를 넣고
   균일하게 잘 섞은 후 완료한다.(최종 반죽온도 : 26℃)

실온휴지 26℃, 30~40분(부피가 2배가 될 때까지 하며,
표면이 마르지 않도록 비닐을 덮는다)

분할 150g, 혹은 원하는 크기로 한다.

둥글리기 표면이 매끄럽게 되도록 둥글리기를 한다.

실온휴지 10분(표면이 마르지 않도록 비닐을 덮는다)

정형
① 반죽을 뒤집어 손바닥으로 눌러 가스를 충분히 빼면서
   타원형으로 만든다.
② 반죽 윗부분의 일부를 접고 아랫부분의 일부를 접어
   약간 포개지게 삼단접기한다.
③ 반죽 윗부분의 양끝을 약간 접은 후 말아준다.
④ 이음매를 확인하고 럭비공 모양으로 만든다.

팬닝 팬 1개당 6개씩 놓는다.

발효 27~28℃, 습도 70%, 약 50~60분

굽기 전 체를 사용해 밀가루(분량 외)를 가볍게 뿌린 후
원하는 모양으로 칼집을 낸다.

굽기 스팀을 준 후 반죽이 큰 경우는 230℃,
작은 경우는 210℃ 오븐에서 굽는다.
굽기 완료 직전에 공기순환 밸브를 연다.
굽는 시간은 반죽의 크기에 따라 달라진다.

허브로 옷을 입힌 돼지 안심 요리

Filetto di maiale in crosta di aromi

재료 4인 기준

허브(파슬리 30g, 타임 20g, 회향 20g, 마조람 20g), 돼지 안심 500g, 당근 2개, 셀러리 2줄, 호박 2개, 폰도 브루노(육즙으로 만든 소스) 100㎖, 엑스트라버진 올리브오일, 소금, 후춧가루 약간

만드는 방법 소요시간 : 110분

1. 허브를 잘게 다진다. 돼지 안심에 소금, 후춧가루를 뿌리고 허브로 완전히 옷을 입힌 후 올리브오일을 두른 팬에서 겉면이 갈색이 될 때까지 굽는다. 180℃ 오븐에서 30분 간 한 번 더 익힌다.

2. 당근과 셀러리, 호박은 3㎝ 길이의 가는 막대 모양으로 썰고 끓는 물에 살짝 데친다. 약간의 올리브오일을 두른 팬에 넣고 소금, 후춧가루로 간하여 바삭하게 볶는다.

3. 고기를 오븐에서 꺼낸 뒤 1㎝ 두께로 썬다.

4. 그릇에 채소를 보기 좋게 놓고 그 위에 고기를 조심스럽게 얹는다. 마지막으로 폰도 브루노(소스)를 뿌려 완성한다.

Tip

* 커민씨 : 미나리과에 속하며 톡 쏘는 쓴맛이 있고 소화불량과 식욕증진에 효과가 있는 향신료

파프리카빵
Pane alla paprika

재료

- **비가** 밀가루 500g(강력분 200g+중력분 300g 또는 W320 P/L0.50),
  효모 5g, 물 225㎖
- **본반죽** 밀가루 1.5kg(중력분 750g+박력분 750g 또는 W260 P/L0.55), 비가,
  효모 45g, 물 985㎖, 소금 40g, 파프리카가루 20g

믹싱시간

- **비가** 스파이럴 믹서 : 저속 3분 / 플런저 믹서 : 저속 4분 / 포크 믹서 : 저속 5분
- **본반죽** 스파이럴 믹서 : 저속 3분 → 중속 5분 / 플런저 믹서 : 저속 5분 → 중속 5분

만드는 방법

비가	밀가루, 효모, 물을 넣고 저속으로 균일하게 섞는다
	(최종 반죽온도 : 18℃). 실온발효 18~20시간
믹싱	① 밀가루, 비가, 효모, 물을 넣는다.
	② 글루텐이 생성되면 소금을 넣는다.
	③ 글루텐이 발전되어 반죽이 탄력 있고 윤이 나면 파프리카가루를
	넣어 균일하게 잘 섞은 후 완료한다. (최종 반죽온도 : 26℃)
실온휴지	26℃, 약 45~50분(부피가 2배가 될 때까지 하며,
	표면이 마르지 않도록 비닐을 덮는다)
분할	50g, 혹은 원하는 크기로 한다.
둥글리기	표면이 매끄럽게 되도록 둥글리기를 한다.
실온휴지	15분(표면이 마르지 않도록 비닐을 덮는다)
정형	① 원기둥 모양으로 만들기 위해 가스를 뺀 후 말기를 한다.
	② 반죽을 굴려서 30㎝ 길이까지 늘인다.
	③ 반죽을 당기지 말고 양쪽 끝을 여유 있게 말아 준다.
팬닝	팬 1개당 12개씩 놓고 반죽 위에 체를 사용해
	호밀가루(분량 외)를 뿌린다.
발효	28℃, 습도 70%, 약 50분(부피가 2배가 될 때까지 한다)
굽기	스팀을 준 후 230℃ 오븐에서 18분간 굽는다.
	완료 식전에 공기순환 밸브를 연다.

꼬치 요리
Spiedini

재료 4인 기준
쇠고기 200g, 닭 가슴살 200g, 살시치아(이탈리아 소시지) 200g, 붉은 피망 1개, 작은 크기 양파 8개, 세이지 1다발, 나무꼬치 8개

고기 양념 화이트와인 1컵, 엑스트라버진 올리브 오일 1컵, 마늘 1쪽, 발사믹식초 2큰술, 로즈마리 1줄기, 소금 약간

만드는 방법 소요시간 : 45분

1. 쇠고기와 닭 가슴살은 사각형 조각으로 썰고 살시치아도 같은 크기로 썬다. 피망, 양파는 고기와 같은 크기로 썬다.
2. 나무꼬치가 타는 것을 방지하기 위해 찬물에 30분간 담가둔다.
3. 자기그릇에 분량의 고기 양념을 넣고 섞은 후 손질한 고기와 채소, 나머지 재료를 모두 넣고 뚜껑을 덮어 1시간 정도 재워 놓는다. 고기의 물기를 제거하고, 재워 두었던 국물은 따로 둔다.
4. 꼬치에 채소와 고기를 번갈아가며 보기 좋게 꽂는다.
5. 꼬치 맨 끝부분을 쿠킹포일로 감싼 후 고기를 재워 두었던 국물을 바르면서 그릴에서 굽는다.
6. 노릇하게 구워지면 쿠킹포일을 제거하고 그릇에 담아 완성한다.

민트 미뇽
Mignon alla menta

재료
밀가루 1kg(중력분 1kg 또는 W280 P/L0.55), 효모 40g, 물 550㎖, 맥아분 5g, 버터 50g, 소금 20g, 달걀 75g, 민트 25g

믹싱시간
스파이럴 믹서 : 저속 4분 → 중속 4분
플런저 믹서 : 저속 5분 → 중속 5분

만드는 방법

전처리 민트를 잘게 다진다.

믹싱 ① 소금, 달걀, 민트를 제외한 모든 재료를 넣고 균일하게 섞은 후
소금을 넣는다.

② 천천히 2~3회에 걸쳐 달걀을 넣는다.

③ 글루텐이 생성, 발전되어 반죽이 탄력 있고 윤이 나면 민트를 넣어
균일하게 잘 섞는다.(최종 반죽온도 : 25℃)

실온휴지 26℃, 30분(표면이 마르지 않도록 비닐을 덮는다),
냉장 휴지 시에는 4~6시간 동안 둔다.

분할 50g, 혹은 원하는 크기로 한다.

둥글리기 표면이 매끄럽게 되도록 둥글리기를 한다.

실온휴지 10분(표면이 마르지 않도록 비닐을 덮는다)

정형 ① 가스를 뺀 후 원기둥 모양으로 말아준다.

② 반죽을 굴려서 15㎝ 길이까지 늘인다.

팬닝 ① 팬 1개당 10개씩 놓고 반죽 윗면을 가위로 자르면서
엇갈리게 좌우로 돌려놓는다.

② 반죽 위에 달걀물(분량 외)을 칠한다.

발효 27~28℃, 습도 70%, 약 60분

굽기 전 달걀물(분량 외)을 한 번 더 칠한다.

굽기 약하게 스팀을 준 후 220℃ 오븐에서 15~17분간 굽는다.

Tip

* 미뇽(mignon) : 작은 크기의 빵

노릇하게 구운 농어요리
Trance di branzino dorato

재료 4인 기준
붉은 피망 1개, 노란 피망 1개, 호박 2개, 케이퍼 10개, 마늘 1쪽, 타임 1다발, 130g 농어 4조각, 설탕 30g, 소금 5g, 엑스트라버진 올리브오일, 민트 혹은 당절임한 레몬 껍질 약간

만드는 방법 소요시간 : 60분

1. 피망과 호박을 씻어서 얇게 채썬다. 호박의 씨 부분은 제거한다. 케이퍼는 흐르는 물에서 씻어 염분을 제거한다.

2. 팬에 올리브오일을 두르고 마늘을 볶다가 향이 나기 시작하면 타임, 피망, 호박을 넣고 볶는다. 채소가 너무 무르지 않도록 바삭하게 볶는다. 케이퍼를 넣고 섞은 후 소금으로 간한다.

3. 생선껍질에 칼집을 2~3 군데 넣고, 뒤집어 타임을 뿌린 후 손바닥으로 꾹꾹 눌러준다. 올리브오일을 두른 팬에서 3분간 노릇하게 구운 후 뒤집어서 1분간 더 굽는다.

4. 각 그릇에 채소를 나눠 담고 구운 생선을 올린 후 껍질 있는 부분에 소금과 올리브오일을 살짝 뿌린다. 민트 혹은 당절임한 레몬 껍질로 장식하여 완성한다.

생강 · 레몬빵
Pane con zenzero e limone

재료

밀가루 1kg(강력분 200g+중력분 800g 또는 W300 P/L0.50), 효모 35g, 물 550㎖,
파스타 디 리쁘르토(p.43) 500g, 소금 20g, 레몬 껍질 100g, 생강가루 30g

믹싱시간

스파이럴 믹서 : 저속 4분 → 중속 4분
플런저 믹서 : 저속 5분 → 중속 5분

만드는 방법

전처리　레몬 껍질 안쪽의 흰 부분이 없도록 얇게 벗긴다. 길게 썬 후
　　　　　끓는 물에 살짝 데치고 체에 걸러 물기를 제거한 후 식힌다.

믹싱　　① 밀가루, 효모, 물을 넣고 균일하게 섞은 후 파스타 디 리쁘르토,
　　　　　소금을 넣는다.
　　　　　② 글루텐이 생성, 발전되어 반죽이 탄력 있고 윤이 나면
　　　　　레몬 껍질, 생강가루를 넣고 균일하게 잘 섞은 후 완료한다.
　　　　　(최종 반죽온도 : 25℃)

실온휴지　26℃, 약 45~50분(부피가 2배가 될 때까지 하며,
　　　　　표면이 마르지 않도록 비닐을 덮는다)

분할　　40g씩 나눈 후 둥글리기 한 다음 32g과 8g으로 다시 나눈다.

둥글리기　표면이 매끄럽게 되도록 둥글리기를 한다.

실온휴지　10분(표면이 마르지 않도록 비닐을 덮는다)

정형　　① 32g반죽은 다시 둥글리기 하여 이음매를 잘 봉한다.
　　　　　② 8g반죽은 다시 둥글리기 한 후 원형으로 밀어 편다.
　　　　　③ 32g반죽 위에 8g반죽을 얹어 모양을 잡는다.

팬닝　　팬 1개당 12개씩 균일한 간격을 유지하며 놓는다.

발효　　28℃, 습도 70%, 부피가 2배가 될 때까지 한다.

굽기　　스팀을 준 후 220~230℃ 오븐에서 굽는다.
　　　　　굽기 완료 직전에 공기순환 밸브를 연다.
　　　　　굽는 시간은 반죽의 크기에 따라 달라진다.

로즈마리, 월계수잎으로 향을 가미한 오븐채소요리
Verdure al forno con aromi verdi

재료 4인 기준

호박 300g, 셀러리 1줄기, 양파 1개, 당근 200g, 회향 1줄기, 단호박 200g, 로즈마리 1줄기, 월계수 2잎, 마늘 3쪽, 간장 1작은술, 마조람 1줄기, 엑스트라버진 올리브오일 1큰술

만드는 방법 소요시간 : 85분

1. 채소는 깨끗이 씻은 후 막대 모양으로 썬다.

2. 모든 채소는 내열용기 안에 층층이 넣고, 로즈마리, 월계수잎, 으깬 마늘도 올린다. 쿠킹포일로 잘 덮은 후 200℃로 예열한 오븐에서 30분간 익힌다.

3. 간장, 마조람, 올리브오일을 섞어 소스를 만든 후 2에 붓고, 채소가 너무 무르지 않도록 5~10분간 오븐에서 더 익힌다.

4. 따뜻하게 혹은 약간 식혀서 먹는다.

Tip

* 회향(finocchio) : 지중해 연안이 원산지인 향이 강한 채소

Pane con i
formaggi

치즈와 빵

감자 · 호두빵
Pane con patate e noci

재료
밀가루 1kg(강력분 400g+중력분 600g 또는 W320 P/L0.50), 효모 50g, 물 500㎖, 우유 125㎖, 감자가루 60g, 소금 25g, 호두 250g

믹싱시간
스파이럴 믹서 : 저속 3분 → 중속 6분
플런저 믹서 : 저속 4분 → 중속 7분

만드는 방법

전처리 호두는 굵게 다진다.

믹싱
① 소금, 호두를 제외한 모든 재료를 넣는다.
　　단, 감자가루는 우유에 섞은 후 넣는다.
② 글루텐이 생성되면 소금을 넣는다.
③ 글루텐이 발전되어 반죽이 탄력 있고 윤이 나면 호두를 넣어
　　균일하게 잘 섞는다.(최종 반죽온도 : 26℃)

실온휴지 26℃, 약 1시간(부피가 2배가 될 때까지 하며,
　　표면이 마르지 않도록 비닐을 덮는다)

분할 300g, 혹은 원하는 크기로 한다.

둥글리기 표면이 매끄럽게 되도록 둥글리기를 한다.

실온휴지 15분(표면이 마르지 않도록 비닐을 덮는다)

정형
① 작업대 위에 밀가루(분량 외)를 뿌린다.
② 반죽을 뒤집고 손바닥으로 두드려 납작하게 만든다.
③ 돌돌 말아서 길고 가느다란 형태로 만든다.
④ 검지와 엄지로 이음매 부분을 꼬집어 잘 봉한다.
⑤ 전체를 같은 두께로 유지하면서 약 40㎝ 길이로 만든다.

실온휴지 작업대 위에 밀가루(분량 외)를 충분히 뿌린 후
　　이음매가 위를 향하도록 해서 15분간 둔다.

팬닝 팬 1개당 이음매가 바닥을 향하도록 하여 3개씩 놓는다.

발효 28℃, 습도 70%, 약 45분

굽기 전 원하는 모양으로 칼집을 낸다.

굽기 스팀을 준 후 200~210℃ 오븐에서 굽는다.
　　굽기 완료 직전에 공기순환 밸브를 연다.
　　굽는 시간은 반죽 크기에 따라 달라진다.

바삭한 파스타 보자기 속에 단맛의 쁘로볼로네 치즈
Provolone dolce in crosta

재료 4인 기준
반경질치즈(provolone 사용) 200g, 파스타 필로 (pasta fillo) 4장, 파 1줄기, 꿀, 호두 약간

만드는 방법　소요시간 : 15분

1. 파는 깨끗이 씻은 후 얇고 길게 썰어 끓는
　　물에 살짝 데친다.

2. 치즈를 50g씩 썰어 둔다.

3. 파스타 필로에 녹인 버터(분량 외)를 바르
　　고, 중앙에 치즈를 올린 후 보자기 모양으
　　로 감싼다. 감싼 반죽은 데친 파로 묶는다.

4. 200℃ 오븐에서 3~4간 굽는다.

5. 그릇에 파스타 필로를 놓고 꿀과 호두로 장
　　식하여 완성한다.

Tip

* 쁘로볼로네(provolone) : 남이탈리아를 대표하는 반경질
　치즈로 단맛과 매운맛 두 가지 종류가 있는데 이 레시피
　에서는 단맛을 사용한다.

곡물빵
Pane ai cereali

재료

* **비가** 밀가루 1kg(강력분 600g+중력분 400g 또는 W340, P/L0.55),
  효모 10g, 물 450㎖
* **본반죽** 밀가루 100g(중력분 100g 또는 W280 P/L0.55), 호밀가루 30g,
  보리가루 30g, 옥수수가루 30g, 쌀가루 30g, 메밀가루 30g, 비가, 효모 10g,
  물 310㎖, 소금 30g, 귀리 100g

믹싱시간

* **비가** 스파이럴 믹서 : 저속 3분 / 플런저 믹서 : 저속 4분 / 포크 믹서 : 저속 5분
* **본반죽** 스파이럴 믹서 : 저속 4분 → 중속 5분 / 플런저 믹서 : 저속 5분 → 중속 6분

만드는 방법

비가	밀가루, 효모, 물을 넣고 저속으로 균일하게 섞는다
	(최종 반죽온도 : 17~20℃). 실온발효 16~20시간
전처리	가루 재료들을 체친다.
믹싱	① 소금, 귀리를 제외한 모든 재료를 넣는다.
	② 글루텐이 생성되면 소금을 넣는다.
	③ 글루텐이 발전되어 반죽이 탄력 있고 윤이 나면 귀리를 넣어
	균일하게 잘 섞은 후 완료한다. (최종 반죽온도 : 26~27℃)
실온휴지	26℃, 40~50분(부피가 2배가 될 때까지 하며,
	표면이 마르지 않도록 비닐을 덮는다)
분할	150g, 혹은 원하는 크기로 한다.
둥글리기	표면이 매끄럽게 되도록 둥글리기를 한다.
실온휴지	10분(표면이 마르지 않도록 비닐을 덮는다)
정형	① 밀대를 사용해 타원형으로 밀어 편다.
	② 타원형으로 만든 반죽을 반으로 접는다.
패닝	팬 1개당 6개씩 놓고 체를 사용해 밀가루(분량 외)를 가볍게 뿌린 후
	나뭇잎 모양으로 칼집을 넣는다.
발효	27~28℃, 습도 70%, 50~60분
굽기	스팀을 준 후 220℃ 오븐에서 굽는다.
	굽기 완료 직전에 공기순환 밸브를 연다.
	굽는 시간은 반죽의 크기에 따라 달라진다.

따뜻한 리코따 꾸에넬레
Quenelle Quenelle di ricotta tiepida

재료 4인 기준

양젖 리코따 100g, 감귤류잼 80g, 마조람 2줄기,
후춧가루, 엑스트라버진 올리브오일 약간

만드는 방법 소요시간 : 15분

1. 리코따에 후춧가루를 뿌려 풍미를 더한 후
   타원형 모양으로 만들어 오븐팬에 달라붙
   지 않게 놓는다.
2. 약간의 수증기가 생기도록 오븐 아랫쪽에
   물이 담긴 그릇을 넣은 후 1을 넣어 150℃
   오븐에서 몇 분간 굽는다.
3. 그릇 가운데에 감귤류잼을 놓고 그 위에 리
   코따를 올린 후 약간의 올리브오일, 마조람
   으로 장식하여 완성한다.

Tip

* 리코따(ricotta) : 우유에 산, 염을 넣고 끓인 후 응고시
  켜 만든 유제품
* 꾸에넬레(quenelle) : 가늘고 긴 공 모양

사과 · 생강빵

Pane con mele e zenzero

재료

밀가루 1kg(강력분 200g+중력분 800g 또는 W300 P/L0.55), 비가(p.45) 250g,
효모 40g, 물 300㎖, 우유 300㎖, 설탕 50g, 소금 25g, 달걀 150g, 버터 100g,
사과 800g, 당절임 생강 50g

믹싱시간

스파이럴 믹서 : 저속 3분 → 중속 6분
플런저 믹서 : 저속 4분 → 중속 7분

만드는 방법

전처리 사과는 껍질을 벗기고 얇게 썬 후 수분을 제거하기 위해
50℃ 오븐에서 몇 시간 동안 굽는다. 식힌 후 주사위 모양으로 썬다.

믹싱 ① 밀가루, 비가, 효모, 물, 우유를 넣고 균일하게 섞은 후
설탕, 소금을 넣는다.
② 천천히 2~3회에 걸쳐 달걀을 넣는다.
③ 글루텐이 생성, 발전되어 반죽이 탄력 있고 윤이 나면
버터와 사과, 당절임 생강을 넣고 균일하게 잘 섞는다.
단, 버터는 부드러운 상태로 넣는다.(최종 반죽온도 : 26℃)

실온휴지 26℃, 약 1시간(부피가 2배가 될 때까지 하며,
표면이 마르지 않도록 비닐을 덮는다)

분할 50g, 혹은 원하는 크기로 한다.

둥글리기 표면이 매끄럽게 되도록 둥글리기를 한다.

실온휴지 5분(표면이 마르지 않도록 비닐을 덮는다)

정형 ① 다시 둥글리기를 하고 이음매는 잘 봉한다.
② 팬에 놓으면서 손바닥으로 살짝 눌러준다.

팬닝 팬 1개당 12개씩 놓고 달걀물(분량 외)을 칠한다.

발효 27℃, 습도 70%, 1시간

굽기 전 반죽 위에 단풍잎 모양 판을 놓고 체를 사용해
밀가루(분량 외)를 가볍게 뿌린다.

굽기 스팀을 준 후 210~220℃ 오븐에서 굽는다.
굽는 시간은 반죽의 크기에 따라 달라진다.

부드러운 셀러리 소스와 카브랄레스 치즈 스포르마티노

Sformatino al cabrales con vellutata di sedano

재료 4인 기준

셀러리 200g, 채소육수(p.141), 푸른 곰팡이 치즈
(cabrales 사용) 200g, 리코따 100g, 파슬리 1줄
기, 엑스트라버진 올리브오일, 소금 약간

만드는 방법 소요시간 : 50분

1. 섬유질을 제거한 셀러리는 소금물에 살짝
데친 후 얼음물에 식혀 믹서에 곱게 간다.
체에 한 번 거른 후 올리브오일과 채소육
수를 조금씩 섞어 퓌레 상태로 만들고 마
지막에 소금으로 간한다.

2. 푸른 곰팡이 치즈와 리코따를 섞은 후 원
형 틀에 채운다. 200℃ 오븐에서 2분간 굽
는다.

3. 그릇에 1을 담고 2를 조심히 얹은 후 파슬
리로 장식하여 완성한다.

Tip

* 생강에 들어있는 옥살산과 사과산은 반죽의 글루텐을 용
해시키므로 생강을 사용할 때에는 반드시 생강가루나 당
절임 생강을 사용해야 한다.

* 스포르마티노(sformatino) : 작은 틀에 내용물을 채워 조
리한 후 뒤엎는 형태의 요리

배 · 흑후추빵
Pane alle pere e pepe nero

재료

밀가루 1kg(강력분 200g+중력분 800g 또는 W300 P/L0.55), 효모 30g, 물 200㎖,
우유 300㎖, 파스타 디 리뽀르토(p.43) 300g, 설탕 50g, 소금 20g, 달걀 150g,
버터 150g, 흑후춧가루 10g, 배 800g

믹싱시간

스파이럴 믹서 : 저속 3분 → 중속 6분
플런저 믹서 : 5분 → 중속 6분

만드는 방법

전처리   배는 껍질을 벗기고 얇게 썬 후 수분을 제거하기 위해
50℃ 오븐에서 몇 시간 동안 굽는다. 식힌 후 주사위 모양으로 썬다.

믹싱   ① 밀가루, 효모, 물, 우유를 넣고 균일하게 섞은 후
파스타 디 리뽀르토, 설탕, 소금을 넣는다.
② 천천히 2~3회에 걸쳐 달걀을 넣는다.
③ 글루텐이 생성되면 버터를 넣어 반죽을 코팅시킨 후
흑후춧가루를 넣는다.
④ 글루텐이 발전되어 반죽이 탄력 있고 윤이 나면 배를 넣어
균일하게 잘 섞은 후 완료한다.(최종 반죽온도 : 26℃)

실온휴지   26℃, 약 1시간(부피가 2배가 될 때까지 하며,
표면이 마르지 않도록 비닐을 덮는다)

분할   60g, 혹은 원하는 크기로 한다.

둥글리기   표면이 매끄럽게 되도록 둥글리기를 한다.

실온휴지   5분(표면이 마르지 않도록 비닐을 덮는다)

정형   ① 다시 둥글리기를 하고 이음매는 잘 봉한다.
② 반죽을 손으로 감싼 후 손날에 힘을 주어 위 아래로 밀어 준다.
반죽의 한쪽이 가늘한 서양배 모양으로 만든다.

팬닝   팬 1개당 8개씩 놓고 손바닥으로 살짝 누른 후
달걀물(분량 외)을 칠한다.

발효   28℃, 습도 70%, 약 1시간

굽기 전   반죽 위에 서양배 모양의 판을 놓고 체를 사용해
밀가루(분량 외)를 가볍게 뿌린다.

굽기   스팀을 준 후 210~220℃ 오븐에서 약 18분간 굽는다.
완료 직전에 공기순환 밸브를 연다.

리코따를 채운 호박꽃
Fiori di zucchina farciti con ricotta

재료 4인 기준

차이브 3~4줄기, 리코따(시칠리아 지역 pecorino
ricotta 사용) 200g, 식용 호박꽃 8개, 호박 4개, 토
마토 4개, 샐러드 채소, 엑스트라버진 올리브오일,
소금, 후춧가루 약간

만드는 방법   소요시간 : 25분

1. 차이브는 잘게 다져 리코따와 섞은 후 소금
과 후춧가루로 간한다. 제과용 짤주머니에
넣고 호박꽃 속을 채운다.

2. 호박은 어슷 썬 다음 호박꽃과 같이 오븐에
서 2분간 굽는다.

3. 껍질 벗긴 토마토는 주사위 모양으로 썰어
소금, 후춧가루로 간하고 올리브오일을 살
짝 뿌린다. 녹색 샐러드 채소는 씻어서 작
게 썰어 둔다.

4. 그릇에 리코따로 속을 채운 호박꽃과 호
박, 토마토를 올리고 샐러드 채소로 장식
하여 완성한다.

Tip

* 리코따(ricotta) : 우유에 산, 염을 넣고 끓인 후 응고시
켜 만든 유제품

Pane con i dessert

디저트와 빵

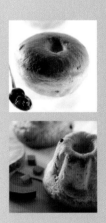

리코따 · 체리빵
Pane con ricotta e ciliegie

재료
밀가루 1kg(강력분 200g+중력분 800g 또는 W300 P/L0.55), 효모 40g,
우유 300㎖, 달걀 300g, 설탕 50g, 소금 20g, 버터 50g, 리코따 250g,
체리 400g(냉동체리나 당절임 체리를 사용해도 됨)

믹싱시간
스파이럴 믹서 : 저속 3분 → 중속 6분
플런저 믹서 : 저속 5분 → 중속 5분

만드는 방법
믹싱 ① 밀가루, 효모, 우유, 달걀을 넣는다.

② 글루텐이 생성되면 설탕, 소금, 버터, 리코따를 단계적으로 넣는다.

③ 글루텐이 발전되어 반죽이 탄력 있고 윤이 나면 체리를 넣어
균일하게 잘 섞은 후 완료한다. (최종 반죽온도 : 25℃)

실온휴지 26℃, 약 30분(표면이 마르지 않도록 비닐을 덮는다)

분할 40g, 혹은 원하는 크기로 한다.

둥글리기 표면이 매끄럽게 되도록 둥글리기를 한다.

실온휴지 5분(표면이 마르지 않도록 비닐을 덮는다)

정형 ① 반죽을 다시 둥글리기 한 후 이음매를 잘 봉한다.

② 이음매가 아래로 향하게 해 원형팬에 넣는다.

팬닝 반죽을 넣은 원형팬을 오븐팬에 올려놓고 검지손가락으로
반죽 가운데를 눌러준다.

발효 27~28℃, 습도 70%, 약 50~60분

굽기 전 구멍을 검지손가락으로 다시 한 번 눌러준다.

굽기 스팀을 준 후 210~220℃ 오븐에서 굽는다.
굽기 완료 직전에 공기순환 밸브를 연다.
굽는 시간은 반죽의 크기에 따라 달라질 수 있다.

과일 디저트
Composizione di frutta

재료 4인 기준
키위 4개, 멜론 1/2개, 복숭아 1개, 백포도 200g, 시
계꽃 열매(passion fruit) 10개, 딸기 퓌레 100g, 라즈
베리 퓌레 200g, 설탕 100g

· ·

만드는 방법 소요시간 : 30분

1. 과일을 모두 씻은 후 다양한 모양으로 썬다.

2. 시계꽃 열매는 잘라서 과육을 추출하고 설
탕과 같이 믹서에 간 다음 체에 거른다.

3. 그릇에 각각의 퓌레를 붓고 그 위에 과일을
얹어 완성한다.

Tip

• 리코따(ricotta) : 우유에 산, 염을 넣고 끓인 후 응고시
켜 만든 유제품

단호박 · 초콜릿빵
Pane con zucca e cioccolato

재료

* **비가** 밀가루 200g(강력분 80g+중력분 120g 또는 W320 P/L0.55),
  효모 2g, 물 90㎖
* **본반죽** 밀가루 1kg(중력분 1kg 또는 W280 P/L0.55), 비가, 효모 40g, 우유 280㎖,
  맥아분 10g, 단호박 400g, 설탕 80g, 소금 24g, 버터 60g, 물방울 모양의 초콜릿 300g

믹싱시간

* **비가** 스파이럴 믹서 : 저속 3분 / 플런저 믹서 : 저속 4분 / 포크 믹서 : 저속 5분
* **본반죽** 스파이럴 믹서 : 저속 3분 → 중속 5분 / 플런저 믹서 : 저속 4분 → 중속 6분

만드는 방법

비가   밀가루, 효모, 물을 넣고 저속으로 균일하게 섞는다
　　　　(최종 반죽온도 : 18℃). 실온발효 18~22시간

전처리 단호박을 씻은 후 쿠킹포일로 감싸 금속 재질 냄비에 넣은 후
　　　　오븐에서 굽는다. 씨는 제거하고 곱게 으깬 후 식힌다.

믹싱   ① 밀가루, 비가, 효모, 우유, 맥아분, 단호박을 넣고 균일하게 섞은 후
　　　　　설탕, 소금을 넣는다.
　　　　② 글루텐이 생성되면 버터를 투입해 반죽을 코팅한다.
　　　　③ 글루텐이 발전되어 반죽이 탄력 있고 윤이 나면
　　　　　초콜릿을 넣고 균일하게 잘 섞는다. 물방울 모양의 초콜릿이
　　　　　으깨지지 않도록 주의한다. (최종 반죽온도 : 26℃)

실온휴지 26℃, 약 30분(표면이 마르지 않도록 비닐을 덮는다)

분할   400g, 혹은 원하는 크기로 한다.

둥글리기 표면이 매끄럽게 되도록 둥글리기를 한다.

실온휴지 15분(표면이 마르지 않도록 비닐을 덮는다)

정형   ① 반죽의 매끄러운 윗면을 밀대로 밀어 펴서 가스를 빼고
　　　　　뒤집어 길이가 25㎝ 길이가 되도록 만든다.
　　　　② 윗부분의 일부를 접고 접힌 부분이 약간 포개지게
　　　　　아랫부분도 접어 삼단접기한다.
　　　　③ 다시 윗부분의 일부를 왼손의 엄지손가락과 검지손가락으로
　　　　　접어가면서 동시에 오른손 손바닥으로 눌러주며 계속 말아준다.
　　　　　35㎝ 길이의 원기둥 모양으로 만든다.
　　　　④ 이음매가 일직선을 그리며 바닥에 오도록 한다.
　　　　⑤ 반죽의 양끝을 이어 붙여 도넛 모양을 만든다.
　　　　　이때 반죽의 끝부분을 겹치게 해 확실하게 눌러 붙인다.

팬닝   이음매가 구겔호프팬의 안쪽으로 가도록 팬에 넣는다.

발효   27~28℃, 습도 70%, 약 1시간

굽기 전 달걀물(분량 외)을 칠한다.

굽기   스팀을 준 후 200~220℃ 오븐에서 굽는다.
　　　　굽기 완료 직전에 공기순환 밸브를 연다.
　　　　굽는 시간은 반죽의 크기에 따라 달라질 수 있다.

샤프란 빤나코따
Panna cotta allo zafferano

재료 4인 기준
젤라틴 10g, 우유 250㎖, 생크림 250㎖, 샤프란
암술 16개, 샤프란 가루 1봉지, 설탕 100g, 딸기
300g

찰대 : 설탕 400g, 물

만드는 방법 소요시간 : 30분

1. 딸기를 얇게 썬다.

2. 빤나코따 : 젤라틴은 찬물에 담가 놓는다.
   냄비에 우유와 생크림을 계속 저어가며 끓
   이고 끓기 시작하면 샤프란 암술, 샤프란
   가루, 설탕 50g을 넣고 한 번 더 끓인다. 찬
   물에 담가 뒀던 젤라틴을 냄비에 넣고 잘
   섞은 후 모양 틀에 붓는다. 각 틀에 딸기
   를 두 개씩 올리고 냉장고에 6시간 동안
   굳힌다.

3. 딸기 소스 : 남은 딸기와 설탕 50g을 믹서
   에 간 후 체에 걸러 냉장고에 둔다.

4. 찰대 : 냄비에 약간의 물과 설탕을 넣고 캐
   러멜화가 될 때까지 끓인다. 실리콘페이퍼
   위에 둥근 원형의 모양으로 붓고 잠깐 식힌
   후 볼 위에 뒤집어 놓는다. 완전히 식힌 후
   실리콘페이퍼를 제거한다.

5. 그릇에 찰대를 놓고 그 안에 빤나코따를 넣
   은 후 딸기 소스로 장식하여 완성한다.

Tip

* 단호박의 수분 함유량은 반죽의 되기에 영향을 미치므로
  믹싱 초반에 넣어 물의 양을 조절한다.
* 빤나코따(panna cotta) : 생크림, 우유, 설탕 등을 끓인
  후 굳힌 디저트

Pane e Companatico

빵 그리고 빵과 함께 먹는 음식

콜라지오네 Colazione (아침 식사)

과일빵, 살구퓌레빵, 부드러운 아침 식사용 빵, 단빵, 꿀빵, 버터빵, 당근·아몬드빵, 레몬호밀빵, 백치즈빵, 비엔나식 달걀빵, 비엔나 지역빵, 토스트한 쌀겨빵, 견과류·초콜릿빵, 포도파이, 우유빠니니*, 샤프란빵, 과일을 넣은 단 포카치아*, 귀리 포카치아, 밤가루와 꿀을 넣은 빠니니, 대추야자열매·코코넛빵, 코코넛·초콜릿빵, 무화과·잣빵, 건포도·아몬드빵, 살구·타임빵, 요구르트·바나나빵, 리코따·오렌지빵

- 빠니니 : 둥근 형태의 작은 빵
- 포카치아 : 이탈리아 서민들이 즐겨 먹던 빵이며, 중남부 지방에서 시작됨. 보존이 쉬우며 맛이 담백하여 육류 및 해산물 등 여러 요리와 함께 먹을 수 있어 전국적으로 확산됨

아뻬르티비 Apertivi (식전주)

여러 가지 재료*로 각기 다른 풍미를 준 짭조름한 포카치아, 참깨와 치즈를 토핑한 포카치아, 여러 가지 재료*를 넣은 미니 그리시니*, 다양한 씨로 장식한 작은 우유파이, 식초에 절인 여러 가지 재료*를 넣고 올리브오일로 풍미를 준 미니파이, 여러 가지 재료를 넣은 버터파이, 치즈크림을 채운 보꼰치니*, 붉은색·초록색 허브로 다양하게 조미한 카나뻬*용 식빵, 여러 가지 재료를 넣은 후 얇게 썰어 살짝 구운 바게트, 로제샴페인과 잘 어울리는 사과 소브라나, 차이브로 향을 준 치즈를 바른 해바라기씨빵, 양파·베이컨 포카치아, 여러 가지 재료를 넣은 양젖치즈와 숙성된 발사믹식초 포카치아, 훈제 연어와 양갓냉이* 크루아상, 브루스케타용 건토마토와 케이퍼 필론치노*, 브루스케타용 안초비와 레몬 필론치노, 브루스케타용 피망과 루콜라 필론치노*, 시칠리아 빨레르모 지역 포카치아 스핀치오네, 오징어먹물 그리시니, 샤프란·초콜릿빵

- 여러 가지 재료 : 루콜라, 회향씨, 고추, 카레, 로즈마리, 세이지, 양귀비씨, 커민씨, 차이브, 치즈, 흑후추, 민트 등(포카치아, 그리시니, 파이, 바게트 등 위에서 언급한 다양한 빵에 앞의 재료를 넣어서 응용할 수 있다)
- 그리시니 : 가늘고 긴 막대 모양의 과자류
- 보꼰치니 : 한입 크기의 작은 빵
- 카나뻬 : 빵, 크래커 등 위에 다양한 토핑을 올린 요리
- 양갓냉이 : 루콜라와 맛이 유사하나 잎이 둥근 모양
- 필론치노 : 가느다란 모양의 빵

안티빠스티 Antipasti (전채요리)

마늘·올리브빵(해산물 샐러드와 잘 어울림), 다양한 향미를 첨가한 미니 그리시니, 통밀식빵(일반적으로 훈제생선 요리나 상어알과 함께 썰어서 뜨겁게 제공), 시칠리아 지역 마팔다, 양귀비 페이스트리(생선 카르빠치오*), 쌀가루로 만든 미니빵(갑각류), 미니 올리브오일빵, 다양한 씨앗으로 장식한 미니 우유빵, 밤가루로 만든 미니 버터빵(훈제연어), 메밀 빠니니(철갑상어알), 훈제 모짜렐라 치즈와 꽃상추를 넣은 칼조네*(채소 샐러드), 연어·양갓냉이 크루아상(생선무스, 해산물 샐러드, 생선수프), 리코따·돌박하빵(채소수프 혹은 샐러드), 건토마토·케이퍼·레몬 필론치노(생선 전채요리), 감자·로즈마리 필론치노(고기 카르빠치오), 올리브·오레가노 빠니니(살루미), 카르다몸* 페이스트리(훈제생선), 고수·흑후추 포카치네(염장한 연어), 레몬·타임빵(일반적으로 생선 전채요리)

- 카르빠치오 : 쇠고기를 얇게 썬 후 양념해 먹는 요리
- 칼조네 : 밀가루 반죽 사이에 여러 가지 재료와 치즈를 섞은 소를 넣고 반달 모양으로 만든 후 기름에 튀기거나 오븐에 구운 반원 형태의 피자
- 카르다몸 : 서남아시아산 생강과의 향신료이며 카레가루의 주원료

살루미 Salumi (이탈리아 햄)

커민씨·양귀비씨 보꼰치니(멧돼지, 염소, 오리, 거위 살루미와 잘 어울림), 조각으로 자른 시골빵(라르도*, 베이컨), 뿔리아 지역빵, 토스카나 지역빵(토스카나 살루미), 비오베*, 롬바르디아 파비아 지역 미꼬네*, 겉이 바삭바삭하고 딱딱한 빵, 치아바타, 프랑스빵, 제노바지역 포카치아, 차이브·로즈마리·참깨 그리시니, 피망빵(살라메), 허브빵(뜨거운 살루미), 회향씨 호밀빵(스펙*), 호밀빵, 옥수수빵(간으로 만든 살루미 모르타델라), 초피빵(브레자올라*), 포도·무화과·대추야자열매·건과일빵, 가지·오레가노 필론치노, 오찌에리빵, 로즈마리·올리브오일·소금을 넣은 카르타 무지카*, 양파·건토마토빵, 마늘·타임빵, 회향씨 포카치네, 토마토·오레가노 포카치네, 감자·호두빵

* 라르도 : 돼지 등 쪽의 피하지방층으로 만든 살루미
* 비오베 : 삐에몬테 지역을 포함하여 북이탈리아 전역에서 널리 먹는 빵
* 미꼬네 : 커다란 빵
* 스펙 : 알토아디제 지역의 훈제 프로슈또의 한 종류로 돼지 뒷다리를 바다소금, 향신료, 염수에 담가 저장하여 만든 살루미
* 브레자올라 : 소금에 절인 쇠고기 살루미
* 카르타 무지카 : 종이처럼 얇고 바삭바삭한 사르데냐 지역의 대표 빵

우오바 Pane per uova (달걀 요리)

밤가루로 만든 브리오슈, 흑후추 브리오슈(수란*과 잘 어울림), 당근·허브빵(프리따떼*), 허브빵(프리따떼), 라르도·양파빵(프리따떼), 미니 차이브빵(프리따떼), 지중해빵, 더치빵, 우유 치아바타, 가정식 빵(크림상태로 조리한 달걀), 미니 프랑스빵(달걀프라이), 듀럼밀 시골빵(달걀프라이), 시골빵(달걀프라이), 구운 뽈렌타*·라르도빵(달걀프라이), 치즈·잣 포카치네(크림 상태로 조리한 달걀), 뻬코리노 치즈·잠두콩빵(달걀 샐러드), 훈제 스카모르자* 치즈·꽃상추빵(프리따떼), 미니 민트빵(프리따떼), 감자·베이컨·로즈마리빵(달걀프라이), 리코따·브루스칸돌리 혹은 살시치아 혹은 코테키노*로 속을 채운 빵(크림 상태로 조리한 달걀)

* 수란 : 끓는 물에 달걀을 넣어 익힌 요리
* 프리따떼 : 오믈렛과 유사한 달걀요리
* 뽈렌타 : 보리, 옥수수가루 등을 소금 첨가한 물에 넣고 끓여서 만든 북이탈리아 전통요리
* 스카모르자 : 황소유로 만든 조롱박 모양의 치즈로 표면이 매끄럽고 짙색, 흰갈색을 띠며 탄력이 있음. 생모짜렐라 치즈와 유사하며, 피자의 토핑으로 많이 사용하고 그릴에 구워서 먹기도 함.
* 코테키노 : 돼지고기, 돼지 껍질, 향신료, 라르도 등을 넣어 만든 토스카나 지역 소시지

포이에 그라스 Foie gras (거위 간 요리)

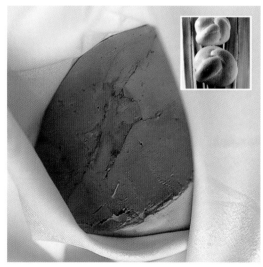

호밀 우유식빵, 흑후추 브리오슈, 더치빵, 밤가루로 만든 브리오슈, 당근·양갓냉이*·단호박·샬롯·피스타치오·송로버섯·건과일·시금치·카레·건포도 브리오슈, 배·아몬드빵, 무화과빵, 대추야자열매빵, 향이 있는 허브 포카치네, 미니 대황빵, 샬롯·로즈마리빵

* 양갓냉이 : 루콜라와 맛이 유사하나 둥근 모양의 잎을 가짐

빠테와 테리네 Pâté e terrine (고기, 생선, 콩류 등을 파이 반죽으로 감싼 후 굽는 요리와 자기 용기에 담아 만든 요리)

밤가루로 만든 미니 버터빵, 레드와인·샬롯빵, 우유식빵, 브리오슈, 버터식빵, 통밀식빵, 샬롯·돼지볼살빵, 단호박·호두빵, 셀러리·양귀비씨·커민씨·아니스·향신료·육두구 껍질을 말린 향신료·샤프란을 넣은 미니빵, 5가지 곡물빵, 피스타치오·건포도빵

주뻬 Zuppe (수프)

채소·생선·토마토·롬바르디아 빠비아 지역 빤코또* 등 각 지역별 수프를 그 수프와 잘 어울리는 빵 속에 채운, 각 지역별 특색 있는 빵들. 빵 속에 채운 후 살짝 구운 가정식 빵, 토스카나 지역빵(토마토·리볼리타* ·빤자넬라*와 잘 어울림), 빵 카라사우*, 빵 프라타우*(사르데냐 수프), 프랑스빵과 스필라티니*, 살짝 구운 치아바따, 호밀빵, 프리셀레*, 옥수수빵, 보리 빠니니*, 라르도·볶은 양파빵(피망·감자수프), 그라나 빠다노 치즈 보꼰치니, 건토마토빵(생선수프), 피망빵(파수프), 양갓냉이*빵(버섯수프), 몬주수빵, 라르도·타임·레몬빵(채소수프), 라디끼오·베이컨빵(감자크림수프), 올리브·피망빵

• 빤코또 : 딱딱한 빵 조각을 넣어 만든 채소수프
• 리볼리타 : 콩, 검은 양배추 등으로 만든 토스카나 지역 수프
• 빤자넬라 : 딱딱한 빵, 양파, 토마토를 재료로 해서 만든 토스카나 지역의 샐러드 요리
• 빵 카라사우 : 종이처럼 얇고 바삭한 사르데냐 지역 빵
• 빵 프라타우 : 빵 위에 토마토와 수란을 올린 것
• 스필라티니 : 폭이 좁고 긴 바삭한 빵
• 프리셀레 : 가운데 구멍이 있는 참벨라 모양의 빵
• 빠니니 : 둥근 형태의 작은 빵
• 양갓냉이 : 루콜라와 맛이 유사하나 잎이 둥근 모양

미네스트레 Minestre (수프)

프랑스식 필론치니, 스필라티니, 듀럼밀빵, 그리시니, 썰어서 살짝 구운 통밀빵(따뜻한 수프와 잘 어울림), 속을 채운 후 썰어 가볍게 구운 지역빵(따뜻한 수프), 크로스티니*, 미니 듀럼밀빵, 프리셀레, 비스코또*, 치치올리*빵

• 크로스티니 : 빵 위에 안초비·간·케이퍼 등의 토핑을 다양하게 올린 카나뻬 형태의 요리
• 비스코또 : 비스킷 모양으로 구운 빵
• 치치올리 : 돼지·거위 연골과 껍질이 포함된 고기 조각 등을 쇼트닝에 튀긴 살루미

뻬쒜 Pesce (생선요리)

허브 프로방스빵, 레몬빵(굴, 해산물과 잘 어울림), 허브빵(찬 생선요리), 쌀가루로 만든 보꼰치니*, 타임식빵, 셀러리빵, 회향·샤프란빵, 레몬호밀빵(굴), 미니 딜빵, 호밀빵(해산물), 우유 빠니니(염장 대구), 마타리 상추 보꼰치니(오븐에서 조리한 생선), 스타아니스빵, 토마토빵, 돼지감자 보꼰치니, 파·올리브빵(생선수프), 파슬리·마늘빵(그릴에서 구운 생선), 고수빵(오븐에서 조리한 생선), 호박·타임·레몬첼라 필론치노*, 피망·오레가노빵

* 보꼰치니 : 한입 크기의 작은 빵
* 필론치노 : 가느다란 모양의 빵

셀바지나 Selvaggina (오리, 닭 등 조류 요리)

토스카나 지역빵(멧돼지 요리와 잘 어울림), 지역별 가정식 빵, 당근·허브빵, 무화과빵, 시골빵, 레드와인·샬롯빵, 비오베*, 사과·잣·계피빵(다양한 오리·닭 등 조류 요리), 회향씨빵

* 비오베 : 삐에몬테를 포함한 북이탈리아 전역에서 널리 먹는 빵

우미디와 브라쟈티 Umidi e brasati (스튜 요리)

요리 육즙과 잘 어울리는 속 채운 커다란 지역빵, 크기가 큰 프랑스식 필로니*, 코모지역빵, 듀럼밀 치아바따, 시골빵, 타임빵, 양파빵, 감자빵

* 필로니 : 길고 가느다란 모양의 빵

아로스티 Arrosti (구이 요리)

길게 늘인 프랑스빵, 토마토빵, 로제떼*, 흑후추 빠니니*, 쥐오줌풀빵, 커민씨 듀럼밀빵, 로즈마리·마늘빵

* 로제떼 : 가운데 둥근 구멍이 있는 롬바르디아 지역빵
* 빠니니 : 둥근 형태의 작은 빵

그릴리아테 Grigliate (그릴에 굽는 요리)

허브 프로방스빵, 당근·허브빵, 파프리카빵, 토스카나 지역빵(살시치아와 잘 어울림), 스펙·양파 그리시니*, 민트빵, 라디끼오빵, 쁘로볼라 치즈*·로즈마리빵, 감자·라르도빵

* 그리시니 : 가늘고 긴 막대기 모양의 과자류
* 쁘로볼라 치즈 : 물소유와 소유를 섞어 만든 연질 치즈

카르빠치오 Carpaccio (쇠고기를 얇게 썬 후 양념한 요리)

뿔리아 지역빵, 회향씨 호밀 치아바따, 흑후추 브리오슈, 초피빵, 샤프란·호두·올리브빵, 루콜라·건토마토 포카치아

메렌데 Merende (오후 간식)

시칠리아 지역빵, 사르데냐 지역빵, 헤이즐넛 포카치아, 단빵, 꿀빵, 달고 짭쪼름한 포카치아*, 포도빵, 과일빵, 초콜릿 빠니니, 다양한 맛의 크래커, 초콜릿·아몬드빵, 밤가루·밤 필론치니*, 초콜릿·살구 보꼰치니*, 호두·치즈 타르티네*, 단호박·양귀비씨빵, 무화과·초콜릿빵, 아몬드·아카시아꿀빵, 피스타치오·건포도빵

* **포카치아** : 이탈리아 서민들이 즐겨 먹던 빵. 보관이 쉽고 맛이 담백해 육류 및 해산물 등 여러 요리와 함께 먹을 수 있어 전국적으로 확산됨
* **필론치니** : 가느다란 모양의 빵
* **보꼰치니** : 한입 크기의 작은 빵
* **타르티네** : 미니 파이

베르두레 코떼 Verdure cotte (익힌 채소 요리)

미케따*, 미니 지중해빵, 쌀빵, 우유 프랑스빵, 미니 올리브오일빵, 생강·레몬빵

* **미케따** : 가운데 둥근 구멍이 있는 빵

인살라테 Insalate (샐러드)

올리브빵, 콩빵, 당근·허브빵, 허브빵, 백치즈빵, 유장*빵, 헤이즐넛·호두·아몬드빵, 연어·루콜라빵, 타임·사과·양파빵, 채소 필론치노, 양파·안초비 포카치네, 건토마토 크래커

* **유장** : 우유에서 카제인을 뺀 나머지 단백질 부분

삔지모니오 Pinzimonio
(신선한 채소에 올리브오일, 소금, 후춧가루로 간을 한 요리)
통밀 치아바띠나, 허브 프로방스를 넣은 듀럼밀 필론치노*, 길게 늘인 프랑스빵, 지역별 가정식 빵, 당근빵, 콩빵, 귀리빵, 레몬빵, 회향씨빵, 바질·건포도빵

* 필론치노 : 가느다란 모양의 빵

포르마지 프레스키 Formaggi freschi (생치즈)
박력분으로 만든 가정식 빵(살짝 구운 치즈와 잘 어울림), 속을 채운 지역별 시골빵, 호밀빵, 피망·파슬리빵, 허브빵, 호두식빵, 회향씨 호밀빵, 통밀빵, 커민씨빵, 호밀 치아바따*, 해바라기씨빵, 건토마토·올리브 빠뇨따*, 감자·호두빵, 5가지 곡물빵, 포도빵, 파프리카빵, 아니스빵

* 치아바따 : 겉은 단단하고 속은 부드러운 슬리퍼 모양의 롬바르디아, 토스카나 지역 전통 빵
* 빠뇨따 : 크고 둥근 모양의 빵

돌치 Dolci (디저트)
속을 채운 하얀빵 혹은 식빵, 하얀빵을 갈아 만든 빵가루, 단호박·초콜릿빵, 당절임 대추야자열매·오렌지빵, 밤빵, 밤·사과빵, 장미·아몬드빵, 야생장미·아몬드빵, 리코따* ·체리빵

* 리코따 : 우유에 산, 염을 넣고 끓인 후 응고시켜 만든 유제품

* 이 책을 읽으며 도움이 되는 이탈리아어 팁 : 겉은 단단하고 속은 부드러운 슬리퍼 모양의 빵 하나는 치아바따(ciabatta), 치아바따 2개 이상은 치아바떼(ciabatte), 미니 치아바따 1개는 치아바띠나(ciabattina), 미니 치아바따 2개 이상은 치아바띠네(ciabattine)이다. 이 책 속에는 단·복수가 혼재되어 있다. 오타가 아님을 밝혀두는 바이다.

빵이 있는 사람은 이빨이 없고,
이빨이 있는 사람은 빵이 없다.

소소한 것을 경시하는 사람은
빵과 불을 더 이상 접할 수 없다.

밀을 조금 아는 사람은 빵을 구매하고,
밀을 조금 더 아는 사람은 밀가루를 구매하고,
밀을 잘 아는 사람은 밀을 구매한다.

빵처럼 좋은 사람이다.
(=성격이 좋은 사람을 빵에 비유한 것이다)

빵을 포카치아로 돌려주다(=이에는 이, 눈에는 눈)

하루의 빵, 한해의 와인.
(=빵은 하루가 지나야 제맛이 나고,
  와인은 한 해가 지나야 제맛이 난다)

SnackFood

pasticceria
salata

파스티체리아 살라타

파스티체리아 살라타(pasticceria salata)란 무엇인가? 음식의 역사와 발전 과정에서 이보다 더 높은 단계는 없을 것이다.

앙텔름 브리야사바랭(Anthelme Brillat-Savarin)은 『미각의 생리학』이라는 그의 저서에서 다음과 같이 말한다. "신은 인간을 살기 위해 먹지 않을 수 없도록 만들었고, 이는 식욕을 불러 일으켜 인간에게 먹는 즐거움으로 보상한다." 음식을 먹는 다는 행위가 단순히 배고품을 해결하는 것에 그치지 않고 먹는 즐거움을 위한 조리법의 발전과 함께 식문화도 진화를 거듭하여 식탁이 예술의 장으로까지 변화했다는 의미이다.

파스티체리아 살라타의 역사

파스티체리아 살라타의 역사는 그야말로 빵과 소금의 역사라 할 수 있으며, 약 1만 2천년 전 곡물의 경작을 최초로 시도하였던 인류 문명의 기원과 함께한다.

지중해 동쪽 지역이 원산지인 밀은 더운 기후뿐만 아니라 추운 기후에도 잘 적응하여 지중해의 모든 지역으로 확산되었다.

그러나 아마도 빵으로 만들어진 최초의 곡물은 보리인 듯하다. 보리는 아주 오래전부터 볏과로 알려졌으며 대규모

로 경작되었다.

처음에는 가공하지 않은 낱알과 가루의 형태로 먹다가 구워 먹는 방법을 습득하게 되었고 구워 먹으니 맛도 더 좋고 소화도 잘 되었다. 많은 시간이 흐른 후, 물과 함께 반죽하기 적합한 가루 형태로 곡물들을 빻기 시작했다.

빵은 우연한 상황에 의해 탄생되었다. 불 가까이에 물과 밀가루를 섞은 질퍽질퍽한 상태의 뽈틸리아(poltiglia)를 놓아두었는데, 단단하게 굳으면서 맛과 풍미가 변하는 것을 알게 되었다. 발효되지 않은 이 단단한 빵은 오늘날 우리

가 일반적으로 먹는 빵의 형태는 아니지만, 이 시점으로부터 빵의 진화가 시작된 것이다. 최초의 제빵사들은 고대 이집트인들이었는데 그들은 오븐을 제작하고 천연 효모를 발견했다.

또한 그리스의 제빵 기술에 의해 빵 종류가 70가지 이상으로 다양해지게 되었다. 귀족들과 부자들은 밀가루로 만든 빵을 많이 먹었으며, 단순히 빵만을 먹는 것이 아니라 안초비, 치즈와 같은 재료를 넣어서 풍성한 식사 형태로 즐겼다. 르네상스 시대, 마리아 데 메디치(Maria de´Medici) 가문이 빵 제조 기법을 크루아상의 본고장 오스트리아 빈이 아닌, 최초의 스피지오시타 살라테(sfiziosita salate)가 탄생한 파리에 수출을 하게 되면서 새로운 바람이 일어났다. 이것이 파스티체리아 살라타가 탄생한 배경이다.

한편, 크루아상을 프랑스의 전형적인 빵으로 잘못 알고 있는 경우가 많지만 크루아상은 다음과 같이 탄생했다. 1683년 터키는 합스부르크왕가의 중심이었던 빈을 공격했다. 9월 12일 밤, 터키 병사들은 도시로 침투하기 위해 터널을 뚫었다고 한다. 우연히 그 사실을 알게 된 제빵사들은 이를 아군에게 알려서 그로 인해 도시를 구할 수 있었다. 이 승리를 축하하는 의미로 터키의 표상인 반달 모양의 빵, 킵펠(Kipfel)이 만들어졌다.

필요성에서 즐거움으로

역사학자 자크 르 고프(Jacques Le Goff)는, 식문화가 그 사회의 문화적인 수준을 나타내며, 정치적·문화인류학적 관점에서는 집단 정체성의 본질적인 바탕이 되는 것이라고 했다.

특히 문명의 발생과 함께 시작된 빵은 영양섭취의 기본이지만 이제 우리의 일상에서 음식문화를 향유할 수 있게 해주는 즐거운 존재가 되었다.

각 나라별 관습에 따라 먹는 방식에는 차이가 있으나 다양한 재료와 제빵사들의 창조성은 식욕을 돋우는 악마와 같이 우리를 유혹한다.

다양한 유형의 모든 빵에 재료를 풍성하게 넣으면 맛있는 스낵이 될 수 있다.

un pizzico
di sale
소금 한줌

전형적인 토스카나의 빵은 소금기가 없거나 소금을 아예 넣지 않는다. 이런 특성은 단테 알리기에리(Dante Alighieri)의 『신곡』에도 언급되어 있는데, 「천국편」을 보면 망명지에 대한 다음과 같은 시구가 나온다. "너는 스스로 경험하리라. 남의 빵이 얼마나 쓴지." 소금이 풍성한 바다로부터 먼 육지인 피렌체 지역에서 소금을 넣지 않은 빵을 먹는 고통을 은유적으로 표현한 것이다.

소금은 요리에서 중요한 재료이며 오랜 시간 지중해 문명에 결정적인 역할을 했다. 이 미네랄은 지구상에 널리 확산되었지만 과거에는 이동과 운송이 어려워 유통이 힘들었다. 그래서 고대에는 매우 귀한 재료로 여겨졌으며 상징적인 의미가 있는 재료이기도 했다. 물론 지금도 소금은 다방면에서 귀중하게 쓰이고 있다.

소금의 관습

고대 지중해의 모든 지역이 매우 종교적이었던 시대에는 수인이 손님에게 접대하는 의미로 소금을 주는 관습이 있었다.

고대 그리스 시인 호메로스의 저서 『오디세이아』에 나오는 주인공 오디세우스는 이타케섬으로 돌아가는 동안 만난 불가사의한 지역과 바바리안을 일컬어 "바다를 알지 못하고 소금을 넣은 음식을 먹지 않는 사람들을 만나게 될 것"이라고 이야기한 바 있다. 단테는 이와 같은 바바리안들의 이야기 때문에 소금의 부재에 대한 부정적인 의미를 다르게 제시하기도 했다. 그리스의 의학자 히포크라테스는 B.C. 400년에 바닷물의 증발과 염화나트륨의 침전 과정을 인식했다. 그러나 이미 그 전에 이집트에서는 이 미네랄(소금)을 음식의 맛을 내는 데 이용하고 있었다. 그리고 소금은 오일과 더불어 식품 저장에 탁월한 효과가 있어 그 진가를 인정받았다. 소금 제조와 운송의 더 큰 성장은 로마제국 때였는데, 거래하는 데 있어 소금은 금과 동일하게 화폐처럼 사용되었다. 민병에게 일한 대가를 소금(sale)으로 지불했으며, 이는 임금이란 뜻의 단어가 'salario'인 것으로도 설명된다. 'compenso(보수)' 혹은 'stipendio(월급)'라는 단어와 같은 뜻이다.

로마제국의 주요 8개 도로 중 하나는 소금의 이름에서 유래되었고, 소금의 운송 및 무역과 굉장히 밀접한 관련이 있다. 로마의 가도들의 명칭이 황제, 집정관, 법무관의 이름으로 지어지기도 했지만 사실상 그 길의 본질적인 역할은 'salario(임금)로 받는 소금' 즉 아테르노(Aterno)강과 트론토(Tronto)강 하구에 위치한 아드리아해의 염전에서 로마로 소금을 운송하기 위한 것이었다.

알맞은 소금의 사용

요리에 첨가하는 소금은 염화나트륨과 황산마그네슘뿐만 아니라 칼륨, 브롬, 플루오르, 아연, 요오드, 인, 동, 망간, 셀렌, 크롬 등 수많은 성분을 함유하고 있다. 보통 우리는 두 종류의 소금을 사용하는데, 바닷물의 증발에 의해 생성된 바닷소금과 염수의 증발 결과 생성된 퇴적암에서 추출한 암염이다.

우리는 요리를 할 때 자주 소금의 품질을 간과하거나 특정한 제품을 가치가 높은 것으로 오해하는 경우가 많다. 그러나 소금은 미가공한 소금인지 정제 소금인지, 혹은 굵은 소금인지 가는 소금인지에 따라 용도가 달라질 뿐이다. 프랑스 암염은 약간 축축한 소금이어서 확실히 익히지 않

사람은
리터당 2g의 염분을
함유하고 있는
모유를 통해
최초의 소금을 접하게 된다.
(우유의 경우는 4g)

은 날것(생것)을 조미하기에 좋지만 구매하기가 쉽지 않다. 일반적으로 요리에 소금을 사용할 때는 정제 소금보다는 바닷소금을 선호한다. 최근에는 암염이 염화나트륨의 함유율이 높은 것으로 알려졌다. 정제 후의 비율이 96~98%까지 도달한다. 나트륨은 특히 긴장을 완화시키고 신경과민을 조절하는 역할을 한다. 반면 바닷소금은 염화나트륨의 함유율이 낮고 요오드, 동, 아연, 브롬과 같은 다른 성분이 풍부하다. 같은 양으로도 요리에 더 풍미를 주고, 위생 관점에서도 우세하다. 그러므로 상황에 맞게 조절해서 소금을 사용하는 것이 중요하다. 스낵과 파스티체리아 살라타 제조에 사용하는 소금은 바닷소금이나 요오드 함유율이 높은 소금을 사용하면 좋다.

염전의 광경

트라파니(Trapani) 지역에서부터 마르살라(Marsala) 지역으로 가는 길에 위치한 염전은 독특한 전망으로 눈길을 끈다.

펌프로 물을 뽑고 소금을 분쇄하는 동안에는 풍차의 경관을 볼 수 없지만 수확시기인 여름이 되면 매력적인 풍차 경관이 그 모습을 드러낸다. 저수지의 가장 안쪽에는 이미 건조된 소금 결정체들이 태양에 빛나고, 저수지에 있는 물의 장밋빛 색조는 더욱 강렬해진다.

트라파니에서 마르살라 해안지역의 개발은 페니키아 시대로 거슬러 올라간다. 소금을 만들기에 천혜의 조건이라는 것이 확인되자 소금 생산을 위한 설비들이 구축되었다. 이곳에서 생산된 소금은 지중해 모든 지역에 수출되었고 로

소금의 꽃은
소금의 '철갑상어알(caviale)'
이라고도 부르는데,
프랑스의 브르타뉴,
카마르그, 포르투갈의
알가르베 지역에서
6~9월에 손으로 수확하는
귀한 조미료이다.

마시대에도 그대로 그 기능이 계승되어 오늘날까지 그 모습을 유지하고 있다. 트라파니 바닷소금을 사용하는 지역의 작은 제조업체들은 고대의 기술로 소금을 저장한다. 이들은 다른 소금들에 비해 맛, 색, 향 등의 품질이 우수한 바닷소금 제품을 만들기 위해 노력하고 있다.

고대 사라센인들이 만든 파비냐나(Favignana) 지역의 석재 수로와 저수지는 아직도 활용이 가능하고 오늘날의 소금 제조에도 사용되고 있다.

3월 만조에 소금을 만들기 위한 작업을 시작하고 7~10월이 되면 수확은 최고조에 도달한다. 미가공한 소금은 건조시키고, 테라코타 기와로 덮어 둔다.

스타뇨네(Stagnone) 지역의 소금은 우수한 돼지 가공품이나 좀 더 섬세한 치즈 제품을 위해 사용된다. 또 까다로운 제빵사들이 특별한 맛과 품질의 새로운 파스티체리아 살라타를 만들고자 할 때 사

용된다. 스타뇨네 지역의 석호는 마르살라 지역에서 트라파니 지역에 이르는 소금길을 지나 지중해의 거대한 정원이라 할 수 있는 다양한 식물과 동물 희귀종이 있는 자연보호지역에 있다. 한편 이 지역에는 소금 체취와 생산 주기에 대해 설명하는 2개의 공공박물관이 있다.

시칠리아 마르살라 지역, 500여년 전부터
소금의 제분을 위해 절대적으로 필요했던
네덜란드식 별 풍차.

le farine
del mio sacco

빵에 사용되는 곡물가루들

지중해 요리는 고전과 현대, 동양과 서양의 맛이 공존한다. 인도의 향신료, 동방의 쌀이나 미국의 토마토 같은 재료들을 받아들여 다른 음식과 혼합된 독특한 음식 문화가 발달했다.

지중해에 인접해 있는 유럽, 아시아 그리고 아프리카의 세몰리나, 불구르, 쿠스쿠스 등 곡물가루로 만든 수많은 빵과 요리들은 비슷하게 닮아 있기도 하고 때론 전혀 다르기도 하다.

지중해 동쪽의 사람들은 B.C. 1만 년부터 강을 따라 보리와 밀을 경작했다.

---

* 불구르(bulghur) : 밀을 반쯤 삶아서 말렸다가 빻은 것이다.
* 쿠스쿠스(cous cous) : 으깬 밀로 만든 북아프리카 음식. 혹은 그 쿠스쿠스에
  고기와 채소를 넣은 요리를 말한다.

곡물의 역사

B.C. 3천년경 나일강에서 인더스강 유역까지 거의 대부분의 사람들은 비가 많이 온 후 침전한 진흙 위에 밀과 보리 등의 씨를 뿌렸다. 지표면뿐만 아니라 땅 밑의 관개 기술의 중요성을 인지하고 있었던 것이다. 중국에서는 다른 종류의 곡물을 사용했는데, 그 곡물이 멀리 인도, 아프리카 더 나아가 남유럽까지 확산되었다. 중세부터는 흑밀이라고도 부르는 메밀을 경작하기 시작하였다. 메밀은 악조건인 환경에도 저항력이 강해서 보리, 밀, 호밀이 자라지 않는 땅에도 경작이 가능했다.

호밀은 옛날부터 잡초처럼 취급받다가 기독교문명시대 초기, 서유럽에서 중요한 작물로 인식되어 경작되었다. 호밀과 엠머밀을 혼합하여 백성들에게 제공하였던 그리스·로마시대에는 등한시되었으나 트라키아(Traci), 마케도니아(Macedoni), 슬라브(Slavoni)에서 헬레니즘(ellenica) 시대에 이르러 사용되었던 듯하다. 그 후 중세에 향신료 빵을 만드는 북방민족들에 의해 재평가되었다.

5천 년 전부터 동아시아와 남아시아에서 광범위하게 재배되었던 쌀은 B.C. 5세기에 페르시아와 메소포타미아 지역에 소개되었고, 시칠리아 지역을 지나 유럽에 도입되었다.

반면 옥수수는 B.C. 10세기 초 멕시코, 페루 등에서 중요한 곡물로 여겨졌다. 마야문명에 관한 문서에는 다음과 같은 기록이 남아있다. "최초의 사람은 흙으로 빚어졌고 홍수에 의해 소멸되었다. 두 번째는 나무로 만들어졌고 폭우로 사라졌다. 다만 세 번째만이 살아 있다. 그것은 옥수수로 만든 것이다."

밀

밀은 고대 이집트부터 그리스, 로마까지 지중해 모든 문명에서 모든 곡물들 중 가장 중요한 것으로 여겨진 듯하다. 밀은 나일강신, 대지의 여신 데메테르, 풍작의 여신 케레스에게 풍작을 기원하기 위해 제물로 바쳐졌다.

밀은 어떤 토양과 기후 조건에도 쉽게 적응하기 때문에 다른 곡물들보다도 더 많이 경작되었으며 세계적으로 보편화되었다.

낟알은 보관이 용이하고 탄수화물 함유량이 높으며, 밀가루로 만든 제품들은 소화력이 좋다. 사용하고자 하는 밀가루의 종류에 따라 낟알을 다양하게 제분한다. 즉 밀알이라 부르는 낟알의 제분과정에 따라서 다양한 종류와 등급의 밀가루를 만들 수 있다.

다양한 파스티체리아 살라타 제품을 만들 때도 그 제품에 따라 가장 적합한 밀가루를 선택하여 사용하는 것이 맛있는 요리를 완성하는 성공비법이다.

오늘날 판매하는 밀가루는 밀알의 다양한 성분 함유량을 고려하여 많이 제분하기도 하고 덜 제분하기도 한다. 각 등급별 밀가루의 제분율은 다음과 같이 '00'은 50%, '0'은 72%, '1'은 80%, '2'는 85% 등으로 조절한 것이다.

반면 통밀로 만드는 통밀가루는 밀가루의 등급을 나누기 위하여 거치는 반복적인 파쇄와 체질과정 없이 첫 번째 제분과정만 거친 것이다. 통상적으로 밀은 듀럼밀과 보통밀로 분류하는데 보통밀은 깨지기 쉬운 낟알이며, 낟알을 쪼개어보면 하얀 내층이 보이고 가루 상태이다. 이 분말 상태가 빵과 디저트를 만드는 각각의 밀가루가 되는 것이다. 듀럼밀의 경우는 이탈리아 남부에서 주로 경작한다. 더 큰 입자로 분쇄되었고, 약간 호박색이다. 이것이 파스타 제조에 사용하는 세몰리나 가루이다. 카뮤(Kamut)는 현대 듀럼밀의 선조격이고, 비옥한 '초승달 지대(나일강과 티그리스강과 페르시아만을 연결하는 고대 농업 지대)'에서 수천 년 전에 발견되었다. 오랜 시간 인정받지 못하다가 오늘날 다시 그 가치를 인정받고 있으며 재평가되고 있다. 굉장히 큰 낟알인 만큼 20~40%의 단백질, 지질, 아미노산, 비타민, 미네랄 함유량이 높으며 소화력이 뛰어나다.

다른 곡물류

엠머밀(=emmer wheat)

지중해 지역에서 이용한 최초의 곡물이었으며, 고대 이집트의 수많은 무덤에서 발견되었다. 호메로스는 그의 책 『일리아드』에서 이 엠머밀을 황무지에서 경작하는 곡물로 언급한 바 있다. 로마인들은 하루의 끼니를 이 엠머밀로 해결했는데, 폴렌타 형태인 풀스(puls)를 만들기 위해 엠머밀을 사용했다. 남부 이탈리아에서는 B.C. 5세기부터 경작하기 시작했다. 이 지역에서 엠머밀이 병충해에 강하고 불모지나 쓸모없는 땅에서도 잘 자라는 작물이라는 것이 증명되었다. 그러나 현재 엠머밀은 경작하기 어려운 곡물 중 하나이다. 발육 마지막 단계에서 쉽게 쓰러져 수확에 문제가 있기 때문이다. 100m^2당 수확할 수 있는 수확물이 그리 많지 않다. 그러나 여전히 많은 이탈리아 현대 요리에서 엠머밀은 중요한 재료로 사용되고 있고 낮은 칼로리의 식이요법 재료로 이용된다.

메밀

최초로 경작이 시작된 것은 시베리아와 만주 지역인 것으로 추정되는데, 중국 전역으로 확산되어 터키를 통해 서양으로 전해졌다. 특히 발칸반도에 확산되어 메밀의 이름이 이탈리아어로 그라노 사라체노(grano saraceno)가 되었다.

그라노는 밀이란 뜻이고 사라체노는 그리스·로마 시대에 라틴 문화권 사람들이 시리아 초원의 유목민들을 사라체노, 사라센이라 불렀던 것에서 유래되었다. 원산지의 혹독한 추위를 견뎠음에도 불구하고 생육기간이 짧기 때문에 봄, 여름에 경작되어야 한다. 이탈리아 북부와 중앙 지역에서 경작하기에 적합하고 특히 산악지대에서 잘 자라며 발텔리나(Valtellina) 지역에서 많이 경작하고 있다. 전형적인 검은 밀가루인 메밀은 롬바르디아 지역 요리인 삐쪼케리, 쉬아뜨, 메밀가루로 끓인 뽈렌타의 기초 재료이며, 이 요리들은 수백 년 동안 롬바르디아 지역민들에게는 값진 영양물이었다. 일반적으로 밀과 비교하여 메밀은 글루텐과 단백질 함유량이 낮지만 전분 함유량은 훨씬 높다.

호밀

청동기시대부터 호밀을 재배하기 시작한 것으로 추정되며, 중앙유럽의 많은 사람들의 기본 영양물이었다. 호밀은 통밀의 형태로 많이 사용되지만, 밀가루와 섞어서 만드는 정성들인 지역 요리에서도 많이 볼 수 있다. 섬유질이 풍부하고 단백질과 인도 함유하고 있어 식이요법으로 사랑받는 재료이다.

귀리

북유럽에서 경작되는 식물로, 영양분이 풍부한 것으로 잘 알려져 있다. 곡물 중에서도 특히 단백질, 지방 함유량이 상당히 풍부하고 섬유질도 11% 함유되어 있다. 가볍게 흥분시키는 성분이 있으며 기운을 돋우게 하는 강장제 성분이 있어 회복기의 사람에게 도움이 된다. 뮤즐리 형태로 많이 먹지만, 귀리 자체의 특성을 잃지 않기 위해서 낱알 형태로 먹었다. 귀리가루는 오늘날 밀가루와 섞어서 비스킷과 살라테 같이 오븐에서 굽는 제품에 사용한다. 최근에는

---

* **삐쪼케리**(pizzoccheri) : 메밀가루로 만든 파스타
* **쉬아뜨**(sciat) : 메밀가루, 그라빠 등으로 만든 튀김류
* **뮤즐리**(muesli) : 곡류, 견과류, 말린 과일 등을 섞은 것으로 아침식사로 우유에 타 먹는 것이다.

밀가루는 빵, 그리고 일반적으로 오븐에서 조리하는 제품 제조의 기본 재료이다.

건강 측면에서 굵은 귀리를 낱알의 형태로 섭취한다. 적어도 12시간 동안 물에 불린 후 약 30분 동안 익힌다. 여름 샐러드 재료로 그리고 소스와 함께 리조또 재료로 최고이다.

보리

크게 두 가지 종류로 분류해 볼 수 있다. 소화되기 어려운 가장 바깥층 껍질을 제거한 보리와 쌀처럼 탈곡한 둥근 보리가 있다. 보리는 가루의 형태로 밀가루와 섞어서 빵과 살라테 제품 제조에 사용한다. 살짝 구운 낱알은 우유, 브로도(국물), 요구르트에 넣어 먹으면 아주 좋다. 또한 커피와 맥주 생산의 바탕이 되는 맥아의 원료임을 강조하지 않을 수 없다.

옥수수

오래전부터 안데스산맥과 멕시코에서 알려졌으며 콜럼버스에 의해 이탈리아에 도입되었다. 18세기 후반에 중요한 작물로 인식되어 상당한 규모로 재배되기 시작했고 가난한 사람들의 기본 영양물이 되었다. 옥수수는 하얀 옥수수와 노란 옥수수 두 가지 종류가 있는데 노란 옥수수가 더 많이 확산되었다. 오븐에서 굽는 제품들 중에는 옥수수가루를 재료로 하는 경우가 많으며 비스킷, 파스타 제품에 사용하면 최고의 맛을 선사하고 소화도 잘 된다. 옥수수가 뽈렌타(옥수수가루로 만드는 죽의 형태)의 재료라는 것은 말할 것도 없다.

le mani
in pasta
반죽

밀가루, 소금에 대해 이야기했으니 이제 맛있는 스낵 살라티를 만들기 위해 재료들을 손으로, 혹은 기계로 반죽하는 과정을 기술하고자 한다.

탁월한 제품을 만들기 위해서는 최고의 재료도 중요하지만 그 재료를 손으로 반죽할 때의 강도 또한 굉장히 중요하다. 물론 믹서, 절단기, 크루아상 만드는 기계, 발효기, 자동으로 통풍을 조절하는 오븐 기계 등이 있다면 맛있고 바삭한 살라티니를 만들 수 있을 것이다.

효모의 종류

맥주 효모

일반적으로 압착효모와 건조효모라는 두 가지 종류의 효모가 있다. 압착효모의 경우 500g의 빵을 만들 때 1~4℃ 냉장고에 저장해 둔 25g의 압착효모를 사용한다. 반면에 건조효모의 경우, 진공포장되어 있기 때문에 특별히 저장온도가 요구되지 않는다.

또한 세 번째 유형의 효모는 사카로미세스 세레비시아의 자연효모로 '어미 반죽'이라고도 부른다. 맥주효모처럼 다른 잡균이 들어가지 않은 순수 배양효모가 아닌, 유산 박테리아를 특히 많이 함유한 수많은 미생물로 구성된 마이크로플로라의 일종이다.

이 효모는 발효과정을 촉진시키는 기본 요소인 밀가루와 물을 섞은 반죽으로 만들어진다. 장시간 숙성시키면 아래와 같이 빵 반죽을 부풀리는 데 이용할 수 있는 새로운 상태가 된다.

비가(biga)

비가는 밀가루, 물, 효모를 각기 다른 비율로 혼합하여 14~48시간 동안 발효시킨, 건조한 상태의 반죽이다. 비가에 사용하는 밀가루는 알베오그래프 강도(W) 300이하이면 안 되고, 저항성과 신장성(P/L)이 0.50~0.60이어야 한다.

재료 밀가루 1kg(강력분 400g+중력분 600g 또는
　　　　W320 P/L0.50), 물 440g, 효모 10g

* 위 재료는 기본 비가이며, 각 빵의 재료 및 특성 등을 고려하여 변형하여 사용하기도 한다.

믹싱 모든 재료를 투입하고 균질하게 섞는다.
믹싱시간 (스파이럴 믹서) 저속 3분
　　　　　(플런저 믹서) 저속 4분
　　　　　(포크 믹서) 저속 5분

최종 반죽온도 17~20℃
발효 실온(26℃)에서 18~20시간

16~18℃에서 발효시킬 때는 24시간을 넘으면 안 된다. 48시간 발효시킬 때는 처음 24시간은 4℃에, 그 다음 24시간은 18℃에 발효온도를 맞춰야 한다.

풀리시(poolish)

비가와 다르게 풀리시는 물, 밀가루, 효모로 만드는 액체 상태의 반죽이다. 효모의 양은 발효시간에 비례해서 조절해야 한다.

재료 밀가루 1kg(중력분 500g+박력분 500g 또는
　　　　W260 P/L0.55), 물 1kg, 효모 30g

* 위 재료는 기본 풀리시이며, 각 빵의 재료 및 특성 등을 고려하여 변형해 사용하기도 한다.

믹싱 물에 효모를 녹인 후 밀가루와 혼합한다. 밀가루가 덩어리지지 않도록 고속으로 믹싱한다.

최종 반죽온도 20℃
발효 실온(25℃)에서 2시간 혹은 5℃ 냉장고에서 12시간 효모 양은 발효시간에 따라 달라진다. (실온발효 기준)

　　4~5시간 1.5%
　　6~7시간 1%
　　8~9시간 0.5%
　　10~12시간 0.3%
　　13~14시간 0.2%
　　15~16시간 0.1%

풀리시의 최종 온도는 23~25℃이다. 실온발효 시에는 16~22℃로 다양하게 할 수 있기 때문에 효모의 양과 시간을 조절한다.

풀리시(같은 양의 밀가루와 물, 압착효모로 만드는 매우 묽은 액체 상태의 선반죽) 준비과정

기본반죽

이탈리아 전통 스낵 살라티는 역사적, 환경적 요소를 포함하여 복합적으로 정의할 수 있는데, 오늘날에는 지역에 대한 이해가 필수적이다. 보통 정통 파스타는 이탈리아 반도의 요리법으로 알려져 있다. 그런데 이 요리법은 오랜 세월 동안 수많은 셰프의 손을 거쳐 수정되고 변형되어 온 것이다.

지금도 많은 훌륭한 새로운 제품들이 개발된다. 그러나 어떤 경우라도 피할 수 없는 것은 바로 기초 요소인 기본 반죽으로부터의 시작이다. 요리사는 맨 처음, 이에 대한 이해로부터 시작하여 무수한 새로운 제품들을 생산한다.

브리제 반죽(pasta brisee)

재료 밀가루 1kg(박력분 1kg 또는 W220)

　　　 버터 500g, 우유 200g

　　　 달걀 노른자 2개 분량

　　　 소금 20g, 설탕 60g

믹싱 ① 믹서에 체 친 밀가루, 버터를 넣고 파슬파슬하게 만든다.

　　　 ② 계속해서 1단에서 믹싱하면서 우유에 달걀 노른자를 풀고 설탕과 소금을 녹여서 넣는다.

　　　 ③ 가볍게 한 덩어리로 만든 다음 비닐에 싸서 냉장 휴지시킨 후 사용한다.

217

위 : 파스타 스폴리아, 브리제와 같은 많은 기본반죽의 버터 으깨기 과정
오른쪽 페이지 : 스파이럴 믹서

짤츠스탕(Salz-stangen)

재료 밀가루 1kg(강력분 400g+중력분 600g 또는 W320
P/L 0.55), 효모 35g, 우유 500g, 소금 25g, 설탕 20g,
페이스트리용 버터 250g(반죽 1kg당)

믹싱시간 스파이럴 믹서 : 저속 5분 → 중속 5분

　　　　플런저 믹서 : 저속 6분 → 중속 6분

믹싱 ① 밀가루, 효모, 우유를 넣는다.

　　② 글루텐이 생성되면 소금, 설탕을 단계적으로 넣는다.

　　③ 글루텐이 발전되어 반죽이 탄력 있고 윤이 나면 완
료한다. (최종 반죽온도 : 25℃)

휴지 실온(26℃)에서 30분 휴지시킨 후 4℃ 냉장고에 60
분간 둔다. 혹은 4℃ 냉장고에 12시간 동안 둔다.
(표면이 마르지 않도록 비닐을 덮는다)

버터 충전 반죽을 밀어 펴서 반죽 1kg당 페이스트리용 버터
250g씩을 넣는다.

밀어 펴기 및 접기 밀어 편 후 3절접기를 3번 한다. 접기 후
매번 15분씩 휴지시킨다.

정형 ① 반죽을 2~3mm 두께로 민다.

　　② 크루아상 커터기로 전형적인 크루아상 삼각형 모
양으로 자른다.

　　③ 돌돌 말아 올린 후 끝부분은 구부리지 않는다.

팬닝 팬 1개당 10개씩 놓고 달걀물(분량 외)을 바른다.

발효 25℃, 습도 70%, 약 80~90분

굽기 달걀물을 다시 한 번 바르고 200℃ 오븐에서 약 15
분간 굽는다.

크루아상 살라토(Croissant salato)

재료 밀가루 1kg (강력분 200g+중력분 800g
또는 W300 P/L 0.55) , 효모 40g, 분유 20g,
물 500g, 소금 20g, 버터 50g, 설탕 40g,
페이스트리용 버터 250g(반죽 1kg당)

믹싱시간 스파이럴 믹서 : 저속 3분 → 중속 6분

　　　　플런저 믹서 : 저속 4분 → 중속 7분

믹싱 ① 밀가루, 효모, 분유(물에 녹여 사용), 물을 넣는다.

　　② 글루텐이 생성되면 소금, 버터를 단계적으로 넣고
계속해서 설탕을 넣는다.

　　③ 글루텐이 발전되어 반죽이 탄력 있고 윤이 나면 완
료한다. (베이스 온도 : 54℃)

* 베이스 온도 = 작업장 온도 + 밀가루 온도 + 물 온도

휴지 실온(25~26℃)에서 60분 휴지시킨 후, 밀어 펴서 5℃
냉장고에 60분간 둔다. 혹은 5℃ 냉장고에 12시간 동
안 둔다.

버터 충전 반죽을 밀어 펴서 반죽 1kg당 페이스트리용 버터 250g씩을 넣는다.

밀어 펴기 및 접기 밀어 편 후 3절접기를 2번 한다.

휴지 5℃, 최소한 30분 (표면이 마르지 않도록 비닐을 덮는다)

밀어 펴기 및 접기 한 번 더 밀어 편 후 3절접기를 한다.

휴지 5℃, 약 45분

정형 ① 반죽을 3mm 두께로 민다.

　　　② 크루아상 커터기를 사용해 전형적인 크루아상 삼각형 모양으로 자른다.

　　　③ 돌돌 말아 올린 후 끝부분은 구부리지 않는다.

팬닝 팬 1개당 10개씩 놓고 달걀물(분량 외)을 바른다.

발효 25~26℃, 습도 70%, 약 100~120분

굽기 달걀물을 다시 한 번 바르고 210℃ 오븐에서 약 15~16분간 굽는다.

수제 조리법

● 전통적인 반죽(pasta classica)

재료 밀가루 400g, 달걀 4개, 소금 약간

믹싱 ① 체 친 밀가루와 약간의 소금을 작업대 위에 뿌리고 중앙에 홈을 만든다.

② 달걀을 풀어서 붓는다.

③ 약 15분간 반죽하여 매끄럽고 탄력 있게 되면 완료한다.

휴지 냉장고, 약 30분 (표면이 마르지 않도록 비닐을 덮는다)

정형 밀대로 밀어 편 후 원하는 모양으로 만든다.

● 전통적인 스폴리아타 반죽(pasta sfogliata classica)

재료 버터 250g, 밀가루 250g, 달걀 흰자 1개 분량, 물 150㎖, 소금 2g

믹싱 ① 버터, 체 친 밀가루 90g, 달걀 흰자를 작업대 위에서 섞는다.

② 남은 밀가루 160g을 작업대 위에 뿌리고 중앙에 홈을 만들어 차가운 물에 소금을 용해시킨 후 3번에 나누어 넣으면서 가볍게 섞는다.

③ 균질하게 혼합되면 반죽을 완료한다.

휴지 냉장고에 약 20분간 둔다. (표면이 마르지 않도록 비닐을 덮는다)

버터 충전 ① 작업대 위에서 반죽을 편 후 약 2㎝ 두께의 정사각형으로 만든다.

② 넓이는 약 10㎝로 한다.

③ 반죽 중앙에 버터를 놓고 포대 모양으로 만든다.

휴지 눌러준 후 냉장고에 약 30분간 둔다.

밀어 펴기 및 접기

① 한 번 밀어 편 후 3절접기를 하고 냉장고에 15분간 둔다.

② 냉장고에서 꺼내서 정사각형으로 만들되 전의 크기보다 더 크게 밀대로 민다.

③ 버터가 균일하게 겹겹이 쌓이도록 포대 모양으로 만든다.

밀어 펴기 및 접기

① 두 번째로 밀어 편 후 3절접기를 해서 냉장고에 15분간 둔다.

② 냉장고에서 꺼내 정사각형으로 만들되 전의 크기보다 더 크게 밀대로 민다.

③ 버터가 균일하게 겹겹이 쌓이도록 포대 모양으로 만든다.

밀어 펴기 및 접기

① 버터가 반죽에 흡수되지 않으면, 이 작업을 적어도 한 번 더 한다.

② 버터가 모두 흡수되면 반죽이 완성된 것이다.

● 전통적인 브리제 반죽(Pasta Brisee Classica)

재료 밀가루 250g, 버터 150g, 물 50g, 소금 4g

믹싱 ① 체 친 밀가루를 작업대 위에 놓고 그 위에 버터를 얹어 스크레이퍼로 잘게 부순다.

② 차가운 물 50g에 소금을 용해시킨 후 ①에 홈을 만들어 3번에 나누어 넣으면서 가볍게 한 덩어리로 만든다.

③ 반죽의 되기를 보면서 물을 조금씩 더 넣는다.

휴지 냉장고에 30분간 둔다. (표면이 마르지 않도록 비닐을 덮는다)

반죽 치대기 밀가루(분량 외)를 뿌린 작업대 위에서 냉장휴지를 마친 반죽을 재빠르게 2~3회 치댄다.

정형 ① 적당한 두께로 민다.

② 원하는 모양과 크기로 자른다.

③ 반죽을 뾰족한 것으로 찔러서 구멍을 낸 다음에 속을 채우는 재료를 올린다.

둥글게 말아 올린
원기둥 모양 빵(pane arrotolato)과
치아바따(ciabatta) 자동 정형기계

브리오슈 살라타(Brioche Salata)

재료 밀가루 1kg (강력분 200g+중력분 800g
또는 W300 P/L0.55), 물 500g,
효모 35g, 소금 20g, 설탕 40g,
달걀노른자 4개 분량,
페이스트리용 버터 400g

믹싱시간 스파이럴 믹서 : 저속 3분 → 중속 6분
플런저 믹서 : 저속 4분 → 중속 7분

믹싱 ① 밀가루, 물, 효모를 넣는다.
② 글루텐이 생성되면 소금, 설탕, 달걀 노른자를 단계
적으로 넣는다.
③ 글루텐이 발전되어 반죽이 탄력 있고 윤이 나면 완
료한다. (최종 반죽온도 : 25℃)

휴지 26℃, 60분 실온휴지 후 반죽을 밀어 펴서 5℃ 냉장
고에 약 60분간 둔다. 혹은 5℃ 냉장고에 최소한 12시
간 동안 둔다. (표면이 마르지 않도록 비닐을 덮는다)

버터 충전 반죽을 밀어 펴서 페이스트리용 버터를 넣는다.

밀어 펴기 및 접기 밀어 편 후 3절접기를 2번 한다.

휴지 5℃, 최소한 30분

밀어 펴기 및 접기 한 번 더 밀어 편 후 3절접기를 한다.

휴지 5℃, 약 60분

정형 반죽을 3mm 두께로 민 후, 크루아상 커터기로 자르
고 정형한다.

팬닝 팬 1개당 10개씩 놓고 달걀물(분량 외)을 바른다.

발효 25℃, 습도 70%, 100~120분

굽기 다시 한 번 달걀물을 바르고, 210℃ 오븐에서 약
15~16분간 굽는다.

나비 모양 정형 과정

크루아상 정형 과정

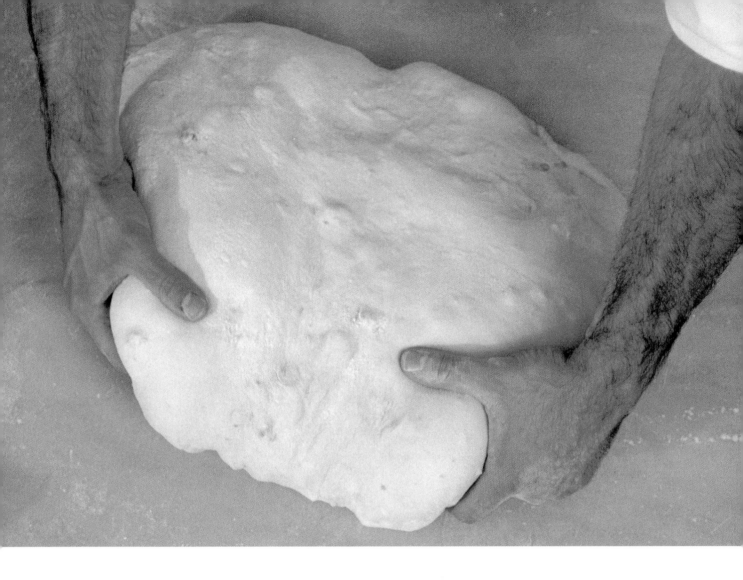

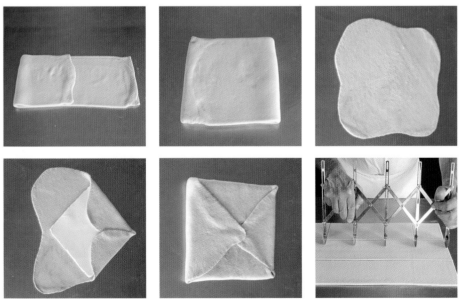

스폴리아투레(sfogliature)에 유지재료를 넣는 법

스폴리아타 반죽(Pasta Lievitata Sfogliata)

* 통밀가루 대체 사용 : 밀가루 300g을 통밀가루 300g으로 대체해도 된다.

재료 밀가루 1kg (강력분 200g+중력분 800g
　　　또는 W300 P/L 0.55), 물 500g,
　　　효모 40g, 달걀 1개, 소금 20g,
　　　설탕 20g, 버터 50g,
　　　페이스트리용 버터 혹은 마가린 250g(반죽 1kg당)

믹싱시간 스파이럴 믹서 : 저속 4분 → 중속 5분
　　　　　플런저 믹서 : 저속 5분 → 중속 5분

믹싱 ① 밀가루, 물, 효모, 달걀을 넣는다.

　　　② 글루텐이 생성되면 소금, 설탕, 부드러운 버터를 단계적으로 넣는다.

③ 글루텐이 발전되어 반죽이 탄력 있고 윤이 나면 완료한다. (최종 반죽온도 : 25℃)

휴지 실온(26℃)에서 35~40분, 혹은 4℃ 냉장고에 12시간 동안 둔다. (표면이 마르지 않도록 비닐을 덮는다)

버터 충전 반죽을 밀어 펴서 반죽 1kg당 페이스트리용 버터 250g씩을 넣는다.

밀어 펴기 및 접기 밀어 편 후 3절접기를 2번 한다.

휴지 4℃ 냉장고, 약 30~40분

밀어 펴기 및 접기 한 번 더 밀어 편 후 3절접기를 한다.

정형 만들고자 하는 제품의 유형에 적합한 두께로 밀어 펴서 사용한다.

팬닝 팬 1개당 10개씩 놓고 달걀물(분량 외)을 바른다.

발효 27~28℃, 습도 70%, 50~60분

굽기 다시 한 번 달걀물을 바르고, 가볍게 스팀을 준 후 200℃ 오븐에서 굽는다.

관련 용어

아쁘레또(appretto)

정형 후 발효 과정을 거쳐 오븐에서 굽기까지의 마지막 공정이다.

둥글리기

발효 시 발생하는 가스의 효율적인 축적과 성형 시 반죽 표면을 매끄럽게 만들기 위해 반죽 덩어리를 둥근 형태로 만드는 공정이다.

비가(Biga)

밀가루, 물, 효모로 반죽하여 16~48시간 동안 발효시킨, 반죽 상태가 건조한 선반죽이다.

롤러 도커

페이스트리에 작은 구멍을 내기 위해 이용하는 톱니 모양의 롤러이다.

발효기

이미 모양을 만든 반죽을 원하는 숙성 상태나 부피로 부풀게 하는 기계로, 반죽의 숙성에 적합하도록 내부의 온도와 습도를 조절한다.

이음매 봉하기

정형한 반죽 덩어리의 마지막 부분의 이음매를 봉하는 공정이다.

광택제 바르기(달걀물 칠)

제품에 광을 내기 위해 달걀 1개, 우유 10g, 약간의 소금 혹은 설탕을 섞은 혼합물을 붓으로 바르는 작업이다.

강도, 저항성, 신장성 (W, P, L)

W : 빵을 만들 수 있는 기능. 즉, 밀가루의 강도
P : 반죽을 잡아 늘일 때 늘어나지 않으려는 저항성(탄성)
L : 반죽의 신장성

발효작용

밀가루와 맥아에 존재하는 전분당화효소인 베타-아밀라아제의 가수분해와 효모에 존재하는 말타아제의 가수분해 그리고 치마아제의 산화작용으로 당분이 알코올과 이산화탄소로 변화되는 현상이다.

정형

반죽 덩어리를 원하는 모양으로 만드는 공정이다.

데크오븐

이 오븐은 평평한 공간이 단으로 쌓여져 있다. 보통은 3단 혹은 4단으로 구성되어 있다. 일반적으로는 제품을 오븐 내부의 평평한 바닥, 즉 구움대에 직접 올려서 굽는다.

혹은 팬 위에 제품을 넣어 굽기도 한다. 굽는 공간 내부는 구움대의 열전도에 의해 열이 발산된다. 따뜻한 공기와 수증기로 구워지며 때로는 측면과 위쪽으로부터도 열이 발산된다. 제품을 오븐에 넣으면 초기에 빠르게 크기가 커진다. 그런 다음 제품 겉에 착색이 일어나고 제품의 속은 맛과 풍미가 더해진다.

압착효모
일반적으로 사카로미세스 세레비시아를 순수 배양하여 압착해서 만든 맥주효모이다.

풀리시(Poolish)
밀가루, 물 동량과 압착효모로 반죽한 매우 습한 액체 상태의 선반죽이다. 효모의 양은 발효시간과 실온의 온도에 따라 다양하게 조절하여 넣는다.

뿐타레(Puntare)
뿐타투라(puntatura). 믹싱 후 반죽을 분할하기 전까지의 발효 과정이다.

스폴리아레(Sfogliare)
페이스트리 반죽의 밀어 펴기 및 접기 공정. 필요에 의해 늘이거나 펴고 페이스트리용 유지를 내부에 넣은 반죽의 두께를 얇게 하는 작업이다. 이 작업은 만들고자 하는 제품에 따라 여러 번 실행할 수도 있다.

공기순환 밸브
굽는 동안 공기순환 밸브로 오븐의 통풍구를 열고 닫아 수증기를 조절한다. 처음에 수증기를 필요로 하지 않는 제품의 경우 오븐에 넣을 때 통풍구멍을 연다.

수증기
거의 모든 유형의 빵은 오븐에서 구울 때 수증기가 필요하다. 수증기는 빵이 바삭해지는 것을 둔화시킨다. 그리고 껍질의 두께가 형성되는 시간을 늦춘다. 겉은 약간 바삭바삭하고 윤이 나며 속은 더 부드럽게 한다.

i prodotti
sfogliati 스폴리아토

이 장에서는 부드럽고 향기로운 스폴리아토 제품들을 소개한다. 부드러운 크루아상에서 매혹적인 브리오슈, 풍미가 좋은 스폴리아티 빠니니에서 묘한 풍미를 지닌 속을 채운 짤츠스탕에 이르기까지, 아침 혹은 오후에 간단하게 먹을 수 있는 간식용 레시피와 점심 혹은 저녁 식사에 식욕을 돋우는 역할을 하는 매력적인 레시피들을 만나볼 수 있다.

〈추천 와인〉

Lessini Durello Spumante Brut I Prandi
레씨니 두렐로 스뿌만테 브루트 이 쁘란디
(제조사 : Marcato 마르카토)

Prosecco di Valdobbiadene Superiore di Cartizze Dry
쁘로세꼬 디 발도비아데네 수뻬리오레 디 카르티쩨 드라이
(제조사 : Masottina 마조띠나)

Soave Brut
소아베 브루트
(제조사 : Balestri Valda 발레스트리 발다)

Colli Piecentini Malvasia Supumante Brut
콜리 삐에첸티니 말바지아 스뿌만테 브루트
(제조사 : Cantina di Vicobarone 칸티나 디 비코바로네)

Vespaiolo Spumante Extra Dry
베스빠이올로 스뿌만테 엑스트라 드라이
(제조사 : Cantina Beato Bartolomeo da Breganza 칸티나 베아토 바르톨로메오 다 브레간자)

볶은 밀기울 브리오슈 살라타

Brioche salata con crusca tostata

재료

밀가루 960g(강력분 192g+중력분 768g
　　　또는 W300 P/L0.55)
볶은 밀기울 40g, 물 500g, 효모 35g,
소금 20g, 설탕 40g, 달걀노른자 4개 분량,
페이스트리용 버터 400g

믹싱시간

스파이럴 믹서 : 저속 3분 → 중속 6분
플런저 믹서 : 저속 4분 → 중속 7분

만드는 방법

믹싱　① 밀가루, 볶은 밀기울, 물, 효모를 넣는다.

　　　② 글루텐이 생성되면 소금, 설탕, 달걀노른자를 단계적으로 넣는다.

　　　③ 글루텐이 발전되어 반죽이 탄력 있고 윤이 나면 완료한다.

　　　　（최종 반죽온도 : 25℃）

휴지　실온(26℃)에서 60분간 휴지시킨 후 반죽을 밀어 펴서 5℃ 냉장고에
　　　약 60분간 둔다. 혹은 5℃ 냉장고에 최소한 12시간 넣어둔다.

　　　（표면이 마르지 않도록 비닐을 덮는다）

버터 충전　반죽을 밀어 펴서 페이스트리용 버터를 넣는다.

밀어 펴기 및 접기　밀어 편 후 3절접기를 2번 한다.

휴지　5℃, 최소 30분

밀어 펴기 및 접기　한 번 더 밀어 편 후 3절접기를 한다.

휴지　5℃, 약 60분

정형　반죽을 3*mm* 두께로 밀어 편 후, 크루아상 커터기로 자르고 정형한다.

팬닝　팬 1개당 10개씩 놓고 달걀물(분량 외)을 바른다.

발효　25℃, 습도 70%, 100~120분

굽기　달걀물을 한 번 더 바르고, 210℃ 오븐에서 약 15~16분간 굽는다.

밀기울 *La crusca*

밀기울은 곡물의 낱알을 감싸고 있는 껍질 즉, 외피 부분이다. 섬유질이 풍부할 뿐만 아니라 사람의 신체 구성 성분과 체내 생리 작용을 조절하고 대사를 원활하게 하는 중요한 영양소를 많이 함유하고 있다. 만약 포만감을 느끼는 때라면 영양분의 가치가 다소 제한적일 수 있다. 밀기울은 요리뿐만 아니라 미용에도 사용된다.

밀기울은 어떻게 만들어지는 것일까? 간단히 말하면, 제분을 통해서 얻어지는 것으로 제분 시에 제거되는 낱알의 외피 부분인 것이다. 낱알은 제분 과정에서 외피에 함유된 비타민, 단백질, 불포화지방산, 섬유질과 같은 풍부한 영양분이 제거되고 전분 성분만 유일하게 남게 되는데, 그 제거된 외피 부분이 밀기울인 것이다.

밀기울은 고대에는 많이 섭취했지만 현대에는 섬유질의 귀중한 원천으로 생각하기보다는 버리는 것이라고 생각하는 경향이 있다. 그러나 하루에 20~30g 정도의 밀기울을 먹는 것이 좋다. 통밀로 만든 파스타, 빵, 비스킷을 먹거나, 아니면 볶은 밀기울을 반죽에 넣은 브리오슈 살라타(brioche salata)를 먹는다면 자연스럽게 섭취할 수 있을 것이다.

초피 크루아상
Croissant al pepe Sichuan

재료

밀가루 1kg(강력분 200g+중력분 800g
또는 W300 P/L0.55)
물 500g, 생크림 100g, 효모 40g,
소금 25g, 설탕 40g, 초피가루 10g,
페이스트리용 버터 600g

믹싱시간

스파이럴 믹서 : 저속 3분 → 중속 6분
플런저 믹서 : 저속 4분 → 중속 7분

베이스 온도

작업장 온도 + 밀가루 온도 + 물 온도

만드는 방법

믹싱
① 밀가루, 물, 생크림, 효모를 넣는다.
② 글루텐이 생성되면 소금, 설탕을 단계적으로 넣는다.
③ 글루텐이 발전되어 반죽이 탄력 있고 윤이 나면 초피가루를 넣은 후 균일하게 잘 섞이면 완료한다. (베이스 온도 : 54℃)

휴지
실온(26℃)에서 60분간 휴지시킨 후 반죽을 밀어 펴서 5℃ 냉장고에 약 60분간 둔다. 혹은 5℃ 냉장고에 최소한 12시간 넣어 둔다.
(표면이 마르지 않도록 비닐을 덮는다)

버터 충전 반죽을 밀어 펴서 페이스트리용 버터를 넣는다.

밀어 펴기 및 접기 밀어 편 후 3절접기를 2번 한다.

휴지 5℃, 최소한 30분

밀어 펴기 및 접기 한 번 더 밀어 편 후 3절접기를 한다.

휴지 5℃, 약 60분

정형 반죽을 3mm 두께로 밀어 편 후, 크루아상 커터기로 자르고 정형한다.

팬닝 팬 1개당 10개씩 놓고 달걀물(분량 외)을 바른다.

발효 25℃, 습도 70%, 100~120분

굽기 달걀물을 한 번 더 바르고, 210℃ 오븐에서 약 15~16분간 굽는다.

초피 *Il pepe di Sichun*

쓰촨(Sichun)후추, 즉 초피는 일반적인 후추와 다르다. 굉장히 독특하고 상쾌하며 시원한 향이 입 안 가득 돌게 한다. 이 후추는 후춧과에 속하지 않고, 운향과에 속하며 '후추나무'라고 불리는 물푸레나무의 열매이다. 쓰촨(Sichun)이라는 이름은 원산지인 중국 쓰촨 지역에서 파생되었는데, 쓰촨 지역 요리에 많이 사용하며 중국 전역으로 퍼져나갔다. 이 향신료는 스타아니스, 회향, 정향, 계피와 함께 중국 요리에 많이 사용하는 5향 향신료 중 하나로, 잎은 말리고 분쇄해서 이용한다. 분쇄된 가루는 소화를 돕는데 일본에서는 구이 요리에 향을 주기 위해 많이 사용한다.

열매는 작고 붉으며 주름이 있고 길이는 약 4~5mm 정도이다. 열매는 포도송이처럼 송이로 열리고 한 번 배양하면 그 줄기가 계속 유지된다. 황적색의 열매 껍질이 익으면 스타아니스(팔각)처럼 열리면서 쑵쓰레한 검은 씨들이 나와서 '아니스 후추'라고 부르기도 한다. 껍질을 말려서 분쇄하면 레몬향이 나는 자극적인 맛의 가루가 되고, 낱알을 구우면 후추처럼 변한다.

타임·레몬 크루아상

Croissant con timo e limone

재료

밀가루 1kg(강력분 200g+중력분 800g
또는 W300 P/L0.55)
효모 40g, 물 520g, 분유 20g,
버터 50g, 소금 20g, 설탕 40g,
레몬껍질 50g, 타임 10g,
페이스트리용 버터 250g(반죽 1kg당)

믹싱시간

스파이럴 믹서 : 저속 3분 → 중속 6분
플런저 믹서 : 저속 4분 → 중속 7분

만드는 방법

전처리 레몬 껍질은 껍질 안쪽의 흰 부분을 제거한 후 길게 썰어
끓는 물에 데치고 체에 걸러 물기를 제거한 후 식힌다.
타임은 다진다.

믹싱 ① 밀가루, 효모, 물, 분유(물에 녹여 사용)를 넣는다.
② 글루텐이 생성되면 버터, 소금, 설탕을 단계적으로 넣는다.
③ 글루텐이 발전되어 반죽이 탄력 있고 윤이 나면 레몬 껍질,
타임을 넣은 후 균일하게 잘 섞이면 완료한다. (베이스 온도 : 54℃)

휴지 실온(25~26℃)에서 60분간 휴지시킨 후 반죽을 밀어 펴서
5℃ 냉장고에 60분간 둔다. 혹은 5℃ 냉장고에 최소한 12시간 둔다.
(표면이 마르지 않도록 비닐을 덮어 둔다)

버터 충전 반죽을 밀어 펴서 반죽 1kg당 페이스트리용 버터 250g씩을 넣는다.

밀어 펴기 및 접기 밀어 편 후 3절접기를 2번 한다.

휴지 5℃, 최소한 30분

밀어 펴기 및 접기 한 번 더 밀어 편 후 3절접기를 한다.

휴지 5℃, 약 45분

정형 반죽을 3mm 두께로 밀어 편 후, 크루아상 커터기로 자르고 정형한다.

팬닝 팬 1개당 10개씩 놓고 달걀물(분량 외)을 바른다.

발효 25~26℃, 습도 70%, 100~120분

굽기 다시 한 번 달걀물을 바르고, 210℃ 오븐에서 약 15~16분간 굽는다.

염장 황새치 *Spada marinato*

재료(8인 기준)

황새치 500g, 사탕수수 50g, 회향 1다발, 오렌지(즙만 사용) 1개, 레몬(즙만 사용) 1개,
엑스트라버진 올리브오일 약간, 굵은 바닷소금 50g, 통후추 1g

만드는 방법

1 황새치를 소금, 통후추, 사탕수수에 24시간 재운다. 간이 잘 배도록 앞뒤를 뒤집어준다.
2 황새치를 씻어 말린 후 올리브오일, 회향, 오렌지즙, 레몬즙을 뿌려둔다.
3 황새치를 얇게 썬 후 크루아상 속에 채운다.

그라나 빠다노·후추 크루아상
Croissant al Grana Padano e pepe

재료

밀가루 1kg(강력분 200g+중력분 800g
　　　　또는 W300 P/L0.55)
효모 40g, 물 520g, 분유 20g, 버터 50g,
소금 20g, 설탕 40g, 흑후춧가루 10g,
그라나 빠다노 치즈가루 150g,
페이스트리용 버터 250g(반죽 1kg당)

믹싱시간

스파이럴 믹서 : 저속 3분 → 중속 6분
플런저 믹서 : 저속 4분 → 중속 7분

만드는 방법

믹싱　① 밀가루, 효모, 물, 분유(물에 녹여 사용)를 넣는다.
　　　　② 글루텐이 생성되면 버터, 소금, 설탕, 흑후춧가루를 단계적으로 넣는다.
　　　　③ 글루텐이 발전되어 반죽이 탄력 있고 윤이 나면 치즈가루를 넣은 후
　　　　　균일하게 잘 섞이면 완료한다. (베이스 온도 : 54℃)

휴지　실온(25~26℃)에서 60분간 휴지시킨 후 반죽을 밀어 펴서 5℃
　　　　냉장고에 약 60분간 둔다. 혹은 5℃ 냉장고에 최소한 12시간 둔다.
　　　　(표면이 마르지 않도록 비닐을 덮는다)

버터 충전　반죽을 밀어 펴서 반죽 1kg당 페이스트리용 버터 250g씩을 넣는다.

밀어 펴기 및 접기　밀어 편 후 3절접기를 2번 한다.

휴지　5℃, 최소한 30분

밀어 펴기 및 접기　한 번 더 밀어 편 후 3절접기를 한다.

휴지　5℃, 약 45분

정형　반죽을 3mm 두께로 밀어 편 후, 크루아상 커터기로 자르고 정형한다.

팬닝　팬 1개당 10개씩 놓고 달걀물(분량 외)을 바른다.

발효　25~26℃, 습도 70%, 100~120분

굽기　다시 한 번 달걀물을 바르고, 210℃ 오븐에서 약 15~16분간 굽는다.

그라나 빠다노 *Il Grana Padano*

그라나 빠다노 치즈는 전 세계에 판매되는 *DOP 인증 치즈로 이탈리아 낙농산업 분야에서 굉장히 권위 있는 제품이다. 그라나 빠다노는 천 년경 시토 수도회의 수도사님들이 롬바르디아 지역에서 쓸모없는 땅을 대규모로 개간하여 새로운 사업을 추진하면서 확산되기 시작된 것으로 보인다. 처음에는 알갱이라는 뜻의 그라나(grana)라고 불렸으며, 12세기경 포(Po), 티치노(Ticino), 아다(Adda)강 지역에 확산되었다. 20세기 초의 그라나 제품은 다른 종류의 치즈와 비교하여 차별화된 치즈 생산에 그 목적을 두었는데, 이는 낙농 장소와 관련이 있었다. 1930년대부터 축적된 과학기술 노하우뿐만 아니라 전문화된 기술로 오늘날 전세계 식탁 위에서 인정받고 있으며, 맛이 일정한 치즈 제품을 생산한다.

하루 두 번 착유한 후 크림의 일부를 걷어낸 다음, 유산 박테리아의 자연 배양으로 만들어진 유장을 첨가하는 것이 그라나 빠다노 치즈의 제조 방식이다. 그라나 빠다노는 지방 함유량이 낮고 구멍이 없어 속이 꽉 차 있으며 알갱이가 씹힌다. 향이 강하지만 맵거나 자극적이지 않다. 겉은 두껍고 딱딱하며 매끄럽고 담황색이다. 품질을 보증하는 마크가 찍혀있으며, 무게는 35~40kg으로 다양하다.

* DOP(Denominazione di Origine Protetta) : 유럽연합법에 의해 보호받는 생산지 표시제도

홍후추 크루아상

Croissant al pepe rosa

재료

밀가루 1kg(강력분 200g+중력분 800g
또는 W300 P/L0.55)
물 300g, 토마토 퓌레 200g,
효모 40g, 소금 25g, 설탕 40g,
리코따 150g, 홍후춧가루 20g,
페이스트리용 버터 600g

믹싱시간

스파이럴 믹서 : 저속 3분 → 중속 6분
플런저 믹서 : 저속 4분 → 중속 7분

만드는 방법

믹싱
① 밀가루, 물, 토마토 퓌레, 효모를 넣는다.
② 글루텐이 생성되면 소금, 설탕, 리코따를 단계적으로 넣는다.
③ 글루텐이 발전되어 반죽이 탄력 있고 윤이 나면 홍후춧가루를 넣은 후 균일하게 잘 섞이면 완료한다. (베이스 온도 : 54℃)

휴지
실온(26℃)에서 60분간 휴지시킨 후 반죽을 밀어 펴서 5℃ 냉장고에 60분간 둔다. 혹은 5℃ 냉장고에 최소한 12시간 동안 둔다.
(표면이 마르지 않도록 비닐을 덮는다)

버터 충전 반죽을 밀어 펴서 페이스트리용 버터를 넣는다.

밀어 펴기 및 접기 밀어 편 후 3절접기를 2번 한다.

휴지 5℃, 최소한 30분

밀어 펴기 및 접기 한 번 더 밀어 편 후 3절접기를 한다.

휴지 5℃, 약 60분

정형 반죽을 3mm 두께로 밀어 편 후, 크루아상 커터기로 자르고 정형한다.

팬닝 팬 1개당 10개씩 놓고 달걀물(분량 외)을 바른다.

발효 25℃, 습도 70%, 100~120분

굽기 다시 한 번 달걀물을 바르고, 210℃ 오븐에서 약 15~16분간 굽는다.

백, 홍, 청, 흑 *Bianco, rosa, verde, nero*

후추는 같은 식물의 열매일지라도 그 열매의 숙성 정도에 따라서 종류가 달라진다. 일반적으로 서양 요리에서는 소금으로 간을 할 때 후추를 함께 사용한다. 또한 살루미와 같은 저장음식 제조에도 거의 대부분 사용한다. 후추를 일반적인 기준으로 분류해보면 다음과 같다.

- **청후추** : 초록 열매이며 염수 혹은 식초에 재운다. 향이 좋고 시원하며 너무 맵지 않고 쓴맛이 난다. 육류 요리에서 소스와 함께 섬세한 맛을 내기에 좋고, 생선 요리에도 잘 어울린다.
- **흑후추** : 덜 익은 열매를 검은색이 될 때까지 햇볕에 열흘 정도 말린 것이다. 향이 매우 강하고, 치즈, *살루미의 풍미를 돋우기에 안성맞춤이다. 오리, 닭 등의 조류요리에 적합하고 끓이는 요리에 첨가해도 좋다.
- **백후추** : 후추 중 가장 많이 알려져 있고 가장 많이 사용되는 종류이다. 다 익은 붉은 열매로, 물 속에 담가 껍질이 분리되도록 한 후 건조시킨다.
- **홍후추** : 남아메리카 나무의 열매이다. 약간 나무의 수지향이 난다. 고기, 생선, 채소를 재울 때 첨가하면 아주 좋다.

* 살루미(salume) : 이탈리아 햄, 소시지

잠두콩·뻬코리노 크루아상

Croissant con fave e Pecorino

재료

밀가루 1kg(강력분 200g+중력분 800g
　　　　또는 W300 P/L0.55)
물 400g, 생크림 100g, 효모 40g,
잠두콩 퓌레 200g, 소금 25g,
설탕 40g, 뻬코리노 치즈가루 100g,
페이스트리용 버터 500g

믹싱시간

스파이럴 믹서 : 저속 3분 → 중속 6분
플런저 믹서 : 저속 4분 → 중속 7분

만드는 방법

믹싱　① 밀가루, 물, 생크림, 효모를 넣는다.
　　　　② 글루텐이 생성되면 잠두콩 퓌레, 소금, 설탕을 단계적으로 넣는다.
　　　　③ 글루텐이 발전되어 반죽이 탄력 있고 윤이 나면
　　　　　　뻬코리노 치즈가루를 넣은 후 균일하게 잘 섞이면
　　　　　　완료한다. (베이스 온도 : 54℃)

휴지　실온(26℃)에서 60분간 휴지시킨 후 반죽을 밀어 펴서 5℃ 냉장고에
　　　　약 60분간 둔다. 혹은 5℃ 냉장고에 최소한 12시간 동안 둔다.
　　　　(표면이 마르지 않도록 비닐을 덮는다)

버터 충전　반죽을 밀어 펴서 페이스트리용 버터를 넣는다.

밀어 펴기 및 접기　밀어 편 후 3절접기를 2번 한다.

휴지　5℃, 최소한 30분

밀어 펴기 및 접기　한 번 더 밀어 편 후 3절접기를 한다.

휴지　5℃, 약 60분

정형　반죽을 3mm 두께로 밀어 편 후, 크루아상 커터기로 자르고 정형한다.

팬닝　팬 1개당 10개씩 놓고 달걀물(분량 외)을 바른다.

발효　25℃, 습도 70%, 100~120분

굽기　다시 한 번 달걀물을 바르고, 210℃ 오븐에서 약 15~16분간 굽는다.

야생채소와 달걀요리 *Frittata con misticanza*

재료(4인 기준)

계절 야생채소 200g, 양파 20g, 파슬리 20g, 달걀 8개, 생크림 100g,
엑스트라버진 올리브오일, 소금, 후춧가루 약간

만드는 방법

1 양파는 껍질을 벗겨 곱게 다진다. 팬에 올리브오일과 물을 넣고 약불에서 끓인 후
　양파를 넣고 소금, 후춧가루로 간한다.
2 파슬리는 잘게 다진 후 달걀, 생크림과 함께 볼에 넣어 섞는다.
3 올리브오일을 두른 팬에 붓고 노릇하게 굽는다. 식힌 후 주사위 모양으로 썬다.
4 채소는 적당한 크기로 썬 후 앞의 재료와 섞고 올리브오일, 소금, 후춧가루로 간한다.
5 크루아상을 잘라 속에 채운다.

민트 스폴리아토

Pane sfogliato alla menta

재료

* **풀리시** 효모 40g, 물 600g, 민트 30g,
  밀가루 400g(강력분 80g+중력분 320g
  　　　　또는 W300 P/L0.55)
  　　　맥아분 20g

* **본반죽** 풀리시,
  밀가루 750g(중력분 375g+박력분 375g
  　　　　또는 W260 P/L0.55)
  효모 20g, 소금 25g,
  페이스트리용 버터 250g(반죽 1kg당)

* 본반죽의 밀가루는 풀리시의 온도를
  보충하기 위해서 너무 차갑지 않은
  밀가루를 사용한다.

믹싱시간

스파이럴 믹서 : 저속 3분 → 중속 6분
플런저 믹서 : 저속 5분 → 중속 5분

만드는 방법

전처리　민트는 곱게 다진다.

풀리시　효모를 물에 녹이고 민트를 섞은 후 밀가루, 맥아분을 넣는다.
　　　　가루재료가 덩어리지지 않게 주의하며 고속으로 균일하게 섞은 후
　　　　(최종 반죽온도 : 20℃), 발효통의 뚜껑을 덮어 5℃ 냉장고에 12시간 둔다.

믹싱　① 풀리시, 밀가루, 효모를 넣는다.
　　　　② 글루텐이 생성되면 소금을 넣는다.
　　　　③ 글루텐이 발전되어 반죽이 탄력 있고 윤이 나면 완료한다.
　　　　　　(최종 반죽온도 : 24℃)

휴지　5℃, 30분 (표면이 마르지 않도록 비닐을 덮는다)

버터 충전　반죽을 밀어 펴서 반죽 1kg당 페이스트리용 버터 250g씩을 넣는다.

밀어 펴기 및 접기　밀어 편 후 3절접기를 2번 한다.

휴지　4℃, 약 40분

밀어 펴기 및 접기　한 번 더 밀어 편 후 3절접기를 한다.

정형　반죽을 4mm 두께로 밀어 편 후, 크루아상 커터기로 자르고 정형한다.

팬닝　팬 1개당 10개씩 놓고 달걀물(분량 외)을 바른다.

발효　25℃, 습도 70%, 80분

굽기　다시 한 번 달걀물을 바르고, 가볍게 스팀을 준 후 200℃ 오븐에서 굽는다.
　　　　굽는 시간은 반죽 크기에 따라 다르다.

바질, 피망과 달걀 스파게티　*Spaghetti di frittata e peperoni al basilico*

재료(4인 기준)

붉은 피망 1개, 달걀 8개, 그라나 빠다노 치즈가루 30g, 생크림 50g, 바질 1다발, 엑스트라버진 올리브
오일, 소금, 후춧가루 약간

만드는 방법

1 피망을 220℃ 오븐에서 20분간 굽는다. 구운 피망은 볼에 담고 랩을 씌워 식힌다.
2 다른 볼에 달걀, 그라나 빠다노 치즈가루, 생크림을 넣고 섞은 후 소금, 후춧가루로 간한다.
3 달군 팬에 올리브오일을 충분히 두르고 2를 붓는다. 앞뒤가 잘 익도록 뒤집으며 구운 후 식힌다.
4 식힌 3을 돌돌 말아 스파게티면처럼 길게 썬 후 볼에 넣고 소금, 후춧가루, 올리브오일로 간하고 바질을 넣어 잘 섞는다. 간이 배
　도록 몇 분간 놓아둔다.
5 1의 피망은 껍질을 벗기고 길고 얇게 썬다.
6 크루아상을 잘라 속에 채운다.

쥐오줌풀 스폴리아토

Pane sfogliato alla valeriana

재료

* **폴리시** 효모 40g, 물 600g,
  쥐오줌풀 30g, 맥아분 20g,
  밀가루 400g(강력분 80g+중력분 320g
  　　　　또는 W300 P/L0.55)

* **본반죽** 폴리시,
  밀가루 750g(중력분 375g+박력분 375g
  　　　　또는 W260 P/L0.55)
  효모 20g, 소금 25g,
  페이스트리용 버터 250g(반죽 1kg당)

* 본반죽의 밀가루는 폴리시의 온도를
  보충하기 위해서 너무 차갑지 않은
  밀가루를 사용한다.

믹싱시간

스파이럴 믹서 : 저속 3분 → 중속 6분
플런저 믹서 : 저속 5분 → 중속 5분

만드는 방법

전처리　쥐오줌풀은 잘게 다진다.

폴리시　효모를 물에 녹이고 쥐오줌풀을 넣은 후 밀가루, 맥아분을 섞는다.
　　　　가루재료가 덩어리지지 않게 주의하며 고속으로 균일하게 섞은 후
　　　　(최종 반죽온도 : 20℃), 발효통의 뚜껑을 덮어 5℃ 냉장고에 12시간 둔다.

믹싱　① 폴리시, 밀가루, 효모를 넣는다.
　　　　② 글루텐이 생성되면 소금을 넣는다.
　　　　③ 글루텐이 발전되어 반죽이 탄력 있고 윤이 나면 완료한다.
　　　　　　(최종 반죽온도 : 24℃)

휴지　5℃, 30분 (표면이 마르지 않도록 비닐을 덮는다)

버터 충전　반죽을 밀어 펴서 반죽 1kg당 페이스트리용 버터 250g씩을 넣는다.

밀어 펴기 및 접기　밀어 편 후 3절접기를 2번 한다.

휴지　4℃, 약 40분

밀어 펴기 및 접기　한 번 더 밀어 편 후 3절접기를 한다.

정형　반죽을 4mm 두께로 밀어 편 후, 크루아상 커터기로 자르고 정형한다.

팬닝　팬 1개당 10개씩 놓고 달걀물(분량 외)을 바른다.

발효　25℃, 습도 70%, 80분

굽기　다시 한 번 달걀물을 바르고, 가볍게 스팀을 준 후 200℃ 오븐에서 굽는다.
　　　　굽는 시간은 반죽 크기에 따라 다르다.

허브와 소 안심 *Filletto di vitello alle erbe aromatiche*

재료(4인 기준)
타임 1다발, 로즈마리 몇 줄기, 마조람 몇 줄기, 회향 1다발, 소 안심(이 레시피에서는 송아지 안심 사용)
600g, 겨자 100g, 계절 샐러드 100g, 치트로네떼(citronette- 레몬과 올리브오일로 만든 레몬 드레싱)
20g, 엑스트라버진 올리브오일, 소금, 후춧가루 약간

만드는 방법
1 타임, 로즈마리, 마조람, 회향은 잘게 다진 후 섞는다.
2 소 안심에 올리브오일을 뿌린 후 팬에 살짝 굽는다.
3 고기를 식힌 후 겨자를 바르고 다진 허브를 뿌린 후 200℃ 오븐에서 약 20분간 굽는다.
4 오븐에서 꺼낸 후 15분간 식힌다.
5 계절 샐러드는 적당한 크기로 잘라 치트로네떼(레몬 드레싱)를 뿌린다.
6 고기를 자르고, 빵 안에 고기와 계절 샐러드를 조화롭게 채워 넣는다.

향신료 스폴리아토

Pane sfogliato alle spezie

재료

밀가루 1kg(강력분 400g+중력분 600g
　　　　또는 W320 P/L0.55)
물 500g, 효모 35g, 소금 20g, 설탕 20g,
달걀 1개, 버터 50g, 향신료 20g,
페이스트리용 버터 250g(반죽 1kg당)

* 향신료 스폴리아토는 전채 요리(Antipasti)와
　함께 제공하면 궁합이 잘 맞는 빵이다.

믹싱시간

스파이럴 믹서 : 저속 3분 → 중속 6분
플런저 믹서 : 저속 4분 → 중속 7분

만드는 방법

전처리　버터에 향신료를 넣고 잘 섞는다. 넓게 펼쳐서 냉장고에 몇 시간 동안 둔다.

믹싱　① 밀가루, 물, 효모를 넣는다.

　　② 글루텐이 생성되면 소금, 설탕, 달걀을 단계적으로 넣는다.

　　③ 마지막으로 전처리한 버터를 넣는다.

　　④ 글루텐이 발전되어 반죽이 탄력 있고 윤이 나면 완료한다.

　　　(최종 반죽온도 : 25℃)

휴지　실온(26℃)에서 60분간 휴지시킨 후 반죽을 밀어 펴서 4℃ 냉장고에
　　약 60분간 둔다. 혹은 4℃ 냉장고에 최소한 12시간 동안 둔다.
　　(표면이 마르지 않도록 비닐을 덮는다)

버터 충전　반죽을 밀어 펴서 1kg당 페이스트리용 버터 250g씩을 넣는다.

밀어 펴기 및 접기　밀어 편 후 3절접기를 2번 한다.

휴지　4℃, 약 40분

밀어 펴기 및 접기　한 번 더 밀어 편 후 3절접기를 한다.

정형　반죽을 4mm 두께로 밀어 편 후, 크루아상 커터기로 자르고 정형한다.

팬닝　팬 1개당 10개씩 놓고 달걀물(분량 외)을 바른다.

발효　25℃, 습도 70%, 80분

굽기　다시 한 번 달걀물을 바르고, 가볍게 스팀을 준 후 200℃ 오븐에서 굽는다.
　　굽는 시간은 반죽 크기에 따라 다르다.

보편화된 향신료들 *Le spezie più diffuse*

15~16세기 유럽에서는 향신료 무역이 굉장히 활발했다. 향신료를 단지 주요 요리를 양념하기 위한 목적으로 사용하는 것뿐만 아니라, 저장 식품과 약품 제조에도 사용했다. 오늘날에는 여러 가지 향신료를 혼합한 종합 향신료 형태로 많이 사용하고 있다.

- **고수** : 미네스트라(수프), 스튜, 튀김, 채소, 샐러드, 생선류, 닭, 칠면조, 오리 등의 조류, 요구르트, 토마토 양념이나 소스에 신선한 고수 잎을 사용한다. 씨는 육류 혹은 조류, 채소 요리에 사용한다. 카레의 중요한 성분이기도 하다.
- **계피** : 디저트를 만들 때 많이 사용하며, 익힌 과일과 양 요리에 사용하기도 한다.
- **심황** : 색을 더 노랗게 하기 위한 목적으로 사프란과 심황을 섞어 사용한다. 생강과 비슷한 향이 나며 매운 맛이 난다. 주로 감자, 쌀, 달걀 요리에 사용한다.
- **커민** : 중유럽에서 양, 채소 요리에 많이 사용한다. 빵과 디저트에 독특한 향을 주기 위해 사용하기도 한다.
- **정향** : 익힌 과일과 육류, 끓이는 요리에 사용하면 좋다.
- **넛메그** : 베샤멜과 같은 소스, 감자, 호박 요리에 사용한다. 일반적으로 리코따와 시금치를 혼합한 요리에 많이 사용하고, 조류나 어류를 통째로 요리할 때 뱃속에 집어넣거나 속을 채우는 재료를 만들 때 많이 사용한다.
- **후추** : 같은 식물에서 수확한 후추라도 그 열매의 숙성 정도에 따라 후추의 종류가 매우 다양하다.

파프리카 스폴리아토

Pane sfogliato alla paprika

재료

밀가루 1kg(강력분 400g+중력분 600g
또는 W320 P/L0.55)
물 500g, 효모 35g, 소금 20g, 설탕 20g,
달걀 1개, 버터 50g, 파프리카가루 20g,
페이스트리용 버터 250g(반죽 1kg당)

* 파프리카 스폴리아토는 전채 요리(Antipasti)와 함께
  제공하면 궁합이 잘 맞는 빵이다.

믹싱시간

스파이럴 믹서 : 저속 3분 → 중속 6분
플런저 믹서 : 저속 4분 → 중속 7분

만드는 방법

전처리   버터에 파프리카가루를 넣고 섞는다.
넓게 펼쳐서 냉장고에 몇 시간 동안 둔다.

믹싱   ① 밀가루, 물, 효모를 넣는다.
② 글루텐이 생성되면 소금, 설탕, 달걀을 단계적으로 넣는다.
③ 마지막으로 전처리한 버터를 넣는다.
④ 글루텐이 발전되어 반죽이 탄력 있고 윤이 나면 완료한다.
(최종 반죽온도 : 25℃)

휴지   실온(26℃)에서 60분간 휴지시킨 후 반죽을 밀어 펴서 4℃ 냉장고에
60분간 둔다. 혹은 4℃ 냉장고에 최소한 12시간 동안 둔다.
(표면이 마르지 않도록 비닐을 덮는다)

버터 충전   반죽을 밀어 펴서 반죽 1kg당 페이스트리용 버터 250g씩을 넣는다.

밀어 펴기 및 접기   밀어 편 후 3절접기를 2번 한다.

휴지   4℃, 약 40분

밀어 펴기 및 접기   한 번 더 밀어 편 후 3절접기를 한다.

정형   반죽을 4mm 두께로 민 후, 크루아상 커터기로 자르고 정형한다.

팬닝   팬 1개당 10개씩 놓고 달걀물(분량 외)을 바른다.

발효   25℃, 습도 70%, 80분

굽기   다시 한 번 달걀물을 바르고, 가볍게 스팀을 준 후 200℃ 오븐에서 굽는다.
굽는 시간은 반죽 크기에 따라 다르다.

파프리카 *La paprika*

파프리카가루는 이탈리아 요리에서 많이 사용되는 향신료이다. 간단하게 재료에 맛을 주고 더불어 그 재료를 특별하게 만든다. 40년 넘게 향신료에 정통한 듀크로스사(Ducros社)는 맛을 내기 위해 다양한 향신료를 판매하며 오늘날, 요리에 많은 영향을 미치고 있다. 듀크로스 제품은 전문가 엄선한 허브와 향신료를 사용하며, 병 안에서 그 향과 품질이 유지될 수 있도록 기술적으로 가공처리한다. 듀크로스 제품은 황토색 뚜껑이 인상적이다. 개성이 강하고 이색적인 요리를 할 때, 다양한 맛을 내고자 할 때 사용하기에 아주 적합하다.
파프리카 향신료는 요리에 많이 사용하는 향신료 중 하나인데, 보통 소금간을 할 때 같이 사용한다.
다양한 품질의 파프리카 과육과 씨를 말린 후 분쇄해 만드는데, 씨의 사용 비율에 따라서 맛의 강도와 섬세함이 달라진다. 파프리카는 단맛이 나는 것도 있지만, 매운 것도 있다. 단맛의 파프리카는 가늘고 빨간색이며 맛있는 향이 나고 맵지 않다. 매운 파프리카는 갈색을 띠고 굵게 분쇄하며, 향은 고추와 유사하여 신중하게 사용해야 한다. 헝가리에서는 16세기부터 말라리아를 극복하기 위해 파프리카가루를 많이 사용했다. 파프리카를 기본으로 한 헝가리의 유명한 요리 *굴라시, 생치즈, 주빠(수프), 흰살 육류 요리에 잘 어울리는 향신료이다.

* **굴라시(Gulasch)** : 헝가리 요리로 파프리카를 넣어 만든 쇠고기 채소 스튜

카르다몸 스폴리아토

Pane sfogliato al cardamomo

재료

밀가루 1kg(강력분 400g+중력분 600g
또는 W320 P/L0.55)
물 500g, 효모 35g, 소금 20g, 설탕 20g,
달걀 1개, 카르다몸 10g, 버터 50g,
페이스트리용 버터 250g(반죽 1kg당)

믹싱시간

스파이럴 믹서 : 저속 3분 → 중속 6분
플런저 믹서 : 저속 4분 → 중속 7분

* 카르다몸 스폴리아토는
전채 요리(Antipasti)와 함께 제공하면
궁합이 잘 맞는 빵이다.
* 카르다몸은 서남아시아산
생강과의 향신료이며
카레가루의 주원료이다.

만드는 방법

믹싱 ① 밀가루, 물, 효모를 넣는다.

② 글루텐이 생성되면 소금, 설탕, 달걀, 카르다몸을 단계적으로 넣는다.

③ 마지막으로 버터를 넣는다.

④ 글루텐이 발전되어 반죽이 탄력 있고 윤이 나면 완료한다.

(최종 반죽온도 : 25℃)

휴지 실온(26℃)에서 60분간 휴지시킨 후 반죽을 밀어 펴서 4℃ 냉장고에
60분간 둔다. 혹은 4℃ 냉장고에 최소한 12시간 둔다.

(표면이 마르지 않도록 비닐을 덮는다)

버터 충전 반죽을 밀어 펴서 반죽 1kg당 페이스트리용 버터 250g씩을 넣는다.

밀어 펴기 및 접기 밀어 편 후 3절접기를 2번 한다.

휴지 4℃, 약 40분

밀어 펴기 및 접기 한 번 더 밀어 편 후 3절접기를 한다.

정형 반죽을 4mm 두께로 밀어 편 후, 크루아상 커터로 자르고 정형한다.

팬닝 팬 1개당 10개씩 놓고 달걀물(분량 외)을 바른다.

발효 25℃, 습도 70%, 80분

굽기 다시 한 번 달걀물을 바르고, 가볍게 스팀을 준 후 200℃ 오븐에서 굽는다.
굽는 시간은 반죽 크기에 따라 다르다.

루콜라 인볼티니 *Involtini di rucola*

재료(4인 기준)

루콜라 200g, 발사믹식초 50g, 토마토 60g, 프로슈토 코또 20조각, 엑스트라버진 올리브오
일, 소금, 후춧가루 약간

만드는 방법

1 루콜라는 소금, 후춧가루, 발사믹식초, 올리브오일로 간한다. 토마토는 얇고 길게 썰어둔다.
2 프로슈토 코또 각 조각에 루콜라, 토마토를 올려 돌돌 만다.
3 페이스트리 안에 채워 넣는다.

아니스 짤츠스탕

Salz-stangen all'anice

재료

밀가루 1kg(강력분 400g+중력분 600g
또는 W320 P/L0.55)
우유 500g, 효모 35g, 소금 25g,
설탕 20g, 아니스가루 15g,
페이스트리용 버터 250g(반죽 1kg당)

믹싱시간

스파이럴 믹서 : 저속 5분 → 중속 5분
플런저 믹서 : 저속 6분 → 중속 6분

만드는 방법

믹싱
① 밀가루, 우유, 효모를 넣는다.
② 글루텐이 생성되면 소금, 설탕, 아니스가루를 단계적으로 넣는다.
③ 글루텐이 발전되어 반죽이 탄력 있고 윤이 나면 완료한다.
　　(최종 반죽온도 : 25℃)

휴지 실온(26℃)에서 30분간 휴지시킨 후 4℃ 냉장고에 60분간 둔다.
혹은 4℃ 냉장고에 최소한 12시간 둔다.
(표면이 마르지 않도록 비닐을 덮는다)

버터 충전 반죽을 밀어 펴서 반죽 1kg당 페이스트리용 버터 250g씩을 넣는다.

밀어 펴기 및 접기 밀어 편 후 3절접기를 2번 한다.

휴지 26℃, 15분

밀어 펴기 및 접기 한 번 더 밀어 편 후 3절접기를 한다.

휴지 4℃ 냉장고, 60분

정형 반죽을 3mm 두께로 밀어 편 후, 크루아상 커터기로 자르고 정형한다.

팬닝 팬 1개당 10개씩 놓고 달걀물(분량 외)을 바른다.

발효 25℃, 습도 70%, 80~90분

굽기 다시 한 번 달걀물을 바르고, 200℃ 오븐에서 약 15분간 굽는다.

아니스술 *Il liquore all'anice*

미나리과 식물인 초록 아니스 혹은 스타아니스를 증류해서 만든 술이다. 드라이하고 진한 송진향이 난다. 필수지방산이 풍부하며, 약용으로도 유용하게 사용되는데 고대부터 소화를 돕고 정신을 상쾌하게 하는 것으로 여겨졌다. 스트레이트로 마시기에도 쓰지 않고, 물과 얼음을 넣어서 먹으면 갈증 해소에 효과적이다.
많은 비스킷과 전통 미니 케이크 제품에 아니스 고유의 특색 있는 맛을 가미하기도 한다. 드라이한 아니스술은 커피, 젤라또 그리고 디저트와 궁합이 잘 맞는다. 특히 육류, 생선, 과일과 잘 어울리고 재료에 신선함과 향을 더한다.
아니스술은 지중해 모든 지역에 대중화된 술이다. 그중 고품질의 아니스술은 오염되지 않은 산에서 야생으로 자란 허브로 만든 것으로 깨끗하고 세련되며 드라이한 맛과 향을 느낄 수 있다.
바르넬리(Varnelli)는 아니스술의 대표 브랜드로, 시빌리니 지역의 초록 아니스로 만들며 생산에서부터 모든 과정을 아직도 옛날 전통 제조법으로 만든다.

허브 짤츠스탕

Salz-stangen alle erbe

재료

밀가루 1kg(강력분 400g+중력분 600g
또는 W320 P/L0.55)
우유 420g, 효모 35g, 소금 25g, 설탕 20g,
허브(차이브 100g, 파슬리 100g, 마조람 10g) 210g,
페이스트리용 버터 250g(반죽 1kg당)

믹싱시간

스파이럴 믹서 : 저속 5분 → 중속 5분
플런저 믹서 : 저속 6분 → 중속 6분

만드는 방법

전처리 차이브, 파슬리, 마조람을 잘게 다진다.

믹싱 ① 밀가루, 우유, 효모를 넣는다.

② 글루텐이 생성되면 소금, 설탕, 허브를 단계적으로 넣는다.

③ 글루텐이 발전되어 반죽이 탄력 있고 윤이 나면 완료한다.

(최종 반죽온도 : 25℃)

휴지 실온(26℃)에서 30분간 휴지시킨 후 4℃ 냉장고에 60분간 둔다.

혹은 4℃ 냉장고에 12시간 동안 둔다.

(표면이 마르지 않도록 비닐을 덮는다)

버터 충전 반죽을 밀어 펴서 반죽 1*kg*당 페이스트리용 버터 250g씩을 넣는다.

밀어 펴기 및 접기 밀어 편 후 3절접기를 2번 한다.

휴지 26℃, 15분

밀어 펴기 및 접기 한 번 더 밀어 편 후 3절접기를 한다.

휴지 4℃ 냉장고, 60분

정형 반죽을 3*mm*두께로 밀어 편 후, 크루아상 커터기로 자르고 정형한다.
양끝을 구부리지 않는다.

팬닝 팬 1개당 10개씩 놓고 달걀물(분량 외)을 바른다.

발효 25℃, 습도 70%, 80~90분

굽기 다시 한 번 달걀물을 바르고, 200℃ 오븐에서 약 15분간 굽는다.

구운 사각형 모양 모르타델라 *Maltagliati di mortadella arrostita*

재료(4인 기준)
모르타델라 400g, 계절 샐러드 채소, 송로버섯오일 약간

만드는 방법
1 채소는 씻어서 냉장고에서 차게 보관한다. 모르타델라를 사각형 모양으로 썬다.
2 팬에 송로버섯오일을 두르고 모르타델라를 얹어 중불에 구운 후 키친타월에 올려 기름을 제거한다.
3 짤츠스탕 안에 채소와 모르타델라를 채운 후 송로버섯오일을 뿌린다.

*모르타델라(mortadella) : 볼로냐 지역의 소시지

고수·후추 짤츠스탕

Salz-stangen al coriandolo e pepe

재료

밀가루 1kg(강력분 400g+중력분 600g
　　　또는 W320 P/L0.55)
우유 500g, 효모 35g, 소금 25g,
설탕 20g, 고수 10g, 후춧가루 10g,
페이스트리용 버터 250g(반죽 1kg당)

믹싱시간

스파이럴 믹서 : 저속 5분 → 중속 5분
플런저 믹서 : 저속 6분 → 중속 6분

만드는 방법

전처리　페이스트리용 버터에 고수와 후춧가루를 넣고 잘 섞는다.
　　　　　넓게 펼쳐서 냉장고에 몇 시간 동안 둔다.

믹싱　　① 밀가루, 우유, 효모를 넣는다.
　　　　　② 글루텐이 생성되면 소금, 설탕을 단계적으로 넣는다.
　　　　　③ 글루텐이 발전되어 반죽이 탄력 있고 윤이 나면 완료한다.
　　　　　　　(최종 반죽온도 : 25℃)

휴지　　실온(26℃)에서 30분간 휴지시킨 후 4℃ 냉장고에 60분간 둔다.
　　　　　혹은 4℃ 냉장고에 12시간 동안 둔다.
　　　　　(표면이 마르지 않도록 비닐을 덮는다)

버터 충전　반죽을 밀어 펴서 반죽 1kg당 페이스트리용 버터 250g씩을 넣는다.

밀어 펴기 및 접기　밀어 편 후 3절접기를 2번 한다.

휴지　　26℃, 15분

밀어 펴기 및 접기　한 번 더 밀어 편 후 3절접기를 한다.

휴지　　4℃ 냉장고, 60분

정형　　반죽을 3mm 두께로 밀어 편 후, 크루아상 커터기로 자르고 정형한다.
　　　　　양끝을 구부리지 않는다.

팬닝　　팬 1개당 10개씩 놓고 달걀물(분량 외)을 바른다.

발효　　25℃, 습도 70%, 80~90분

굽기　　다시 한 번 달걀물을 바르고, 200℃ 오븐에서 약 15분간 굽는다.

염장 연어 *Salmone marinato*

재료(8인 기준)

연어 750g, 바닷소금 50g, 통후추 1g, 사탕수수 50g, 상추 약간, 딜 1다발, 엑스트라버진 올리브오일 약간

만드는 방법

1 연어는 소금, 후추, 사탕수수를 뿌려 24시간 동안 재운다. 상추는 손으로 적당히 자른다.
2 연어는 씻어서 물기를 제거한 후, 엑스트라버진 올리브오일과 딜에 재운다.
3 올리브오일을 제거하고 연어를 얇게 썬다.
4 짤츠스탕 안에 연어와 상추를 조화롭게 채운다.

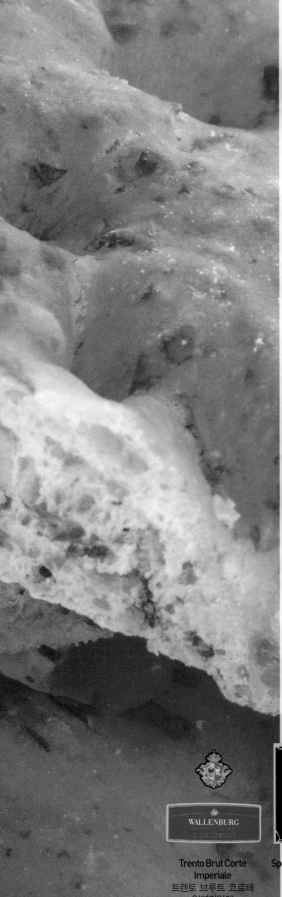

le focacce
포카치아

이 장에서는 음식점이나 바(bar)의 해피아워(happy hour),
혹은 하루 중 언제라도 먹을 수 있는 전형적인 간식용 빵
이자 전채 요리로도 손색없는 포카치아를 소개한다.
프로방스 허브 포카치아, 지중해 향신료 포카치아, 생강 포
카치아에 이르기까지 다양한 맛의 포카치아를 만나볼 수
있다. 여러분이 좋아하는 다양한 재료들을 첨가하여 자신
만의 맛있는 포카치아를 만들어보는 것도 좋을 것이다.

〈추천 와인〉

**Trento Brut Corte
Imperiale**
트렌토 브루트 코르테
임뻬리알레
(제조사 : Conti
Wallenburg
콘티 발렌부르그)

Spumante Brut Il Grigio
스뿌만테 브루트
일 그리지오
(제조사 : Collavini
콜라비니)

**Spumante Brut
Tassanare**
스뿌만테 브루트
타싸나레
(제조사 : Monte
Schiavo 몬테 스키아보)

Erbaluce di Caluso
에르바루체 디 칼루조
(제조사 : Cella Grande
첼라 그란데)

**Champagne Blanc de
Blancs**
샴페인 블랑 드 블랑
(제조사 : Bruno Paillard
브뤼노 빠이야르
〈프랑스〉)

프로방스 포카치아
Focaccia alle erbe di Provenza

재료

밀가루 500g(중력분 500g 또는 W280 P/L0.55)
세몰리나 가루(semola rimacinata) 250g, 물 400g,
맥아분 10g, 효모 20g, 달걀 1개,
소금 15g, 엑스트라버진 올리브오일 40g,
프로방스(허브) 10g

소금물
물 30g,
엑스트라버진 올리브오일 30g,
소금 15g

믹싱시간
스파이럴 믹서 : 저속 4분 → 중속 5분
플런저 믹서 : 저속 5분 → 중속 6분

만드는 방법

믹싱
① 밀가루, 세몰리나 가루, 물, 맥아분, 효모, 달걀을 넣는다.
② 글루텐이 생성되면 소금, 올리브오일을 넣는다.
③ 글루텐이 발전되어 반죽이 탄력 있고 윤이 나면 프로방스를 넣은 후 균일하게 잘 섞이면 완료한다. (최종 반죽온도 : 25℃)

실온휴지 26℃, 약 15~20분 (표면이 마르지 않도록 비닐을 덮는다)

분할 150g, 혹은 원하는 크기로 한다.

둥글리기 표면이 매끄럽게 되도록 둥글리기를 한다.

실온휴지 26℃, 15분

정형
① 반죽을 뒤집어 가스를 가볍게 빼면서 타원형으로 만든다.
② 밀대로 반죽을 위아래로 밀어 펴서 15cm 길이의 유선형을 만든다.
③ 반죽의 반은 칼집을 네 번 넣고, 나머지 반은 작은 유선형 틀로 네 번 찍어 자국을 낸다.

발효 28℃, 습도 70%, 20분

팬닝 팬 1개당 4개씩 놓는다.

소금물 바르기 물에 소금, 올리브오일을 넣은 후 거품기로 휘젓는다.
반죽 위에 골고루 소금물을 바른다.

발효 28℃, 습도 70%, 약 50~60분

굽기 230℃ 오븐에서 18분간 굽는다.

타자스께 올리브로 만든 엑스트라버진 올리브오일 *L'olio extravergine di oliva da olive taggiasche*

엑스트라버진 올리브오일은 다양한 오일 중에서 절대적으로 그 진가를 인정받는 오일이다. 타자스께 올리브로 만든 제품은 특히나 신선하고 조화로운 맛으로 평가되고 있다. 레 테레 델 바로네사(Le Terre del Barone 社)의 제품은 그 중에서도 특별한 품질 범주에 속하는데, 리구리아 해안지대에서 생산되며 전통적인 기술뿐만 아니라 올리브 농장주들과 올리브오일을 가공하는 회사의 열정적인 공동기술연구에 의해 완성되었다. 이 회사는 지속적으로 회전하며 기름을 짜는 현대식 기계설비와 저장 창고를 갖추었다. 방문하여 시음할 수 있는 장소도 마련되어 있어 신선하고 달콤하며 섬세한 맛의 올리브오일을 맛볼 수 있다. 이곳의 올리브오일은 끝맛에 아몬드향이 나는 것으로 유명한데, 약간의 매운 향도 느껴볼 수 있다. 신선한 올리브에서는 달콤한 아몬드향과 풀향기가 난다.
샐러드, *핀지모니오, *카르파치오, 끓여 익힌 생선, 봉골레 스파게티 등의 요리와 쌀요리 위에 뿌리고 마요네즈를 만들 때 사용해도 좋다. 뿐만 아니라 모든 요리에 향과 맛을 주기 위해서도 사용할 수 있다.

* 핀지모니오(pinzimonio) : 올리브오일과 소금, 후추 등으로 만든 소스
* 카르파치오(carpaccio) : 쇠고기를 얇게 썰어 양념해서 먹는 요리

허브 포카치아

Focaccia alle erbe

재료

밀가루 700g(중력분 700g
　　　　또는 W280 P/L0.55)
통밀가루 50g, 물 400g,
효모 20g, 맥아분 10g,
엑스트라버진 올리브오일 40g, 소금 15g,
허브(파슬리 100g, 차이브 100g, 마조람 10g) 210g

소금물
물 30g,
엑스트라버진 올리브오일 30g,
소금 15g

믹싱시간
스파이럴 믹서 : 저속 4분 → 중속 5분
플런저 믹서 : 저속 5분 → 중속 6분

만드는 방법

전처리　파슬리, 차이브, 마조람을 잘게 다진다.

믹싱　① 밀가루, 통밀가루, 물, 효모, 맥아분을 넣는다.

　　　　② 글루텐이 생성되면 올리브오일, 소금을 넣는다.

　　　　③ 글루텐이 발전되어 반죽이 탄력 있고 윤이 나면 허브를 넣은 후
　　　　　　균일하게 잘 섞이면 완료한다. (최종 반죽온도 : 25℃)

실온휴지　26℃, 약 15분 (표면이 마르지 않도록 비닐을 덮는다)

분할　40×60㎝ 팬 사용 시 1.1㎏~1.3㎏으로 한다.

실온휴지　26℃, 15~20분

팬닝　팬에 올리브오일을 충분히 바른 후 반죽을 놓고
　　　　손바닥으로 가볍게 누르면서 펼친다.

발효　28℃, 습도 70%, 약 20분

소금물 바르기　물에 소금, 올리브오일을 넣은 후 거품기로 휘젓는다. 반죽 위에
　　　　　　골고루 소금물을 바르고 손가락으로 군데군데 구멍을 낸다.

발효　28℃, 습도 70%, 약 50~60분

굽기　230℃ 오븐에서 18분간 굽는다.

차이브 *L'erba cipollina*

차이브(학명 Allium schoenoprasum)는 백합과의 다년생 식물로 가는 줄기 다발의 형태이다. 양파 맛이 나고 식욕을 자극하는 특징이 있으며, 비타민C와 필수지방산이 풍부하고, 소화를 돕고 혈압을 낮추는 역할을 한다. 대개 산에서 야생으로 자라지만 화분에서도 쉽게 재배할 수 있다. 고대부터 허브로 사용했으며 중세부터 재배하기 시작한 것으로 추정되는데, 차이브는 화분에서 재배하는 것이 좋다. 필요할 때마다 바로 사용할 수 있고, 바로 썰어서 가위로 자르면 된다.

장식용 혹은 샐러드, *핀지모니오, 미네스트라(수프), 생치즈, 버터, 오믈렛, 삶은 달걀·감자, 소스, 생선과 주빠(수프) 등에 섬세한 맛을 가미하기 위해 사용한다. 또한 유연성이 뛰어나 크레페 같은 *파고또, 혹은 데친 채소 *마제또, 아스파라거스처럼 소스와 같이 먹는 요리들을 묶어서 고정시키고자 할 때 끈처럼 유용하게 사용할 수 있다. 타라곤, 차빌, 파슬리 등의 차이브를 비롯해 얇고 잘은 이 허브들은 프랑스 요리에 많이 사용된다.

* 핀지모니오(pinzimonio) : 올리브오일과 소금, 후추 등으로 만든 소스　　* 파고또(fagotto) : 보자기처럼 싸는 형태

* 마제또(mazetto) : 작은 다발

건토마토·케이퍼 포카치아

Focaccia con pomodori secchi e capperi

재료
밀가루 750g(중력분 750g 또는 W280 P/L0.55)
물 350g, 효모 20g, 맥아분 10g,
엑스트라버진 올리브오일 40g,
소금 15g, 케이퍼 60g,
(이 레시피에서는 판텔레리아 지역 케이퍼 사용)
건토마토 150g

소금물
물 30g,
엑스트라버진 올리브오일 30g,
소금 15g

믹싱시간
스파이럴 믹서 : 저속 4분 → 중속 5분
플런저 믹서 : 저속 5분 → 중속 6분

만드는 방법

전처리   건토마토는 작게 썰어 찬물에 60분간 담가서 부드럽게 한 후
물기를 제거한다.

믹싱   ① 밀가루, 물, 효모, 맥아분을 넣는다.

② 글루텐이 생성되면 올리브오일, 소금을 넣고 섞은 후 케이퍼를 넣는다.

③ 글루텐이 발전되어 반죽이 탄력 있고 윤이 나면 건토마토를 넣은 후
균일하게 잘 섞이면 완료한다. (최종 반죽온도 : 25℃)

실온휴지   26℃, 약 15분 (표면이 마르지 않도록 비닐을 덮는다)

분할   40×60cm 팬 사용 시 1.1kg~1.3kg으로 한다.

실온휴지   26℃, 15~20분

팬닝   팬에 올리브오일을 충분히 바른 후 반죽을 놓고
손바닥으로 가볍게 누르면서 펼친다.

발효   28℃, 습도 70%, 약 20분

소금물 바르기   물에 소금, 올리브오일을 넣은 후 거품기로 휘젓는다.
반죽 위에 골고루 소금물을 바르고 손가락으로 군데군데 구멍을 낸다.

발효   28℃, 습도 70%, 약 50~60분

굽기   230℃ 오븐에서 18분간 굽는다.

케이퍼 *I capperi*

케이퍼(학명 Capparis spinosa)는 두툼한 잎과 흰색·붉은색의 화려한 꽃을 피우는 식물로 지중해 전역에 퍼져있으며 마른땅, 바위 혹은 양지바른 돌담에서 자란다. 덩굴식물인 금련화(학명 Tropaeolum majus)의 봉오리와 유사한 케이퍼는 긴 꽃자루가 있는 아주 작은 오이같다. 시칠리아 살리나(Salina)와 판텔레리아(Pantelleria) 지역의 케이퍼가 유명하며 이탈리아에서는 이 케이퍼 열매를 쉽게 볼 수 있다. 식초에 절인 케이퍼를 보통 식전 음식, 가벼운 식사, 간식용으로 많이 먹고 샐러드에도 많이 사용한다. 요리에서 꽃봉오리라 하면 케이퍼를 말하는 것이기도 하다.

열매는 봄에 수확해 쓴맛을 살리기 위해서 염수 혹은 식초에 절인다. 그런 다음 소금이나 식초에 재워서 오랫동안 저장한다. 맛은 매우 강하고 쓰고 맵다. 생샐러드와 익힌 샐러드를 간단하게 양념할 때 사용하기 좋고 다랑어 소스, 타르타르 소스를 만들 때도 사용한다. 단, 케이퍼의 독특한 맛과 향이 날아가지 않게 보통 마지막에 첨가하고 살짝만 가미하는 것이 중요하다.

쁘로볼라 · 로즈마리 포카치아

Focaccia alla Provola e rosmarino

재료

밀가루 700g(중력분 700g
　　　　또는 W280 P/L0.55)
통밀가루 50g, 물 400g, 효모 20g,
맥아분 10g, 소금 15g, 로즈마리 15g,
엑스트라버진 올리브오일 40g,
쁘로볼라 치즈 200g

소금물

물 30g,
엑스트라버진 올리브오일 30g,
소금 15g

믹싱시간

스파이럴 믹서 : 저속 4분 → 중속 5분
플런저 믹서 : 저속 5분 → 중속 6분

만드는 방법

전처리　로즈마리를 잘게 다진 후 올리브오일에 하루 동안 재운다.
　　　　　치즈는 주사위 모양으로 자른다.

믹싱　　① 밀가루, 통밀가루, 물, 효모, 맥아분을 넣는다.
　　　　　② 글루텐이 생성되면 소금, 로즈마리향이 밴 올리브오일을 넣는다.
　　　　　③ 글루텐이 발전되어 반죽이 탄력 있고 윤이 나면 치즈를 넣은 후
　　　　　　 균일하게 잘 섞이면 완료한다. (최종 반죽온도 : 25℃)

실온휴지　26℃, 약 15분 (표면이 마르지 않도록 비닐을 덮는다)

분할　　200g, 혹은 원하는 크기로 한다.

둥글리기　표면이 매끄럽게 되도록 둥글리기를 한다.

실온휴지　26℃, 10분

정형　　① 반죽을 뒤집어 가스를 가볍게 빼면서 원형으로 만든다.
　　　　　② 반죽을 돌리면서 밀대로 위아래로 밀어 직경 20cm의 원형으로 만든다.
　　　　　③ 원형 틀로 반죽 윗면에 자국을 낸다.

팬닝　　팬에 올리브오일(분량 외)을 충분히 바른 후 팬 1개당 2개씩 놓는다.

발효　　28℃, 습도 70%, 약 20분

소금물 바르기　물에 소금, 올리브오일을 넣은 후 거품기로 휘젓는다.
　　　　　　　반죽 위에 골고루 소금물을 바르고 손가락으로 군데군데 구멍을 낸다.

발효　　28℃, 습도 70%, 약 50~60분

굽기　　230℃ 오븐에서 약 18분간 굽는다.

쁘로볼라 치즈 *La Provola*

쁘로볼라 치즈는 우유로 만든 맛있는 치즈이며 '파스테 필라떼(284p 참조)'의 한 종류이다. 오늘날에는 현대식 낙농공장에서 생산되지만, 치즈덩어리의 형을 뜨는 사람의 기술은 사실상 어떤 기계로도 완벽하게 대신할 수는 없다. 수작업으로 치즈덩어리 형태를 만들고 식히고 굳히고 염장하여 독특한 그물망으로 묶는 과정을 거쳐 최상의 상태로 완성된다. 온도와 습도를 통제하는 환경에서 숙성시키고, 그 숙성 기간은 짧거나 길거나 혹은 보통일 수도 있다.

달콤한 쁘로볼라 치즈는 암소의 응유효소를 한 달간 숙성시켰기 때문에 달콤하며 묘한 풍미가 있고, 버터와 같은 부드러운 맛이 있다. 반면에 매운 쁘로볼라 치즈는 염소 혹은 양의 응유효소를 사용하여 적어도 두 달 동안 숙성시키기 때문에 맛이 강하다. 쁘로볼라 치즈의 크기와 모양은 매우 다양하다. 몇 그램부터 몇 백 킬로그램까지 나가는 경우도 있으며, 모양은 쁘로볼라 치즈라는 것을 상징하기 위해 배, 귤, *살라메, *피아스코와 같은 독특한 모양으로 만들어 한때 주목을 끌기도 했다.

* **살라메(salame)** : 쇠고기, 돼지고기 등을 긴 창자 속에 넣어 숙성시킨 이탈리아 햄
* **피아스코(fiasco)** : 짚으로 둘러싼 이탈리아와인 끼안티의 병

빠르미지아나 포카치아

Focaccia alla parmigiana

재료

밀가루 700g(중력분 700g
　　　　또는 W280 P/L0.55)
물 330g, 효모 20g, 맥아분 10g,
엑스트라버진 올리브오일 50g,
소금 15g

토핑

가지 700g, 모짜렐라 치즈 400g,
토마토소스 200g,
빠르미지아노 레지아노 치즈가루 150g,
소금 약간

믹싱시간

스파이럴 믹서 : 저속 4분 → 중속 5분
플런저 믹서 : 저속 5분 → 중속 6분

만드는 방법

전처리　가지는 길고 얇게 썬 후 오븐에 구워 수분을 제거하고
　　　　　모짜렐라 치즈는 주사위 모양으로 썬다.

믹싱　① 밀가루, 물, 효모, 맥아분을 넣는다.

　　　　② 글루텐이 생성되면 올리브오일, 소금을 넣는다.

　　　　③ 글루텐이 발전되어 반죽이 탄력 있고 윤이 나면 완료한다.
　　　　　(최종 반죽온도 : 25℃)

실온휴지　26℃, 약 15분 (표면이 마르지 않도록 비닐을 덮는다)

분할　40×60cm 팬 사용 시 1.1kg~1.3kg으로 한다.

실온휴지　26℃, 15~20분

정형　① 팬에 올리브오일을 충분히 바른 후 반죽을 넣고
　　　　　손바닥으로 가볍게 누르면서 펼친다.

　　　　② 작업대 위에 밀가루를 뿌리고 그 위에 엎는다.

　　　　③ 적당한 크기의 육각형 틀을 사용하여 반죽을 찍어낸다.

팬닝　팬 1개당 4개씩 놓는다.

토핑　반죽 위에 모짜렐라 치즈를 뿌리고, 가지, 토마토소스를 올린 후
　　　　약간의 소금과 치즈가루를 뿌린다.

발효　27℃, 습도 70%, 약 45분

굽기　230℃ 오븐에서 약 22분간 굽는다.

빠르미지아노 레지아노 *Il Parmigiano-Reggiano*

빠르미지아노 레지아노 치즈는 경질치즈로 알맹이가 있고 지방 함유량이 낮은 치즈이다. 다른 치즈와 비교했을 때 단백질, 칼슘, 인, 비타민이 더 풍부하고 소화도 쉽기 때문에 아동기부터 노년기까지 모든 세대에게 매우 값진 음식이다.
리조또, 미네스트라(수프), 소스에 넣으면 잘 스며들어 섞이기 때문에 다양한 요리에 많이 사용한다.
리노강의 오른편에 있는 모데나(Modena), 파르마(Parma), 레지오 에밀리아(Reggio Emilia), 볼로냐(Bologna) 지역에서만 생산할 수 있다.
해질 무렵에 착유하여 그대로 하룻밤을 묵힌 뒤 다음날 아침 표면에 노출된 크림을 걷어내고 아침에 착유한 것과 혼합하여 만든다. 1kg의 치즈를 생산하기 위해서는 161L의 우유가 필요하다. 첨가물을 엄격하게 금지하고 있고 먼 지역에서 온 많은 양의 우유의 안전성을 보증할 수 없기 때문에 작은 낙농공장에서만 생산하고 있다. 생산하는 낙농공장은 700여 개 이상 있다.

샬롯·돼지 볼살 포카치아
Focaccia con scalogno e guanciale

재료

밀가루 600g(중력분 600g
　　　　　또는 W280 P/L0.55)
통밀가루 100g, 물 300g,
효모 20g, 맥아분 10g,
엑스트라버진 올리브오일 40g,
소금 15g, 샬롯 160g,
돼지 볼살 180g, 버터 30g

소금물

물 30g,
엑스트라버진 올리브오일 30g,
소금 15g

믹싱시간

스파이럴 믹서 : 저속 4분 → 중속 5분
플런저 믹서 : 저속 5분 → 중속 6분

만드는 방법

전처리　샬롯은 잘게 다지고 돼지 볼살은 주사위 모양으로 썬다.
　　　　　팬에 버터와 샬롯을 넣어 살짝 볶은 후 돼지 볼살을 넣고
　　　　　약 10분간 익힌다.

믹싱　　① 밀가루, 통밀가루, 물, 효모, 맥아분을 넣는다.
　　　　　② 글루텐이 생성되면 올리브오일, 소금을 넣는다.
　　　　　③ 글루텐이 발전되어 반죽이 탄력 있고 윤이 나면 돼지 볼살, 샬롯을
　　　　　　 넣은 후 균일하게 잘 섞이면 완료한다. (최종 반죽온도 : 25℃)

실온휴지　26℃, 약 15분 (표면이 마르지 않도록 비닐을 덮는다)

분할　　40×60㎝ 팬 사용 시 1.1㎏~1.3㎏으로 한다.

실온휴지　26℃, 15~20분

팬닝　　팬에 올리브오일을 충분히 바른 후 반죽을 놓고 손바닥으로
　　　　　가볍게 누르면서 펼친다.

발효　　28℃, 습도 70%, 약 20분

소금물 바르기　물에 소금, 올리브오일을 넣은 후 거품기로 휘젓는다.
　　　　　반죽 위에 골고루 소금물을 바르고 반죽의 군데군데
　　　　　손가락으로 눌러 구멍을 낸다.

발효　　28℃, 습도 70%, 약 50~60분

굽기　　230℃ 오븐에서 약 18분간 굽는다.

구완치알레 *Il guanciale*

구완치알레는 돼지의 볼살 부위로 *아마트리치아나나 *카르보나라와 같은 전통적인 소스 제조에 많이 사용한다. 보통 구완치알레 *살루미는 지역마다 각기 다른 이름으로 불리기도 하고 다른 부위, 다른 방식으로 만들기도 한다. 이탈리아 중부와 남부에서 볼살을 많이 사용한다면 이탈리아 북부에서는 뱃살을 둥글게 말아 올린 삼겹살을 더 많이 사용한다. 염장을 하고 후춧가루를 뿌리고 틀에 고정시켜서 약 3개월간 숙성시킨다. 이 외에도 다양하게 변형하거나 응용도 가능하다. 예를 들어 멧돼지로 만들 수도 있고, 후추 대신에 고추를 이용할 수도 있다. 또한 스펙이나 *라르도처럼 아주 얇게 슬라이스 해서 맛있는 와인과 함께 먹을 수도 있다. 이처럼 슬라이스하는 방식과 어떤 음식과 함께 먹느냐에 따라서 다양한 식감의 변화를 줄 수 있다.

* **아마트리치아(amatriciana)** : 돼지 볼살, 양파, 고추 등으로 만든 소스　　　　* **카르보나라(carbonara)** : 달걀, 돼지 볼살 등으로 만든 소스
* **살루미(salume)** : 이탈리아 햄, 소시지　　　* **라르도(lardo)** : 돼지 등 쪽의 피하지방층으로 만든 살루미

안초비 · 레몬 포카치아

Focaccia con acciughe e limone

재료

밀가루 700g(중력분 700g
또는 W280 P/L0.55)
호밀가루 50g, 물 415g,
효모 25g, 맥아분 10g,
엑스트라버진 올리브오일 40g,
소금 15g, 레몬 1개, 안초비 40g

소금물

물 30g,
엑스트라버진 올리브오일 30g,
소금 15g

믹싱시간

스파이럴 믹서 : 저속 4분 → 중속 5분
플런저 믹서 : 저속 5분 → 중속 6분

만드는 방법

전처리　레몬 껍질은 안쪽의 흰 부분이 없도록 얇게 벗긴 후 잘게 다진다.
　　　　　안초비도 다진다.

믹싱　　① 밀가루, 호밀가루, 물, 효모, 맥아분을 넣는다.
　　　　　② 글루텐이 생성되면 올리브오일, 소금을 넣는다.
　　　　　③ 글루텐이 발전되어 반죽이 탄력 있고 윤이 나면 레몬 껍질, 안초비를
　　　　　　넣은 후 균일하게 잘 섞이면 완료한다. (최종 반죽온도 : 25℃)

실온휴지　26℃, 약 15분 (표면이 마르지 않도록 비닐을 덮는다)

분할　　40×60cm 팬 사용 시 1.1kg~1.3kg으로 한다.

실온휴지　26℃, 15~20분

정형　　① 팬에 올리브오일을 충분히 바른 후 반죽을 넣고
　　　　　　손바닥으로 가볍게 누르면서 펼친다.
　　　　　② 작업대 위에 밀가루를 뿌리고 그 위에 엎는다.
　　　　　③ 직경 20cm 원형 틀을 반죽 위에 얹고 물결무늬 파이커터로 잘라낸다.
　　　　　④ 잘라낸 반죽을 스크레이퍼로 반을 자른다.
　　　　　⑤ 작은 원형 틀로 반죽 윗면에 8군데 자국을 낸다.

팬닝　　팬 1개당 3개씩 놓는다.

발효　　28℃, 습도 70%, 약 20분

소금물 바르기　물에 소금, 올리브오일을 넣은 후 거품기로 휘젓는다.
　　　　　　반죽 위에 골고루 소금물을 바른다.

발효　　28℃, 습도 70%, 약 50~60분

굽기　　230℃ 오븐에서 약 20분간 굽는다.

안초비 *L'acciuga*

해안가 가까이에 사는 안초비가 한 해 중에서 가장 맛있을 때는, 암컷들이 4만 개까지 알을 낳는 번식 시기이다. 옛날부터 해안가 사람들은 안초비를 사용해 특별한 요리를 만들어 먹었을 뿐만 아니라 저장법도 잘 알고 있었다. 로마인들은 요리의 소스로 이 생선을 사용하곤 했는데 더 보편화된 것은 *가룸(garum)이었다. 안초비는 일반적으로 한 해에 두 번, 초봄과 9월 말경에 잡는다. 그래서 이 시기에 이탈리아의 모든 시장에는 은빛의 조그만 생선이 가득 채워진 통이 많다.

원래 안초비는 생으로 먹기 시작했지만 오래전부터 소금과 적합한 액체에 재워 돌이나 대리석 조각의 무게로 눌러 발효시킨 후 유리 용기나 금속 용기에 넣어 저장해 왔다. 소금이 안초비를 신선한 상태로 유지시키기 때문에 해안에서 도시로 운송할 수도 있게 되었다. 이처럼 수작업으로 소금에 절인 싱싱한 안초비를 저장식품의 형태로 많이 판매한다. 염분기를 제거하고 포를 떠 오일에 옮겨두어도 된다. 과거의 전통적인 저장 방식은 안초비 사이사이에 소금을 넣었다면 최근에는 더 안전한 저장 방식인 오일에 재운다.

＊ **가룸(garum)** : 고대 로마의 생선소스로, 생선을 소금에 절여 몇 달간 햇볕에 말린 뒤 사용한다.

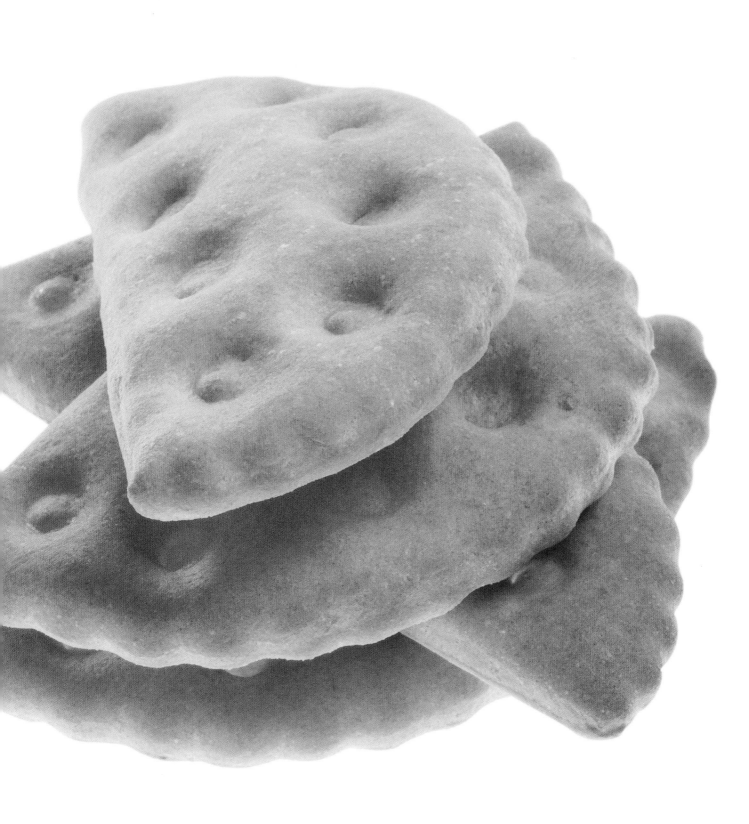

트레비조 지역의 붉은 라디끼오 포카치아

Focaccia al radicchio rosso di Treviso

재료

밀가루 800g(중력분 800g
　　　　　또는 W280 P/L0.55)
물 300g, 효모 20g,
맥아분 10g, 양파50g
(이 레시피에서는 트로페아 지역 양파 사용)
붉은 라디끼오 200g,
(이 레시피에서는 트레비조 지역 라디끼오 사용)
레드 와인 200g,
엑스트라버진 올리브오일 40g, 소금 15g

소금물

물 30g,
엑스트라버진 올리브오일 30g,
소금 15g

믹싱시간

스파이럴 믹서 : 저속 4분 → 중속 5분
플런저 믹서 : 저속 5분 → 중속 6분

만드는 방법

전처리　양파는 잘게 다지고 라디끼오는 조각으로 썬다.
　　　　　냄비에 약간의 올리브오일을 두르고 양파를 넣고 살짝 볶은 후
　　　　　라디끼오 100g을 넣고 레드 와인을 넣는다. 식힌 후 믹서에 곱게 간다.

믹싱　① 밀가루, 물, 효모, 맥아분, 전처리한 재료를 넣는다.
　　　　② 글루텐이 생성되면 올리브오일, 소금을 넣는다.
　　　　③ 글루텐이 발전되어 반죽이 탄력 있고 윤이 나면 남겨둔 라디끼오
　　　　　　조각을 넣은 후 균일하게 잘 섞이면 완료한다. (최종 반죽온도 : 25℃)

실온휴지　26℃, 약 15분 (표면이 마르지 않도록 비닐을 덮는다)

분할　100g, 혹은 원하는 크기로 한다.

둥글리기　표면이 매끄럽게 되도록 둥글리기를 한다.

실온휴지　26℃, 10분

정형　① 반죽을 뒤집어 가스를 가볍게 빼면서 타원형으로 만든다.
　　　　② 밀대로 반죽을 위아래로 밀어서 길이 15㎝ 유선형으로 만든다.

팬닝　팬 1개당 4개씩 놓는다.

발효　28℃, 습도 70%, 약 20분

소금물 바르기　물에 소금, 올리브오일을 넣은 후 거품기로 휘젓는다.
　　　　　반죽 위에 골고루 소금물을 바르고 반죽의 군데군데를
　　　　　손가락으로 눌러 구멍을 낸다.

발효　28℃, 습도 70%, 약 50~60분

굽기　230℃ 오븐에서 약 18분간 굽는다.

---

*IGP 인증을 받은 트레비조 지역, 카스텔프랑코 지역 라디끼오
Il radicchio di Treviso e di Castelfranco IGP

이탈리아 트레비조(Treviso) 지역의 붉은 라디끼오는 16세기때부터 경작되었다고 한다. 라디끼오는 치커리과에 속하며 잘 알려진 카스텔프랑코(Castelfranco) 지역의 얼룩덜룩한 라디끼오뿐만 아니라 조생종과 만생종 두가지 종류가 있다.
조생종의 경우는 퍼진 형태의 포기로 잎이 둥그렇게 둘러싸여 있고 속이 꽉 차 있으며, 붉은색에 노란색과 초록색이 얼룩덜룩하다. 만생종의 경우에는 뾰족한 모양의 잎으로 흐트러진 포기가 모아지는 형태이다. 레드 와인과 비슷한 강렬한 붉은색으로 중앙에 하얀 뼈대가 있고 크며 아삭하다. 늦가을에 익어서 경작지를 붉게 물들이고, 트레비조(Treviso)와 베네치아(Venezia) 지역에서는 말의 사료로도 사용했다. 쌉쓰레한 맛이 나고 익히면 그 맛이 더 강해지는 특성이 있다. 얼룩덜룩한 라디끼오는 더욱 둥그런 모양이고, 가장자리가 붉은 루비색으로 엷게 물든 것처럼 보이고 가운데는 흰색 혹은 크림색을 띤다. 단맛과 함께 살짝 쌉쓰레한 맛이 돈다.

* IGP(Indicazione Geografica Protetta) : 유럽연합법에 의해 보호받는 생산지 표시제도

회향씨 포카치아

Focaccia al semi di finocchio

재료

밀가루 600g (중력분 600g
　　　또는 W280 P/L0.55)
세몰리나 가루 150g,
물 420g, 효모 20g, 맥아분 10g,
엑스트라버진 올리브오일 50g,
소금 16g, 회향씨 6g

소금물

물 30g,
엑스트라버진 올리브오일 30g,
소금 15g

믹싱시간

스파이럴 믹서 : 저속 4분 → 중속 5분
플런저 믹서 : 저속 5분 → 중속 6분

만드는 방법

믹싱　　① 밀가루, 세몰리나 가루, 물, 효모, 맥아분을 넣는다.
　　　　　② 글루텐이 생성되면 올리브오일, 소금을 넣는다.
　　　　　③ 글루텐이 발전되어 반죽이 탄력 있고 윤이 나면 회향씨를 넣은 후
　　　　　　균일하게 잘 섞이면 완료한다. (최종 반죽온도 : 25℃)

실온휴지　26℃, 약 15분 (표면이 마르지 않도록 비닐을 덮는다)

분할　　40×60cm 팬 사용 시 1.1kg~1.3kg으로 한다.

실온휴지　26℃, 15~20분

팬닝　　팬에 올리브오일을 충분히 바른 후 반죽을 놓고 손바닥으로
　　　　　가볍게 누르면서 펼친다.

발효　　28℃, 습도 70%, 약 20분

소금물 바르기　물에 소금, 올리브오일을 넣은 후 거품기로 휘젓는다.
　　　　　반죽 위에 골고루 소금물을 바르고 반죽의 군데군데를
　　　　　손가락으로 눌러 구멍을 낸다.

발효　　28℃, 습도 70%, 약 50~60분

굽기　　230℃ 오븐에서 약 18분간 굽는다.

회향씨 *I semi di finocchio*

회향(학명 Foeniculum vulgare)은 지중해 전통 요리에 쓰이는 전형적인 재료로, 특히 아시아에서 많이 사용되며 중국의 5대 향신료 중의 하나이기도 하다. 회향은 잎이 가볍고 윤기가 나는 다년생 초본식물로 타원형의 작은 씨가 있다. 연초록의 씨가 우산모양 위에 뭉치로 있는데 그것을 수확해 건조, 숙성하면 된다. 인도 *마살라의 재료로 사용하며 난(naan)에도 많이 사용한다. 빻으면 강한 아니스 향이 발산되어 샐러드, 카레, 소스, *모스따르다, 오븐에 굽는 양 혹은 돼지고기와 같은 육류요리, 빵, 디저트, 포카치아와 같은 제품들에 맛과 향을 주기 위해 많이 사용한다. 회향씨는 강장, 소화 촉진 등의 효과가 있어 약재로 많이 사용하며, 강한 향이 있어 미용에도 사용한다. 중세 사람들은 열쇠구멍에 회향씨를 넣어두면 악령으로부터 보호받을 수 있다고 믿기도 했다.

• **마살라(masala)** : 인도요리에 사용되는 혼합향신료. 육계피, 정향, 카르다몸, 넛메그, 후추, 커민, 코리앤더, 회향 등의 십여 가지 향신료를 살짝 볶은 후 곱게 빻아서 만든다.
• **모스따르다(mostarda)** : 겨자, 혹은 겨자시럽에 당절임한 과일

해바라기씨 포카치아

Focaccia ai semi di girasole

재료

밀가루 750g(중력분 750g
　　　　또는 W280 P/L0.55)
호밀가루 50g, 물 400g,
효모 20g, 맥아분 10g,
엑스트라버진 올리브오일 40g,
소금 15g, 해바라기씨 250g

소금물

물 30g,
엑스트라버진 올리브오일 30g,
소금 15g

믹싱시간

스파이럴 믹서 : 저속 4분 → 중속 5분
플런저 믹서 : 저속 5분 → 중속 6분

만드는 방법

전처리 해바라기씨를 가볍게 볶는다.

믹싱 ① 밀가루, 호밀가루, 물, 효모, 맥아분을 넣는다.

② 글루텐이 생성되면 올리브오일, 소금을 넣는다.

③ 글루텐이 발전되어 반죽이 탄력 있고 윤이 나면 해바라기씨를 넣은 후 균일하게 잘 섞이면 완료한다. (최종 반죽온도 : 25℃)

실온휴지 26℃, 약 15분 (표면이 마르지 않도록 비닐을 덮는다)

분할 100g, 혹은 원하는 크기로 한다.

둥글리기 표면이 매끄럽게 되도록 둥글리기를 한다.

실온휴지 26℃, 10분

정형 ① 반죽을 손바닥으로 가볍게 누르면서 원형으로 만든다.

② 반죽의 가운데는 원형 틀로 눌러주고 가장자리는 가위로 잘라 모양을 낸다.

팬닝 팬 1개당 6개씩 놓는다.

발효 28℃, 습도 70%, 약 20분

소금물 바르기 물에 소금, 올리브오일을 넣은 후 거품기로 휘젓는다.
반죽 위에 골고루 소금물을 바르고 집게손가락으로
반죽의 가운데를 눌러 구멍을 낸다.

발효 28℃, 습도 70%, 약 50~60분

굽기 230℃ 오븐에서 약 18분간 굽는다.

맥아 *Il malto*

맥아는 곡물 중에서도 특히 보리 낱알의 발아에 의해 생성되는데, 맥아제조법은 다음과 같다. 종자가 발아할 수 있도록 미지근한 물에 낱알을 담가 놓는다. 그런 다음 말려서 뿌리를 분리하고 제분한다. 이 작업을 통해 씨앗의 수화와 산소공급이 이뤄진다. 따뜻하고 습한 환경에서 효소가 발생하고 전분의 당화(보리의 화학적 성분으로 전분이 맥아당으로 변화)가 시작된다. 이러한 작용은 낱알 안에 맥아당 농축이 최고조로 도달하기 전까지 멈추지 않는다. 끝으로, 낱알의 제분에 의해 맥아분이 생성된다.

빵 제조에 있어 맥아의 기능은 다양한데, 맥아에 함유되어 있는 효소 아밀라아제에 의해 맥아당을 생성시키는 역할을 한다. 그럼으로써 설탕을 대신할 수 있는 맥아당을 공급하고 빵의 볼륨을 더 커지게 하며 규칙적인 기포가 형성되게 한다. 또한 외피의 색을 더 진하게 하며 맛과 풍미를 더 강하게 한다.

맥아는 비스킷, 특히 얇게 잘라 구운 것과 같은 건과자류 제품에도 광범위하게 사용한다. 또한 저장 시 향과 신선도를 유지시켜주고 덜 부서지게 만들며 맛과 영양을 더욱 풍부하게 해준다.

생강·레몬 포카치아
Focaccia allo zenzero e limone

재료

밀가루 750g(중력분 750g
　　　또는 W280 P/L0.55)
물 410g, 효모 20g, 맥아분 10g,
엑스트라버진 올리브오일 40g,
소금 15g, 레몬 껍질 80g,
생강가루 20g

소금물
물 30g,
엑스트라버진 올리브오일 30g,
소금 15g

믹싱시간

스파이럴 믹서 : 저속 4분 → 중속 5분
플런저 믹서 : 저속 4분 → 중속 6분

만드는 방법

전처리　레몬 껍질 안쪽의 흰 부분을 제거한 후 길고 얇게 썬다.
　　　　　끓는 물에 살짝 데치고 체에 걸러 물기를 제거한 후 식힌다.

믹싱　① 밀가루, 물, 효모, 맥아분을 넣는다.
　　　　② 글루텐이 생성되면 올리브오일, 소금을 넣는다.
　　　　③ 글루텐이 발전되어 반죽이 탄력 있고 윤이 나면 레몬 껍질, 생강가루를
　　　　　넣은 후 균일하게 잘 섞이면 완료한다. (최종 반죽온도 : 25℃)

실온휴지　26℃, 약 15분 (표면이 마르지 않도록 비닐을 덮는다)

분할　40×60cm 팬 사용 시 1.1kg~1.3kg으로 한다.

실온휴지　26℃, 15~20분

팬닝　팬에 올리브오일을 충분히 바른 후 반죽을 놓고 손바닥으로 가볍게
　　　　누르면서 펼친다.

발효　28℃, 습도 70%, 약 20분

소금물 바르기　물에 소금, 올리브오일을 넣은 후 거품기로 휘젓는다.
　　　　　반죽 위에 골고루 소금물을 바르고 반죽의 군데군데를
　　　　　손가락으로 눌러 구멍을 낸다.

발효　28℃, 습도 70%, 약 50~60분

굽기　230℃ 오븐에서 약 18분간 굽는다.

생강 *Lo zenzero*

생강의 원산지는 동남아시아이고 열대 지역에서 굉장히 중요한 작물로 경작되었다. 중세에는 서양으로 전파되었고 그후 좋은 요리 재료로 인정받게 되었다. 특히 비스킷과 향신료를 넣은 달콤한 빵을 만들 때 많이 사용된다. 페스트를 예방하는 약재로도 사용했으며 거의 만병통치약으로 여겨지기도 했는데 전염병 퇴치를 기원하며 집이나 길에서 생강을 햇빛에 말렸다. 원산지에서는 옛날부터 지금까지 육류와 닭, 특히 생선이나 채소 요리에 많이 사용된다. 인도의 *처트니, 매운 과일생강잼, 생강 식초를 만들기 위해 절대적으로 필요한 재료이다. 사탕수수나무와 비슷하게 자라고, 불규칙한 형태의 구근뿌리가 있다. 잎은 가늘고 길며 빛나는 초록색이다. 1m 높이까지 자라며 껍질이 갈색이고 과육은 하얗고 단단하다. 강하고 매운 맛이 나며 레몬같이 시원하고 기분 좋은 향이 난다.
통째 쓰기도 하지만 분말 형태로도 사용하며, 생으로 쓰거나 설탕절임으로 만들어 두기도 한다. 작은 통에 넣어 밀봉해 두면 2~3주 정도 보관할 수 있다. 만약 껍질을 벗기고 조각내서 냉동시키면 3달 정도 보관이 가능하다.

* 처트니(chutney) : 과일, 채소, 식초, 향신료 등을 넣고 섞어 버무린 달콤하고 새콤한 인도의 조미료

감자 피자
Pizza alle patate

재료

밀가루 750g(중력분 750g
       또는 W280 P/L0.55)
우유 350g, 효모 30g, 맥아분 10g,
소금 20g, 달걀 1개, 감자 150g

토핑

토마토 400g,
소금 약간, 고춧가루 약간,
모짜렐라 치즈 350g,
뻬코리노 치즈가루 150g

믹싱시간

스파이럴 믹서 : 저속 4분 → 중속 5분
플런저 믹서 : 저속 5분 → 중속 6분

* 감자는 삶아 으깨서 사용한다.
  감자 150g 대신 감자가루 50g,
  물 100g을 섞어서 사용해도 된다.

만드는 방법

전처리 감자는 삶아서 으깨고 토마토도 껍질을 벗겨 으깬다.
모짜렐라 치즈는 주사위 모양으로 썬다.

믹싱 ① 밀가루, 우유, 효모, 맥아분을 넣는다.
② 글루텐이 생성되면 소금, 달걀, 감자를 단계적으로 넣는다.
③ 글루텐이 발전되어 반죽이 탄력 있고 윤이 나면 완료한다.
   (최종 반죽온도 : 25℃)

실온휴지 26℃, 약 20분 (표면이 마르지 않도록 비닐을 덮는다)

분할 200g, 혹은 원하는 크기로 한다.

둥글리기 표면이 매끄럽게 되도록 둥글리기를 한다.

실온휴지 26℃, 10분

정형 ① 반죽을 뒤집어 가스를 가볍게 빼면서 원형으로 만든다.
② 반죽을 돌리면서 밀대로 위아래로 밀어서 직경 20cm의 원형으로 만든다.

팬닝 팬 1개당 2개씩 놓는다.

토핑 반죽 위에 토마토를 놓고, 소금과 고춧가루를 뿌려 간을 한다.

발효 28℃, 습도 70%, 약 60분

굽기 230℃ 오븐에서 10분간 굽는다. 오븐에서 꺼낸 후 모짜렐라 치즈,
뻬코리노 치즈가루를 뿌리고 약간의 올리브오일(분량 외)을 뿌려
다시 10분간 더 굽는다.

감자 요리 *Cuocere la patata*

오래전부터 감자를 맛있게 먹는 방법은 삶는 것이고 보다 이상적인 방법은 수증기에 찌는 것이다. 감자를 물에서 끓이면 감자의 영양분이 빠져나가게 되지만 수증기에 찌면 영양분이 고스란히 유지되면서 익는다. 그리고 껍질을 벗기지 않고 쪄야 더 맛있다. 감자가 익었는지 상태를 확인할 때도 포크로 찌르지 말고 긴 이쑤시개로 찔러보는 것이 좋다. 구멍이 너무 크면 그 안에 수분이 들어가서 감자가 너무 과도하게 부드러워지고 이로 인해 부서질 수 있기 때문이다.
육류, 생선과 같이 구우면 육류와 생선의 육즙으로부터 나오는 지방성분을 흡수하는 경향이 있어 육류와 생선의 칼로리를 낮추는 효과가 있다.
만약 튀긴다면, 충분한 오일로 일정한 온도에 가볍게 튀기는 것이 좋다. 그러면 외피가 빠르게 형성되어 바삭바삭해지고, 오일을 과도하게 흡수하는 것도 방지할 수 있다. 100℃ 이상에서 튀기는 것이 좋고, 활성산소가 빠르게 형성되지 않는 엑스트라버진 올리브오일을 사용하는 것이 중요하다. 감자를 튀긴 후 키친타월을 사용해 기름을 제거하면 식탁 위에서 더 바삭바삭한 감자튀김을 만날 수 있다.

꽃상추·훈제 스카모르자 칼조네

Calzone con scarola e scamorza affumicata

재료

밀가루 1kg(중력분 500g+박력분 500g
　　　　또는 W260 P/L0.55)
물 500g, 효모 30g,
맥아분 10g, 소금 20g,
엑스트라버진 올리브오일 50g

속 채우는 재료

꽃상추 500g,
훈제 스카모르자 치즈 300g

소금물

물 30g,
엑스트라버진 올리브오일 30g,
소금 15g

믹싱시간

스파이럴 믹서 : 저속 3분 → 중속 6분
플런저 믹서 : 저속 4분 → 중속 7분

* **스카모르자(scamorza)**
황소유로 만든, 조롱박 모양에 표면이
매끄럽고 짚색, 흰갈색을 띠며 탄력이 있는
연질 치즈로 생모짜렐라 치즈와 유사하다.

만드는 방법

전처리　꽃상추는 작은 크기로 썰어 끓는 물에 살짝 데친다.
　　　　스카모르자 치즈는 주사위 모양으로 썬다.

믹싱　① 밀가루, 물, 효모, 맥아분을 넣는다.
　　　② 글루텐이 생성되면 소금, 올리브오일을 넣는다.
　　　③ 글루텐이 발전되어 반죽이 탄력 있고 윤이 나면 완료한다.
　　　　　(최종 반죽온도 : 25℃)

실온휴지　26℃, 약 10분 (표면이 마르지 않도록 비닐을 덮는다)

분할　80g, 혹은 원하는 크기로 한다.

둥글리기　표면이 매끄럽게 되도록 둥글리기를 한다.

실온휴지　26℃, 약 20분

정형　① 반죽을 뒤집어 가스를 가볍게 빼면서 원형으로 만든다.
　　　② 반죽을 돌리면서 위아래로 밀어 펴서 원형으로 만든다.
　　　③ 반죽의 가장자리에 달걀물(분량 외)을 바른다.
　　　④ 꽃상추와 스카모르자 치즈를 잘 섞어서 반죽의 1/2정도까지만 올린다.
　　　⑤ 반죽을 반으로 접어 반달 모양으로 만든다.
　　　⑥ 달걀물을 바른 가장자리를 잘 눌러서 위아래 반죽을 잘 붙인다.

팬닝　팬 1개당 8개씩 놓는다.

발효　8℃, 습도 70%, 약 40~50분

굽기　220~230℃ 오븐에서 18분간 굽는다.

숙성시킨 파스테 필라떼 *Le paste filate stagionate*

이 치즈는 칼다이아(우유를 끓이는 큰 용기)에 우유를 넣고 압력을 가해 산성화시켜 발효하는 특별한 공정을 통해 만들어진다. 파스테 필라떼라는 이름에서도 알 수 있듯이 방적과정을 거치면서 반죽의 유연성이 높아지고, 이로 인해 배출물이 나오고 응유의 산성화가 일어난다. 방적과정은 반죽이 섬유질 형태의 덩어리가 될 때까지 신맛이 나는 응유를 기계로 반죽하고 끓는 물에 데우는 것이다. 숙성 기간은 일반적일 수도 있고 혹은 장기간일 수도 있는데, 그 이후에 훈제하면 치즈 표면이 견고해진다. 주요 파스테 필라떼 숙성 치즈는 쁘로볼로네(Provolone), 스카모르자(Scamorza), 카치오카발로(Caciocavallo), 쁘로볼라(Provola) 치즈이다.

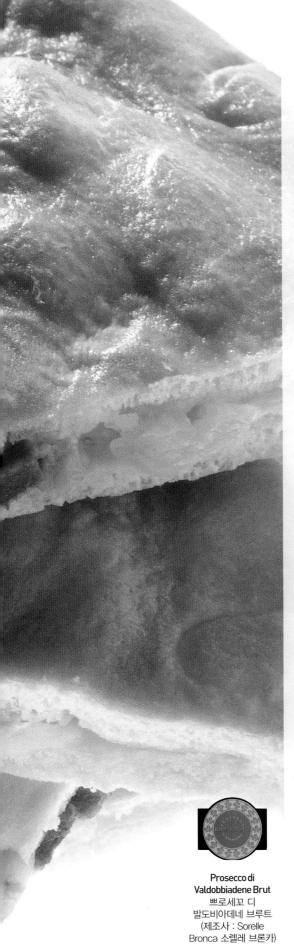

le focacce
속을 채운 포카치아 farcite

속을 채운 포카치아는 사무실에서 빨리 점심을 해결해야 할 때 배고픔을 달래면서 영양을 섭취하기에 더할 나위 없이 좋은 식사가 될 수 있다.
이 장에서는 살루미, 치즈와 같은 전형적인 속재료에서부터 버섯 포카치아, 참치·스카모르자 치즈 포카치아, 채소 포카치아, 프로슈또·파인애플 포카치아 등 다양한 재료로 속을 채운 포카치아들을 소개한다. 이러한 속재료들은 끊임없이 변화되었으며 앞으로도 더 다양해질 것이다.

〈추천 와인〉

Prosecco di Valdobbiadene Brut
쁘로세꼬 디 발도비아데네 브루트
(제조사 : Sorelle Bronca 소렐레 브론카)

Basilicata igt Bianco Re Manfredi
바질리카타 아이지티 비안코 레 만프레디
(제조사 : Terra degli Svevi 테라 델리 스베비)

Franciacorta Brut Zero
프란치아코르타 브루트 제로
(제조사 : Contadi Castaldi 콘타디 카스탈디)

Piemonte Metodo Classico Brut Carlo Gancia
삐에몬테 메토도 클라씨코 브루트 카를로 간치아
(제조사 : Gancia 간치아)

Lamezia Greco
라메지아 그레코
(제조사 : Cantina Lento 칸티나 렌토)

버섯으로 속을 채운 포카치아

Focaccia farcita ai funghi

재료

밀가루 750g(중력분 375g+박력분 375g
　　　　또는 W260 P/L0.55)
세몰리나 가루 100g,
물 450g, 효모 25g, 맥아분 10g, 소금 20g,
엑스트라버진 올리브오일 40g

속을 채우는 재료

버섯 300g,
(이 레시피에서는 샹피뇽 사용)
버터 50g, 베이컨 100g,
몬타지오 치즈 150g

소금물

물 30g,
엑스트라버진 올리브오일 30g,
소금 15g

믹싱시간

스파이럴 믹서 : 저속 3분 → 중속 6분
플런저 믹서 : 저속 4분 → 중속 7분

만드는 방법

전처리 버섯은 얇게 썰어 버터에 살짝 볶는다. 베이컨은 주사위 모양으로 썬 후 약간의 올리브오일에 튀긴다. 치즈는 얇은 조각으로 썬다.

믹싱
　① 밀가루, 세몰리나 가루, 물, 효모, 맥아분을 넣는다.
　② 글루텐이 생성되면 소금, 올리브오일을 넣는다.
　③ 글루텐이 발전되어 반죽이 탄력 있고 윤이 나면 완료한다.
　　　(최종 반죽온도 : 25℃)

실온휴지 26℃, 약 10분 (표면이 마르지 않도록 비닐을 덮는다)

분할 40×60cm 팬 사용 시 1.1kg~1.3kg으로 한다.

실온휴지 26℃, 약 15분

정형
　① 40×60cm 팬에 올리브오일을 충분히 바른 후 반죽을 넓게 펼친다.
　② 작업대 위에 밀가루를 뿌리고 반죽을 엎는다.
　③ 적당한 크기의 육각형 틀을 사용하여 반죽을 찍어낸다.
　④ 반죽의 가장자리에 달걀물(분량 외)을 바른다.
　⑤ 반죽 위에 버섯, 베이컨, 치즈를 올린 후 다른 반죽 1개로 덮는다.
　⑥ 달걀물을 바른 가장자리를 잘 눌러서 위아래 반죽을 잘 붙인다.

팬닝 팬 1개당 3개씩 놓는다.

발효 28℃, 습도 70%, 약 20분간 발효시킨 후 칼집을 넣는다.

소금물 바르기 물에 소금, 올리브오일을 넣은 후 거품기로 휘젓는다.
　　　　　　 반죽 위에 골고루 소금물을 바른다.

발효 28℃, 습도 70%, 약 50분

굽기 230℃ 오븐에서 약 20~22분간 굽는다.

버섯 *I funghi*

다른 유럽 국가와는 달리 이탈리아에서는 버섯을 야생 재배한다. 이탈리아 북부에서 남부까지 두가지 종류가 확산되어 있는데, 일반적으로 이용되는 버섯은 산새버섯이고 귀하여 그 진가를 인정받는 버섯은 송이버섯이다. 이밖에도 꾀꼬리버섯, 뽕나무버섯, 큰갓버섯 그리고 풀리아 지역의 새송이버섯처럼 각 지역별로 다양한 버섯들이 있다.

버섯을 요리하는 방법은 지역마다 크게 다르지는 않다. 생으로 샐러드에 넣어 먹기도 하고, 익혀서 먹기도 한다. 보통은 얇게 썰어서 마늘, 파슬리와 함께 올리브오일에 볶아서 먹고 이 양념을 건파스타나 뽈렌타의 기본 양념으로 사용하기도 한다. 이탈리아의 전형적인 애피타이저인 올리브오일에 절인 버섯 그리고 말린 버섯을 기본 재료로 한 육수나 버섯수프 역시 보편적인 활용법이다. 어떤 지역은 빵가루를 묻혀서 튀기기도 하고, 혹은 그릴에 통으로 굽기도 한다. 리구리아 지역의 전통 요리이기도 한 현대 요리에서 버섯, 특히 산새버섯은 생선과 굉장히 궁합이 잘 맞는다.

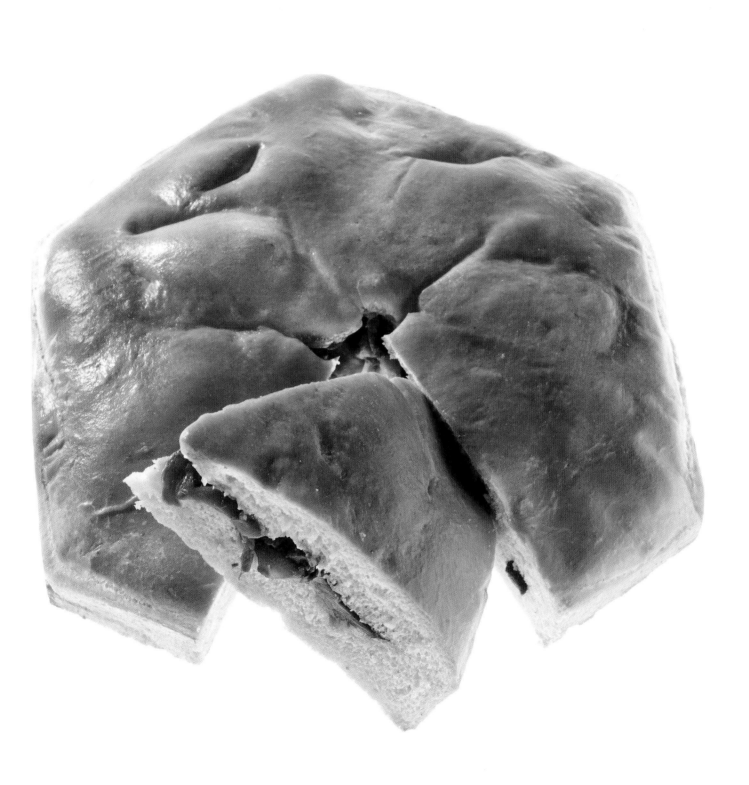

리코따로 속을 채운 포카치아

Focaccia farcita alla ricotta

재료

밀가루 750g(중력분 375g+박력분 375g
  또는 W260 P/L0.55)
세몰리나 가루 100g, 물 450g,
효모 25g, 맥아분 10g, 소금 20g,
엑스트라버진 올리브오일 40g

속을 채우는 재료

프로슈또 코또 200g, 리코따 400g,
달걀 2개, 달걀노른자 2개 분량,
그라나 빠다노 치즈가루 100g,
소금, 후춧가루 약간

소금물

물 30g, 소금 15g,
엑스트라버진 올리브오일 30g

믹싱시간

스파이럴 믹서 : 저속 3분 → 중속 6분
플런저 믹서 : 저속 4분 → 중속 7분

만드는 방법

전처리 프로슈또 또는 얇게 썬다. 리코따는 체에 내린 후 달걀, 달걀노른자를 섞는다.
  그라나 빠다노 치즈가루를 넣어 한 번 더 섞고 소금, 후춧가루로 간한다.

믹싱 ① 밀가루, 세몰리나 가루, 물, 효모, 맥아분을 넣는다.

  ② 글루텐이 생성되면 소금, 올리브오일을 넣는다.

  ③ 글루텐이 발전되어 반죽이 탄력 있고 윤이 나면 완료한다.
    (최종 반죽온도 : 25℃)

분할 반죽을 2등분한다.

실온휴지 26℃, 약 20분 (표면이 마르지 않도록 비닐을 덮는다)

팬닝 40×60㎝ 팬에 올리브오일을 충분히 바른 후 반죽 1개를 놓고 펼친다.

토핑 반죽 위에 전처리한 재료를 올린 후 다른 반죽 1개로 덮는다.

발효 28℃, 습도 70%, 약 20분

소금물 바르기 물에 소금, 올리브오일을 넣은 후 거품기로 휘젓는다.
  반죽 위에 골고루 소금물을 바른다.

발효 28℃, 습도 70%, 약 50분

굽기 230℃ 오븐에서 약 20~22분간 굽는다.

리코따 *La ricotta*

리코따는 치즈가 아니다. 응유에서 제외된 유장으로 만들기 때문이다. 그러므로 엄밀히 얘기하자면 우유에서 생산된 유제품의 일종인 것이다. 리코따는 염소, 양, 암소, 물소유로 신선하게 혹은 숙성시켜 소금을 첨가하거나 고추를 뿌리거나 훈제해서 오븐에 익힌 것 등 그 종류가 매우 다양하다.

과거에는 하루에 두 번씩 이른 아침과 목초지의 가축들이 들어오는 오후에 리코따를 생산했다. 응유의 유장을 재가열하는 것에서 유래된 제조 방식은 매일 생산하는 우유를 전혀 버리는 것 없이 활용할 수 있도록 해주었다. 여러 가지 제조와 저장 방법들이 있지만, 유장에 일정한 양의 소금을 첨가하고 80~90℃ 온도에 가열하여 만드는 것이 리코따의 제조 방식으로 규정되어 있다. 이때 표면에 나타나는 덩어리가 리코따가 되는 것이다. 쌉쓰레한 맛을 내는 표면의 불순물(찌꺼기, 거품)을 버리고 덩어리를 목화천으로 걸러낸다. 그런 다음 작은 구멍이 뚫린 틀이나 얇은 천으로 된 작은 주머니에 넣는다. 그러면 짧은 시간 안에 리코따가 완성된다. 숙성시키지 않으려면 빠른 시간 안에 먹어야 한다.

참치·스카모르자 포카치아

Focaccia con tonno e scamorza

재료

밀가루 750g(중력분 375g+박력분 375g
또는 W260 P/L0.55)
통밀가루 100g, 물 450g,
효모 25g, 맥아분 10g, 소금 20g,
엑스트라버진 올리브오일 40g

속을 채우는 재료

참치 250g, 훈제 스카모르자 치즈 350g

소금물

물 30g,
엑스트라버진 올리브오일 30g,
소금 15g

믹싱시간

스파이럴 믹서 : 저속 3분 → 중속 6분
플런저 믹서 : 저속 4분 → 중속 7분

만드는 방법

전처리 참치는 올리브오일(분량 외)에 재운다.

믹싱 ① 밀가루, 통밀가루, 물, 효모, 맥아분을 넣는다.

② 글루텐이 생성되면 소금, 올리브오일을 넣는다.

③ 글루텐이 발전되어 반죽이 탄력 있고 윤이 나면 완료한다.

(최종 반죽온도 : 25℃)

실온휴지 26℃, 약 10분 (표면이 마르지 않도록 비닐을 덮는다)

분할 80g, 혹은 원하는 크기로 한다.

둥글리기 표면이 매끄럽게 되도록 둥글리기를 한다.

실온휴지 26℃, 약 10분

정형 ① 직경 15*cm*의 원형으로 만든다.

② 반죽의 가장자리에 달걀물(분량 외)을 바른다.

③ 반죽 위에 참치와 치즈를 올린다.

④ 가운데를 별 모양 틀로 찍어낸 다른 반죽 1개로 덮는다.

⑤ 달걀물을 바른 가장자리를 잘 눌러서 위아래 반죽을 잘 붙인다.

⑥ 별 모양 반죽들로 반죽 위를 장식한다.

팬닝 팬 1개당 4개씩 놓는다.

발효 28℃, 습도 70%, 약 20분

소금물 바르기 물에 소금, 올리브오일을 넣은 후 거품기로 휘젓는다.

반죽 위에 골고루 소금물을 바른다.

발효 28℃, 습도 70%, 약 50분

굽기 체를 사용해 밀가루(분량 외)를 뿌리고 230℃ 오븐에서 20~22분간 굽는다.

참치 *Il tonno*

지중해에는 두 가지 종류의 참치가 있는데, 붉은살 참치와 흰살 참치 혹은 알라룬가(alalunga - 리구리아 지역 방언)이다. 붉은살 참치는 최고급 어종으로 오늘날 지중해와 대서양에서 굉장히 중요한 산업이고 몇 년 전부터 붉은살 참치 양식업이 시작되었다. 제일 처음 참치를 올리브오일에 저장한 것은 15세기 스페인 세빌리아(sivigliana) 요리에서 비롯되었다. 붉은살 참치의 최고급 부위인 뱃살을 사용했고, 바닷물을 끓여서 참치를 데쳐 잘 건조시킨 후 올리브오일에 재웠다.
1868년 올리브오일에 재운 참치캔이 제노바 지역에 등장한다. 프랑스인 니콜라 아페르(Nicolas Appert)가 캔에 보관하는 것을 발명했는데, 살균하고 캔에 넣어 뚜껑을 닫고 밀폐시킨 것이다. 제노바 사람들은 사회 모든 계층으로 확산된 참치캔의 굉장한 전문가들이 되었다. 탁월한 이탈리아 캔 보존식품 업체의 직인이 찍힌 붉은 육질에 푸른 지느러미를 가진 붉은 살 참치는 영국인들에게 '블루핀(bluefin)'이라 불리며 그 진가를 인정받았다.
한편 흰살 참치 즉, 알라룬가(alalunga)는 알바코어(Albacore)라 부르는 스페인산이 유명하다.

열대과일 포카치아

Focaccia esotica

재료

밀가루 800g(강력분 160g+중력분 640g
또는 W300 P/L0.55)
물 300g, 효모 30g, 달걀 3개,
소금 20g, 설탕 20g, 버터 100g

속을 채우는 재료

프로슈또 코또 250g,
시럽에 절인 파인애플 250g,
에멘탈 치즈 250g

믹싱시간

스파이럴 믹서 : 저속 3분 → 중속 6분
플런저 믹서 : 저속 4분 → 중속 7분

만드는 방법

전처리 프로슈또 코또, 파인애플은 주사위 모양으로 썰고,
에멘탈 치즈는 믹서에 간다.

믹싱 ① 밀가루, 물, 효모, 달걀 1개를 넣는다.

② 글루텐이 생성되면 소금, 설탕, 달걀 2개를 단계적으로 넣는다.

③ 마지막으로 버터를 넣는다.

④ 글루텐이 발전되어 반죽이 탄력 있고 윤이 나면 완료한다.

　(최종 반죽온도 : 25℃)

분할 반죽을 2등분한다.

실온휴지 26℃, 약 20분 (표면이 마르지 않도록 비닐을 덮는다)

정형 ① 40×60cm 팬에 올리브오일을 충분히 바른 후 반죽을 넓게 펼친다.

② 작업대 위에 밀가루(분량 외)를 뿌리고 반죽을 엎는다.

③ 적당한 크기의 사각형 틀을 사용하여 반죽을 찍어낸다.

④ 반죽의 가장자리에 달걀물(분량 외)을 바른다.

⑤ 반죽 위에 프로슈또 코또, 파인애플을 놓고 에멘탈 치즈가루를 뿌린 후
다른 반죽 1개로 덮는다.

⑥ 달걀물을 바른 가장자리를 잘 눌러서 위아래 반죽을 잘 붙인다.

팬닝 팬 1개당 3개씩 놓는다.

발효 28℃, 습도 70%, 약 20분간 발효한 후, 가운데에 구멍을 내고
달걀물을 바른다. 반죽의 군데군데를 손가락으로 눌러 구멍을 낸다.

발효 28℃, 습도 70%, 약 50분

굽기 210℃ 오븐에서 20~22분간 굽는다.

에멘탈 *l'Emmenthal*

에멘탈 그란데 크루(Emmental Grande Cru)는 아마도 프랑스 최고의 치즈일 것이다. 이 치즈는 60~130kg
으로 제작한다. 70kg의 치즈를 생산하기 위해서는 900l의 우유가 필요하다. 중세부터 생산하기 시작했고,
제1차 세계대전 이후 프랑스의 에멘탈 치즈와 달리 이탈리아 지우라 지역에서 그 가치가 알려졌다.
우유를 가열하여 응고시킨 후 그 응유를 1시간 30분 동안 재가열해 틀에 넣고 24시간 동안 압축한 후, 염
수에 담가둔다. 압축했던 것을 풀고 2단계에 걸쳐 형태를 고르게 정돈한다. 초기에는 낮은 온도와 중간 온
도에 놓고 다음에는 온도 25℃, 습도 60%의 저장 창고에 옮겨 한달 동안 그 곳에 놔둔다. 이 단계에서 전형
적인 치즈 구멍이 생기게 된다. 숙성이 거의 끝나면 에멘탈 그란데 크루는 겉은 단단하고 건조하며 황갈색이 된다. 치즈의 품질을 보
증하고 제조사의 이름과 출처를 나타내는 적색 카세인의 플레이트가 찍힌다. 치즈덩어리를 자르면 따뜻한 아이보리색에 밀도가 높
고 다양한 크기의 구멍이 뚫려있으며, 단맛이 난다.

파·치즈 포카치아

Focaccia con porri e formaggio

재료

밀가루 750g(중력분 375g+박력분 375g
또는 W260 P/L0.55)
통밀가루 100g, 물 450g, 효모 25g,
맥아분 10g, 소금 20g,
엑스트라버진 올리브오일 40g

속을 채우는 재료

파 600g, 버터 50g, 소금, 후춧가루 약간,
그라나 빠다노 치즈가루 150g,
에멘탈 치즈가루 150g

소금물

물 30g,
엑스트라버진 올리브오일 30g,
소금 15g

믹싱시간

스파이럴 믹서 : 저속 3분 → 중속 6분
플런저 믹서 : 저속 4분 → 중속 7분

만드는 방법

전처리   파는 잘게 다진 후 버터에 볶는다. 소금, 후춧가루로 간한 후
치즈가루를 넣고 잘 섞는다.

믹싱   ① 밀가루, 통밀가루, 물, 효모, 맥아분을 넣는다.
② 글루텐이 생성되면 소금, 올리브오일을 넣는다.
③ 글루텐이 발전되어 반죽이 탄력 있고 윤이 나면 완료한다.
　　(최종 반죽온도 : 25℃)

분할   반죽을 2등분한다.

실온휴지   26℃, 약 20분 (표면이 마르지 않도록 비닐을 덮는다)

정형   ① 40×60cm 팬에 올리브오일을 충분히 바른 후 반죽을 넓게 펼친다.
② 작업대 위에 밀가루를 뿌리고 반죽을 올린다.
③ 스크레이퍼를 사용하여 가로 10cm × 높이 15cm의 삼각형으로 자른다.
④ 반죽의 가장자리에 달걀물(분량 외)을 바른다.
⑤ 반죽 위에 전처리한 재료를 올린 후 다른 반죽으로 덮는다.
⑥ 달걀물을 바른 가장자리를 잘 눌러서 위아래 반죽을 잘 붙인다.

팬닝   팬 1개당 8개씩 놓는다.

발효   27℃, 습도 70%, 약 20분간 발효한 후 칼집을 낸다.

소금물 바르기   물에 소금, 올리브오일을 넣은 후 거품기로 휘젓는다. 반죽 위에
골고루 소금물을 바른다.

발효   27℃, 습도 70%, 약 50분

굽기   230℃ 오븐에서 약 20~22분간 굽는다.

'맛있는' 오일 : 맛보고 선택하라 *L'olio buono : degustarlo e sceglierlo*

맛있는 엑스트라버진 올리브오일을 알 수 있는 방법은 단 하나이다. 순도를 맛보는 것이다. 색으로는 품질, 맛, 향을 알 수 없기 때문이다. 올리브오일을 유리잔에 담으면 자체의 색으로 인해 유리잔이 호박색으로 보인다. 올리브오일의 생산년도가 짧을수록 올리브의 품질이 좋고 초록색이 많이 난다. 또한 제조 방식에 따라 색이 변하기도 한다. 노란색을 띤 초록색에서 황금빛 노란색, 담황색으로 변하는데, 모든 유형의 올리브는 진한 초록색에서 올리브 기름을 짠 후 고유의 색으로 급격하게 변화되며 숙성기간에 따라 황금빛으로 변하게 된다.
올리브오일의 다양한 맛은 어떤 음식과 함께 먹느냐에 따라 그 가치가 달라진다. 리구리아 지역 혹은 가르다 호수 지역의 가볍고 과일향이 나는 올리브오일은 상추, 꽃상추 샐러드 혹은 생선요리, 마요네즈소스와 궁합이 잘 맞는다. 맛이 더 강하고 향은 중간 정도인 이탈리아 중부의 올리브오일은 다양한 유형의 포카치아에 풍미를 주기에 적합하고, 씁쓰레한 샐러드(라디끼오, 루콜라, 야생 치커리), 데친 채소 혹은 흰살 생선(쏨뱅이, 문어, 낙지류)과 궁합이 잘 맞는다. 미각과 후각에 확실하게 자극을 주기 때문에 붉은살 육류를 조미할 때나 아티초크, 브로콜리와 같은 채소, 시골의 전통 콩과 수프요리에 맛을 주기 위해 사용하면 좋다.

치즈로 속을 채운 포카치아

Focaccia farcita ai formaggi

재료

밀가루 850g(중력분 425g+박력분 425g
또는 W260 P/L0.55)
호밀가루 50g, 물 450g,
효모 25g, 맥아분 10g, 소금 20g,
엑스트라버진 올리브오일 40g

속을 채우는 재료

리코따 250g, 달걀노른자 3개 분량,
차이브 30g, 파슬리 20g,
소금, 후춧가루 약간,
폰티나 치즈 150g(이 레시피에서는
발레 다오스타 지역의 폰티나 치즈 사용),
아지아고 치즈 150g,
토스카노 뻬코리노 치즈 150g

소금물

물 30g,
엑스트라버진 올리브오일 30g,
소금 15g

믹싱시간

스파이럴 믹서 : 저속 3분 → 중속 6분
플런저 믹서 : 저속 4분 → 중속 7분

만드는 방법

전처리 리코따를 체에 내린 후 달걀노른자, 곱게 다진 차이브, 파슬리와 섞는다.
소금, 후춧가루로 간하고 한 번 더 섞는다.

믹싱 ① 밀가루, 호밀가루, 물, 효모, 맥아분을 넣는다.
② 글루텐이 생성되면 소금, 올리브오일을 넣는다.
③ 글루텐이 발전되어 반죽이 탄력 있고 윤이 나면 완료한다.
　　(최종 반죽온도 : 25℃)

분할 반죽을 2등분한다.

실온휴지 26℃, 약 20분 (표면이 마르지 않도록 비닐을 덮는다)

정형 ① 40×60cm 팬에 올리브오일을 충분히 바른 후 반죽을 넓게 펼친다.
② 작업대 위에 밀가루를 뿌리고 반죽을 얹는다.
③ 직경 10cm의 원형 틀로 반죽을 찍어낸다.
④ 반죽의 가장자리에 달걀물(분량 외)을 바른다.
⑤ 반죽 위에 전처리한 재료와 치즈들을 올린 후 다른 반죽으로 덮는다.
⑥ 달걀물을 바른 가장자리를 잘 눌러서 위아래 반죽을 잘 붙인다.

팬닝 팬 1개당 10개씩 놓고 직경 9cm의 원형 틀로 반죽을 누른 후
원하는 모양을 만든다.

발효 27℃, 습도 70%, 약 20분

소금물 바르기 물에 소금, 올리브오일을 넣은 후 거품기로 휘젓는다.
반죽 위에 골고루 소금물을 바른다.

발효 27℃, 습도 70%, 약 50분

굽기 230℃ 오븐에서 약 20~22분간 굽는다.

폰티나 *La Fontina*

폰티나 치즈는 유럽에서도 특히 알프스 산맥의 고원지대인 발레 다오스타(Valle d'Aosta) 지역에서만 생
산되는 제품이다. 이 지역은 해발 2,000~2,700m로 풍부한 산악 식물들이 번식하고 식물학적으로 가치
있는 종들이 많이 자라며 동물들은 자연 그대로의 야생 허브를 섭취한다.
폰티나는 발레다오스타종(Valdostana), 붉은 얼룩종(Pezzata Rossa) 그리고 검은 얼룩종(Pezzata Nera)
우유로 만든다. 우유 응고 온도는 36~37℃이고, 데우는 온도는 47~48℃이다. 데워서 추출된 응유를 틀
에 넣고 유장이 배출되도록 압축한다. 온도와 습도는 제품의 완벽한 숙성을 위해 매우 중요하다. 약 3개월
동안 숙성시키는데 반드시 어두운 환경에 두어야 한다. 온도는 12℃보다 높으면 안되고 습도는 약 90%,
장소는 옛날 광산이나 암석 안을 뚫은 곳이 적합하다. 숙성 과정에서 여러 번 건조한 후 소금을 넣는다.
단맛과 향기로운 향이 나며 제조하는 계절, 사료, 목초지, 숙성 정도에 따라서 다양하다.

채식주의자를 위한 포카치아

Focaccia vegetariana

재료

밀가루 750g(중력분 375g+박력분 375g
또는 W260 P/L0.55)
엠머밀(emmer wheat)가루 100g,
물 450g, 효모 25g, 맥아분 10g,
소금 20g, 엑스트라버진 올리브오일 40g

속을 채우는 재료

카프리노 치즈 200g,
그라나 빠다노 치즈 50g,
엑스트라버진 올리브오일 50g,
소금 약간, 토마토 200g,
노란 피망 150g, 호박 150g,
가지 150g, 바질, 후춧가루 약간

소금물

물 30g,
엑스트라버진 올리브오일 30g,
소금 15g

믹싱시간

스파이럴 믹서 : 저속 3분 → 중속 6분
플런저 믹서 : 저속 4분 → 중속 7분

* 엠머밀(emmer wheat)
보리와 비슷한 곡물로
보리로 대체가 가능하다.

만드는 방법

전처리 치즈, 올리브오일, 소금을 잘 섞는다. 토마토는 껍질을 벗겨서 씨를
제거하고 주사위 모양으로 썰어 팬에서 볶는다. 피망, 호박, 가지도
주사위 모양으로 썰어 팬에서 볶는다. 바질은 잘게 다진다.
바질, 토마토, 채소를 잘 섞는다.

믹싱 ① 밀가루, 엠머밀가루(보릿가루), 물, 효모, 맥아분을 넣는다.
② 글루텐이 생성되면 소금, 올리브오일을 넣는다.
③ 글루텐이 발전되어 반죽이 탄력 있고 윤이 나면 완료한다.
(최종 반죽온도 : 25℃)

분할 반죽을 2등분한다.

실온휴지 26℃, 약 20분 (표면이 마르지 않도록 비닐을 덮는다)

정형 ① 40×60cm 팬에 올리브오일을 충분히 바른 후 반죽을 넣어 펼친다.
② 작업대 위에 밀가루(분량 외)를 뿌리고 반죽을 엎는다.
③ 직경 12cm의 원형 틀로 찍어낸다.
④ 반죽의 가장자리에 달걀물(분량 외)을 바른다.
⑤ 반죽 위에 전처리한 재료를 올린다.
⑥ 가운데를 꽃 모양 틀로 찍어낸 후 다른 반죽으로 덮는다.
⑦ 달걀물을 바른 가장자리를 잘 눌러서 위아래 반죽을 잘 붙인다.

팬닝 팬 1개당 8개씩 놓는다.

발효 27℃, 습도 70%, 약 20분

소금물 바르기 물에 소금, 올리브오일을 넣은 후 거품기로 휘젓는다.
반죽 위에 골고루 소금물을 바른다.

발효 27℃, 습도 70%, 약 50분

굽기 230℃ 오븐에서 약 20~22분간 굽는다.

카프리니 *I caprini*

카프리니는 염소유로 만든 치즈를 일컫는다. 수작업으로 만들기 때문에 제품의 크기가 작고 이용할 수 있는 양이 제한적이지만 독특한 맛, 색, 향 덕분에 다른 치즈와는 차별성이 있다.
프랑스와 교역이 활발하며 카프리니를 위해 선택된 땅이기도 한 피에몬테 지역은 전통적으로 신선한 염소 치즈를 제조하는 지역이다. 카프리니 치즈는 빠르게 응고되는 '응유효소'와 천천히 응고되는 '유산'이라고 하는 두 가지 방식으로 제조된다. 첫 번째의 경우는 우유의 응고가 응유효소에 의해 이뤄지는 것으로 카세인이 침전되고 응유가 형성되는 단계까지 우유를 휴지시킴으로써 신맛이 증대된다. 응유효소의 응고는 약 30분이 걸리고, 유산 응고는 24~36시간이 걸린다. 45℃에서 재가열하여 추출된 응유를 틀에 붓고 24시간 동안 약 20℃ 온도로 유지한다. 초과된 유장은 분리되고 이상적인 밀도를 얻게 된다. 염장을 할 경우에는 물기가 없는 건조한 상태로 한다.

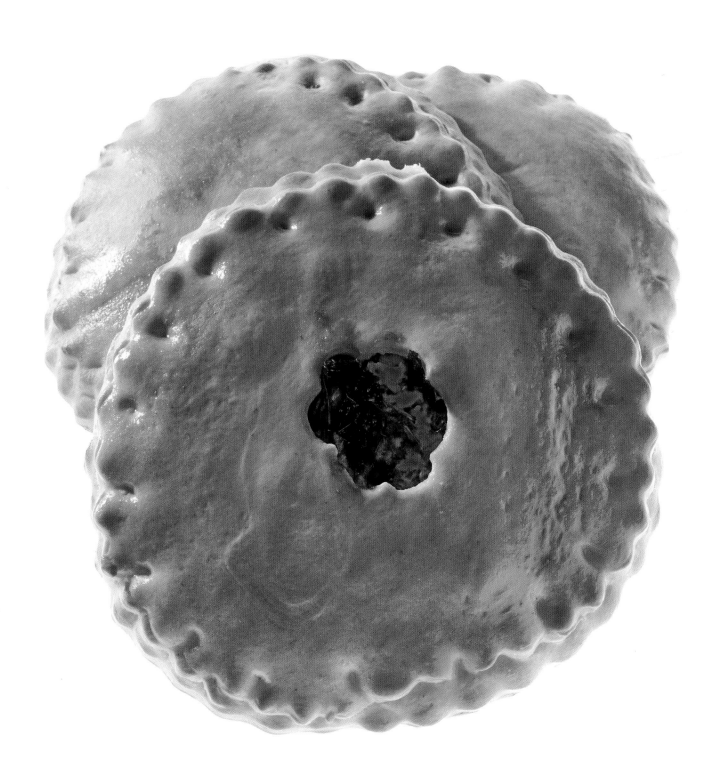

le focacce
sfogliate e farcite
속을 채운 스폴리아타 포카치아

이 장에서는 포카치아가 밀가루, 물, 소금, 올리브오일로
만들어진다고 믿는 사람들에게 더 풍부한 맛과 향을 가
미한 스폴리아타 포카치아를 소개한다.

여기서는 파 스폴리아타 포카치아, 감자·양파 스폴리아
타 포카치아를 비롯해, 라디끼오 스폴리아타 칼조네, 시
금치 스폴리아타 포카치아 등 흥미로운 스폴리아타 포카
치아들을 싣고 있다.

다양한 맛과 향의 재료들이 독자들에게 매일 잊지 못할
간식시간을 선사할 것으로 기대한다.

〈추천 와인〉

Franciacorta Brut
프란치아코르타 브루트
(제조사 : Villa 빌라)

Gavi Monterotondo
가비 몬테로톤도
(제조사 : Villa Sparina
빌라 스빠리나)

**Spumante Brut rose
Riserva Giuseppe
Contratto**
스뿌만테 브루트
로제 리제르바
주세뻬 콘트라또
(제조사 : Contratto
콘트라또)

**Toscana igt Rosso
Zingari**
토스카나 아이지티
로쏘 진가리
(제조사 : Petra 뻬트라)

Birra Super
비라 수뻬르
(제조사 : Le Baladin
레 발라딘)

꽃상추 스폴리아타 포카치아

Focaccia con insalata scarola in pasta sfogliata

재료

밀가루 720g(강력분 288g+중력분 432g
또는 W320 P/L0.55)
엠머밀가루 80g, 물 400g,
효모 25g, 맥아분 10g, 소금 20g,
페이스트리용 버터 200g(반죽 1kg당)

속을 채우는 재료
꽃상추 700g, 엑스트라버진 올리브오일 50g,
올리브 100g(이 레시피에서는 타자스께
올리브 사용), 소금, 후춧가루 약간, 호두 80g,
뻬코리노 치즈 150g(이 레시피에서는
로마 지역 뻬코리노 사용)

소금물
물 25g,
엑스트라버진 올리브오일 25g,
소금 10g

믹싱시간
스파이럴 믹서 : 저속 3분 → 중속 6분
플런저 믹서 : 저속 4분 → 중속 7분

만드는 방법

전처리 꽃상추는 한입 크기로 썬 후 올리브오일을 두른 팬에 볶는다. 올리브를 넣고 소금, 후춧가루로 간한 후 잘 섞는다. 호두는 굵게 다진다.

믹싱 ① 밀가루, 엠머밀가루(보릿가루), 물, 효모, 맥아분을 넣는다.
② 글루텐이 생성되면 소금을 넣는다.
③ 글루텐이 발전되어 반죽이 탄력 있고 윤이 나면 완료한다.
　　(최종 반죽온도 : 25℃)

휴지 실온(25~26℃)에서 60분간 휴지시킨 후 반죽을 밀어 펴서
4℃에 60분간 둔다. 혹은 4℃에 최소한 12시간 둔다.
(표면이 마르지 않도록 비닐을 덮는다)

버터 충전 반죽을 밀어 펴서 반죽 1kg당 페이스트리용 버터 200g씩을 넣는다.

밀어 펴기 및 접기 밀어 편 후 3절접기를 두 번 한다.

휴지 4℃, 최소한 30분

밀어 펴기 및 접기 한 번 더 밀어 편 후 3절접기를 한다.

휴지 4℃, 약 30분

정형 ① 반죽을 2mm 두께로 민다.
② 직경 12cm의 원형 틀로 찍어낸다.
③ 반죽의 가장자리에 달걀물(분량 외)을 바른다.
④ 반죽 위에 전처리한 재료와 치즈를 올린다.
⑤ 물방울 모양 틀로 찍어낸 다른 반죽으로 덮는다.
⑥ 달걀물을 바른 가장자리를 잘 눌러서 위아래 반죽을 잘 붙인다.

팬닝 팬 1개당 8개씩 놓는다.

발효 27℃, 습도 70%, 약 20분

소금물 바르기 물에 소금, 올리브오일을 넣은 후 거품기로 휘젓는다.
반죽 위에 골고루 소금물을 바른다.

발효 27℃, 습도 70%, 약 50분

굽기 가볍게 스팀을 준 후 220℃ 오븐에서 약 20분간 굽는다.

꽃상추 *La scarola*

꽃상추는 유럽이 원산지인 국화과의 샐러드 채소이다. 많은 국화과의 다른 채소들과 마찬가지로 꽃상추 역시 고대부터 그 진가를 인정받았다. 강장, 정화, 이뇨 촉진의 효능이 있는데, 현대 과학에서도 그 효능이 확인되고 있다. 샐러드에 넣어 생으로 먹기도 하는데 수증기나 끓는 물에 익혀 먹으면 더 좋다. 주뻬와 미네스트레와 같은 수프용으로도 많이 사용한다. 칼로리가 낮아 다이어트용으로도 좋고, 칼륨이 풍부하고 신경과민에 효능이 있다.

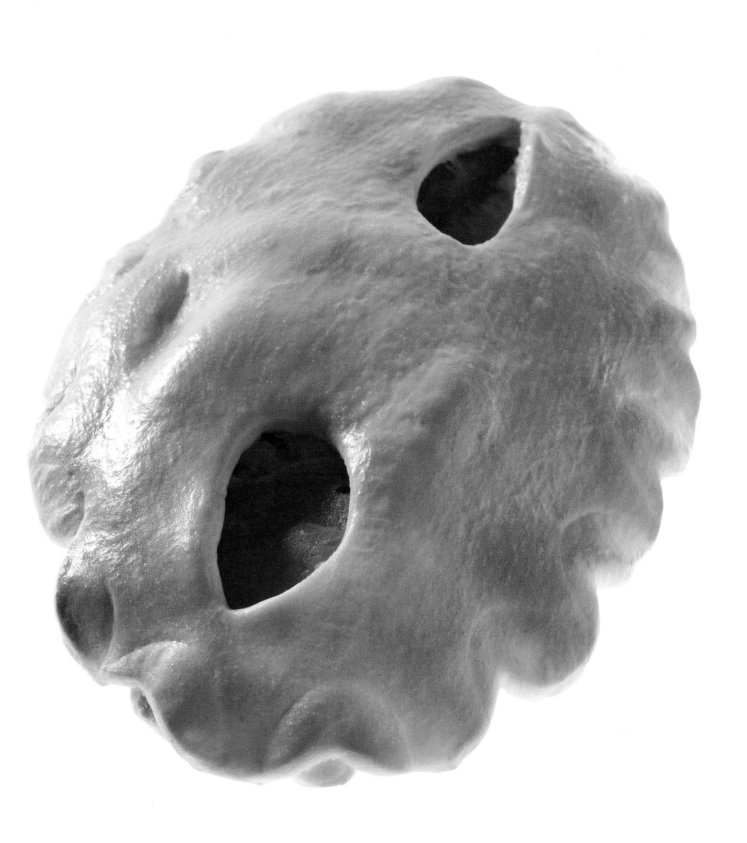

양파로 속을 채운 스폴리아타 포카치아

Focaccia farcita alle cipolle in pasta sfogliata

재료

밀가루 730g(강력분 292g+중력분 438g
　　　또는 W320 P/L0.55),
호밀가루 50g, 볶은 밀기울 20g,
물 400g, 효모 25g, 맥아분 10g, 소금 20g,
페이스트리용 버터 200g(반죽 1kg당)

속을 채우는 재료

양파 800g, 엑스트라버진 올리브오일 30g,
빵가루 25g, 그라나 빠다노 치즈가루 100g,
달걀 3개, 소금, 후춧가루 약간,
에멘탈 치즈 200g, 블랙 올리브 150g

소금물

물 25g,
엑스트라버진 올리브오일 25g,
소금 10g

믹싱시간

스파이럴 믹서 : 저속 3분 → 중속 6분
플런저 믹서 : 저속 4분 → 중속 7분

만드는 방법

전처리 양파는 얇게 썰어 올리브오일에 재운다. 그릇에 빵가루, 그라나 빠다노 치즈가루, 달걀, 소금, 후춧가루를 넣어 잘 섞은 후 양파도 같이 섞는다. 에멘탈 치즈는 얇은 조각으로 자른다.

믹싱 ① 밀가루, 호밀가루, 볶은 밀기울, 물, 효모, 맥아분을 넣는다.

② 글루텐이 생성되면 소금을 넣는다.

③ 글루텐이 발전되어 반죽이 탄력 있고 윤이 나면 완료한다.
　　(최종 반죽온도 : 25℃)

휴지 실온(25~26℃)에서 60분간 휴지시킨 후 반죽을 밀어 펴서 4℃에 60분간 둔다. 혹은 4℃에서 최소 12시간 둔다.

버터 충전 반죽을 밀어 펴서 반죽 1kg당 페이스트리용 버터 200g씩을 넣는다.

밀어 펴기 및 접기 밀어 편 후 3절접기를 두 번 한다.

휴지 4℃, 최소한 30분

밀어 펴기 및 접기 한 번 더 밀어 편 후 3절접기를 한다.

휴지 4℃, 약 30분

정형 ① 반죽을 2mm 두께로 민다.

② 직경 20cm의 원형 틀을 사용해 반죽을 찍어낸다.

③ 반죽의 가장자리에 달걀물(분량 외)을 바른다.

④ 반죽 위의 반쪽에만 전처리한 재료, 에멘탈 치즈, 블랙 올리브를 놓는다.

⑤ 반죽을 반으로 접어서 반달 모양으로 만든다.

⑥ 달걀물을 바른 가장자리를 잘 눌러서 위아래 반죽을 잘 붙인다.

팬닝 팬 1개당 4개씩 놓고 적당한 간격을 유지하며 가위로 잘라 모양을 낸다.

발효 27℃, 습도 70%, 약 20분

소금물 바르기 물에 소금, 올리브오일을 넣은 후 거품기로 휘젓는다. 반죽 위에 골고루 소금물을 바른다.

발효 27℃, 습도 70%, 약 50분

굽기 가볍게 스팀을 준 후 220℃ 오븐에서 약 20분간 굽는다.

옛날부터 지금까지도 사랑받는 올리브　*...da sempre le olive*

올리브는 다양한 요리에 중요한 역할을 하는 재료이다. 속을 채우는 재료, 육류나 생선 요리의 장식용, 파스티체리아 살라타의 재료 등으로 적합하다. 보편적으로 식탁 위에 오르는 올리브는 연간 약 100만톤 정도 되는데 그 중 40%는 유럽에서 생산되며 그 주요 생산국은 스페인, 그리스, 이탈리아이다. 특히 이탈리아 시칠리아와 풀리아 지역의 올리브는 최고의 올리브로 평가되고 있다. 올리브를 구입할 때 염수에 재운 올리브의 경우 곰팡이가 피지 않은 깨끗한 액체에 담겨있는지 확인하는 것이 중요하다. 말린 올리브의 경우는 너무 젖어있거나 얼룩이 있는 것은 좋지 않다. 일반적으로 올리브의 표면이 손상되지 않아야 하며 반들반들한 것이 좋다. 진공포장으로 보관하면 2년간 보관이 가능하다. 진공포장을 열고 난 후에는 유리병에 넣어서 뚜껑을 닫아 냉장고에 보관하면 한달간 보관이 가능하다.

시금치로 속을 채운 스폴리아타 포카치아

Focaccia farcita agli spinaci in pasta sfogliata

재료

밀가루 730g(강력분 292g+중력분 438g
　　　　또는 W320 P/L0.55)
호밀가루 50g, 볶은 밀기울 20g,
물 400g, 효모 25g, 맥아분 10g, 소금 20g,
페이스트리용 버터 200g(반죽 1kg당)

속을 채우는 재료

시금치 350g, 건포도 50g, 잣 50g,
그라나 빠다노 치즈가루 100g

소금물

물 25g,
엑스트라버진 올리브오일 25g,
소금 10g

믹싱시간

스파이럴 믹서 : 저속 3분 → 중속 6분
플런저 믹서 : 저속 4분 → 중속 7분

만드는 방법

전처리 시금치는 소금 간한 끓는 물에 살짝 데친 후 꽉 짜서 물기를 제거하고
　　　　약간의 올리브오일을 두른 팬에 물기가 없어질 때까지 볶는다.

믹싱 ① 밀가루, 호밀가루, 볶은 밀기울, 물, 효모, 맥아분을 넣는다.

　　　② 글루텐이 생성되면 소금을 넣는다.

　　　③ 글루텐이 발전되어 반죽이 탄력 있고 윤이 나면 완료한다.

　　　　(최종 반죽온도 : 25℃)

휴지 실온휴지(26℃) 60분 후 반죽을 밀어 편 후 4℃에 약 60분간 둔다.

　　　혹은 4℃에 최소한 12시간 동안 둔다.

버터 충전 반죽을 밀어 펴서 반죽 1kg당 페이스트리용 버터 200g씩을 넣는다.

밀어 펴기 및 접기 밀어 편 후 3절접기를 두 번 한다.

휴지 4℃, 최소한 30분

밀어 펴기 및 접기 한 번 더 밀어 편 후 3절접기를 한다.

휴지 4℃, 약 30분

정형 ① 반죽을 2mm 두께로 민다.

　　　② 직경 12cm의 원형 틀로 찍어낸다.

　　　③ 반죽의 가장자리에 달걀물(분량 외)을 바른다.

　　　④ 반죽 위에 전처리한 시금치와 기타 속 재료를 올린다.

　　　⑤ 가운데를 별 모양 틀로 찍어낸 다른 반죽 1개로 덮는다.

　　　⑥ 달걀물을 바른 가장자리를 잘 눌러서 위아래 반죽을 잘 붙인다.

팬닝 팬 1개당 8개씩 놓는다.

발효 27℃, 습도 70%, 약 20분

소금물 바르기 물에 소금, 올리브오일을 넣은 후 거품기로 휘젓는다. 반죽 위에
　　　　　　골고루 소금물을 바른다.

발효 27℃, 습도 70%, 약 50분

굽기 가볍게 스팀을 준 후 220℃ 오븐에서 약 20분간 굽는다.

시금치 *Gli spinaci*

이탈리아 주변 아시아가 원산지인 시금치(학명 Spinacio oleracea)는 11세기경 유럽에 소개되었다. 그러나 19세기에야 비로소 시금치가 영양학적 관점에서 중요한 재료라는 것이 발견되었다. 잎은 삶으면 신맛이 없어지고, 팬에서 볶아 마무리하거나 퓌레로 만든다. 그리고 수플레(souffle), 푸딩(Sformati), 토르테살라테(torte salate)의 속 채우기 재료로 이상적이다. 주빠와 미네스트라와 같은 수프의 재료로도 일품이다. 특히 철분 성분과 엽산 성분이 인체에 유용하며 변비에 효과적이다. 영양소는 공교롭게도 삶는 과정에서 손실되는 경향이 있어 익히지 않고 생으로 먹거나 잘라서 샐러드로 먹을 것을 권장한다.

트레비조 지역 붉은 라디끼오 스폴리아타 칼조네

Calzone al radicchio rosso di Treviso in pasta sfogliata

재료

밀가루 700g(강력분 280g+중력분 420g
　　　또는 W320 P/L0.55)
통밀가루 100g, 물 400g, 효모 25g,
맥아분 10g, 소금 20g,
페이스트리용 버터 200g(반죽 1kg당)

속을 채우는 재료

양파 50g, 붉은 라디끼오 500g
(이 레시피에서는 트레비조 지역의 라디끼오 사용),
블랙 올리브 100g, 고추, 소금 약간,
스카모르자 치즈 200g

믹싱시간

스파이럴 믹서 : 저속 3분 → 중속 6분
플런저 믹서 : 저속 4분 → 중속 7분

만드는 방법

전처리　양파는 얇게 썰고, 라디끼오는 굵게 썬다. 팬에 올리브오일을 두른 후
　　　　　양파를 넣어 볶고 라디끼오도 넣어 볶고 소금과 고추로 간한다.
　　　　　올리브는 잘게 다지고 스카모르자 치즈도 주사위 모양으로 잘라
　　　　　볶은 채소와 잘 섞는다.

믹싱　　① 밀가루, 통밀가루, 물, 효모, 맥아분을 넣는다.
　　　　　② 글루텐이 생성되면 소금을 넣는다.
　　　　　③ 글루텐이 발전되어 반죽이 탄력 있고 윤이 나면 완료한다.
　　　　　　　(최종 반죽온도 : 25℃)

휴지　　실온휴지(26℃) 60분 후 반죽을 밀어 편 후 4℃에 약 60분간 둔다.
　　　　　혹은 4℃에 최소한 12시간 동안 둔다.

버터 충전　반죽을 밀어 펴서 반죽 1kg당 페이스트리용 버터 200g씩을 넣는다.

밀어 펴기 및 접기　밀어 편 후 3절접기를 두 번 한다.

휴지　　4℃, 최소한 30분

밀어 펴기 및 접기　한 번 더 밀어 편 후 3절접기를 한다.

휴지　　4℃, 약 30분

정형　　① 반죽을 2mm 두께로 민다.
　　　　　② 직경 12cm의 원형 틀로 찍어낸다.
　　　　　③ 반죽의 가장자리에 달걀물(분량 외)을 바른다.
　　　　　④ 전처리한 재료를 50g씩 반죽의 반에만 올린다.
　　　　　⑤ 반죽을 반으로 접어서 반달 모양으로 만든다.
　　　　　⑥ 달걀물을 바른 가장자리를 잘 눌러서 반죽을 잘 붙인다.

팬닝　　팬 1개당 10개씩 놓고 칼집을 낸 후 달걀물을 바른다.

발효　　27℃, 습도 70%, 약 60분

굽기　　체를 사용해 밀가루(분량 외)를 가볍게 뿌리고 가볍게 스팀을 준 후,
　　　　　210℃ 오븐에서 약 16분간 굽는다.

고추 *Il peperoncino*

이탈리아 고추는 소스 및 육류의 맛을 내거나 소시지를 만들 때, 혹은 올리브 오일에 재운 저장식품에 사
용될 정도로 그 쓰임새가 무척이나 다양하다. 일반적으로 작은 고추가 음식에 더 매운 맛을 주고 향 또한
자극적이다. 고추를 말리고 분쇄하여 맛의 강도에 따라 카엔후추, 파프리카 등 다른 향신료를 혼합하여
칠리, 카레, *하리사 소스, 타바스코 소스를 만든다.

* **하리사 소스** : 고추, 마늘, 커민, 고수 등으로 만든 매운 소스로 중앙아시아에서 많이 사용한다.

파로 속을 채운 스폴리아타 포카치아

Focaccia farcita ai porri in pasta sfogliata

재료

밀가루 730g(강력분 292g+중력분 438g
　　　　또는 W320 P/L0.55)
엠머밀가루 70g, 물 400g,
효모 25g, 맥아분 10g, 소금 20g,
페이스트리용 버터 200g(반죽 1kg당)

속을 채우는 재료

파 400g, 베이컨 200g, 밀가루,
엑스트라버진 올리브오일, 소금,
후춧가루 약간

소금물

물 25g
엑스트라버진 올리브오일 25g
소금 10g

믹싱시간

스파이럴 믹서 : 저속 3분 → 중속 6분
플런저 믹서 : 저속 4분 → 중속 7분

만드는 방법

전처리　파는 작게 썰어 소금 간한 끓는 물에 살짝 데친 후 물기를 제거하고 밀가루를 살짝 묻힌다. 베이컨은 올리브오일을 두른 팬에 볶는다.

믹싱　① 밀가루, 엠머밀가루(보릿가루), 물, 효모, 맥아분을 넣는다.
　　　② 글루텐이 생성되면 소금을 넣는다.
　　　③ 글루텐이 발전되어 반죽이 탄력 있고 윤이 나면 완료한다.
　　　　（최종 반죽온도 : 25℃）

휴지　실온휴지(26℃) 60분 후 반죽을 밀어 편 후 4℃에 약 60분간 둔다.
　　　혹은 4℃에 최소한 12시간 동안 둔다.

버터 충전　반죽을 밀어 펴서 반죽 1kg당 페이스트리용 버터 200g씩을 넣는다.

밀어 펴기 및 접기　밀어 편 후 3절접기를 두 번 한다.

휴지　4℃, 최소한 30분

밀어 펴기 및 접기　한 번 더 밀어 편 후 3절접기를 한다.

휴지　4℃, 약 30분

정형　반죽을 2mm 두께로 민 후 반죽을 2등분한다.

팬닝　40×60cm 팬에 올리브오일을 충분히 바른 후 반죽 1개를 놓는다.

토핑　반죽 위에 전처리한 재료를 올린 후 소금, 후춧가루로 간한다.
　　　다른 반죽 1개로 덮는다.

발효　27℃, 습도 70%, 약 20분

소금물 바르기　물에 소금, 올리브오일을 넣은 후 거품기로 휘젓는다.
　　　　　　반죽 위에 골고루 소금물을 바른다.

발효　27℃, 습도 70%, 약 50분

굽기　가볍게 스팀을 준 후 220℃ 오븐에서 약 20분간 굽는다.

엠머밀(emmer wheat) *Il farro*

farina(밀가루)의 어원이 된 farro 즉, 엠머밀은 로마시대부터 잘 알려져 왔다. 이것은 채소와 삶은 콩과 함께 먹는 폴렌타의 한 종류인 풀스(puls)의 재료였다. 경작하기 다소 쉬운 벼과이지만 낟알을 감싸고 있는 겉껍질이 뻣뻣하기 때문에 탈곡한 후에 겉껍질을 벗기는 과정이 필요하다. 이런 독특한 특징 때문에 다른 농작물들을 키울 수 없는 지역으로 확산되었고, 엠머밀보다 경작하기 쉬운 밀이 도입된 이후 엠머밀의 재배가 축소되었다. 그러나 오늘날에도 가르파냐나(Garfagnana), 움브리아(Umbria), 알토 아디제(Alto Adige) 지역에서 여전히 경작되고 있으며 최근에는 우수한 영양물로 인식되고 있기도 하다. 다른 곡물들에 비해 필수 아미노산, 단백질, 비타민을 많이 함유하고 있고, 특히 살리실산을 많이 함유하고 있기 때문에 피부미용과 머리카락의 광택에 좋은 효과가 있다. 통엠머밀은 12~48시간 동안 물에 담가두었다가 사용해야 하고 조리 시간도 길다. 반면, 분쇄할 경우 오랜 시간 물에 담가 둘 필요가 없고 조리시간도 약 30분이면 충분하다.

감자·양파 스폴리아타 포카치아

Focaccia con patate e cipolle in pasta sfogliata

재료

밀가루 730g(강력분 292g+중력분 438g
　　　또는 W320 P/L0.55)
엠머밀가루 70g, 물 400g,
효모 25g, 맥아분 10g, 소금 20g,
페이스트리용 버터 200g(반죽 1kg당)

속을 채우는 재료

감자 400g, 양파 250g, 생크림 100g,
달걀 1개, 그라나 빠다노 치즈가루 100g,
엑스트라버진 올리브오일,
소금, 고춧가루 약간

소금물

물 25g,
엑스트라버진 올리브오일 25g,
소금 10g

믹싱시간

스파이럴 믹서 : 저속 3분 → 중속 6분
플런저 믹서 : 저속 4분 → 중속 7분

만드는 방법

전처리　감자와 양파는 껍질을 벗겨 얇게 썰어 올리브오일을 두른 팬에서 볶은 후 뚜껑을 덮어 약한 불에서 감자가 익도록 둔다. 뜨거운 물을 조금씩 부어주며 바닥에 달라붙지 않게 조절하면서 휘저어준다. 감자가 거의 다 익었으면 불을 끄고 식힌다. 생크림, 달걀, 그라나 빠다노 치즈가루를 섞은 후, 감자와 양파도 같이 섞고 소금과 고춧가루로 간한다.

믹싱　① 밀가루, 엠머밀가루(보릿가루), 물, 효모, 맥아분을 넣는다. ② 글루텐이 생성되면 소금을 넣는다. ③ 글루텐이 발전되어 반죽이 탄력 있고 윤이 나면 완료한다. (최종 반죽온도 : 25℃)

휴지　실온휴지(26℃) 60분 후 반죽을 밀어 펴서 4℃에 약 60분간 둔다. 혹은 4℃에 최소한 12시간 동안 둔다. (표면이 마르지 않도록 비닐을 덮는다)

버터 충전　반죽을 밀어 펴서 반죽 1kg당 페이스트리용 버터 200g씩을 넣는다.

밀어 펴기 및 접기　밀어 편 후 3절접기를 두 번 한다.

휴지　4℃, 최소한 30분

밀어 펴기 및 접기　한 번 더 밀어 편 후 3절접기를 한다.

휴지　4℃, 약 30분

정형　① 반죽을 2mm 두께로 민다. ② 직경 12cm의 원형 틀로 찍어낸다. ③ 반죽의 가장자리에 달걀물(분량 외)을 바른다. ④ 반죽 위에 전처리한 재료를 올린다. ⑤ 가운데를 물방울 모양 틀로 찍어낸 다른 반죽 1개로 덮는다. ⑥ 달걀물을 바른 가장자리를 잘 눌러서 위아래 반죽을 잘 붙인다.

팬닝　팬 1개당 8개씩 놓는다.

발효　27℃, 습도 70%, 약 20분

소금물 바르기　물에 소금, 올리브오일을 넣은 후 거품기로 휘젓는다. 반죽 위에 골고루 소금물을 바른다.

발효　27℃, 습도 70%, 약 50분

굽기　체를 사용해 밀가루(분량 외)를 뿌리고 가볍게 스팀을 준 후, 220℃ 오븐에서 약 20분간 굽는다.

양파 *La cipolla*

양파는 의심할 바 없이 요리에 많이 사용되는 재료이다. 색과 맛, 형태가 매우 다양하여 그 쓰임새도 다채로운데, 생선이나 육류 요리에 곁들이는 채소로 사용하기도 하고 속을 채우는 재료로 사용하기도 하며 잼의 형태로 만들기도 한다. 붉은 양파는 강한 맛의 리코따로 속을 채운 포카차를 만들 때 많이 사용한다. 올리브, 양파, 안초비, 케이퍼를 넣은 포카치아를 만들 때 전통 테라코타 냄비에 양파를 넣어 오븐에 구워 사용한다. 간단하게는 단맛의 붉은 생양파를 엑스트라버진 올리브오일과 소금을 약간 뿌려 샐러드로 먹기도 한다. 풀리아(Puglia) 지역의 전형적인 요리는 양파와 양고기를 오븐에 굽는 것이다.

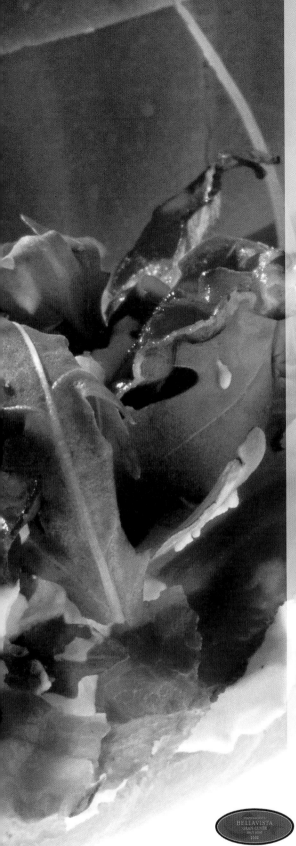

I panini
farciti

속을 채운 빠니니

빠니니의 시작은 18세기 후반 영국 존 몬터규 샌드위치 (John Montagu Sandwich) 백작에 의해 비롯되었다. 식사할 시간이 아까워 아랫사람에게 빵 사이에 육류와 채소류를 끼워 가지고오게 한 일화로부터 샌드위치가 생겨나게 되었다고 전해진다. 그러나 존 몬터규 샌드위치 백작은 빵이나 빵 속에 들어가는 재료에도 큰 관심은 없었다. 이 장에서는 빠니니를 열렬하게 좋아하는 까다로운 사람들을 만족시킬 만한 독특한 빠니니 레시피와, 함께 먹으면 좋을 요리들을 소개한다. 어느 누구도 저항할 수 없는 환상적인 붉은 근대뿌리·우유 치아바따나, 밀기울 샌드위치, 밤가루로 만든 베네치아 살라타, 구겔호프 살라토 등 매력적인 재료로 속을 채운 빠니니를 소개한다.

〈추천 와인〉

Franciacorta Brut Rose Gran Cuvee
프란치아코르타
브루트 로제 그란 쿠베
(제조사 : Bellavista
벨라비스타)

Champagne Brut Cuvee Leonie
샴페인 브뤼 큐베
레오니
(제조사 : Canard-
Duchene
까나르 두센〈프랑스〉)

Trento Brut Tridentum
트렌토 브루트
트리덴툼
(제조사 : Cesarini
Sforza 체자리니
스포르자)

Collio Pinot Grigio Aurora
콜리오 삐노트
그리지오 아우로라
(제조사 : Conti
Formentini 콘티
포르멘티니)

Presecco di Valdobbiadene Ruralia
쁘레세꼬 디
발도삐아데네
룰라리아
(제조사 : Drusian
드루시안)

당근·우유 치아바띠나
Ciabattina al latte con carote

재료

밀가루 1kg(강력분 400g+중력분 600g
또는 W320 P/L0.55)
비가 200g(18~22시간 발효), 우유 150g,
효모 30g, 당근 400g, 물 200g, 소금 22g

믹싱시간

스파이럴 믹서 : 저속 3분 → 중속 7분
플런저 믹서 : 저속 4분 → 중속 8분

만드는 방법

전처리 당근을 끓는 물에 데친 후 믹서에 간다.

믹싱 ① 밀가루, 비가, 우유, 효모, 당근, 물 반을 넣는다.

② 글루텐이 생성되면 나머지 물 반과 소금을 넣는다.

③ 글루텐이 발전되어 반죽이 탄력 있고 윤이 나면 완료한다.

(최종 반죽온도 : 26~27℃)

실온휴지 26℃, 25~30분 (표면이 마르지 않도록 비닐을 덮는다)

분할 150g, 혹은 원하는 크기로 한다.

둥글리기 표면이 매끄럽게 되도록 단단히 죄지 말고 둥글리기를 한다.

실온휴지 10분

정형 ① 반죽을 뒤집어 가스를 충분히 빼면서 타원형으로 만든다.

② 반죽 윗부분의 양끝을 살짝 접은 후 말아준다.

③ 이음매를 단단히 봉한다.

실온휴지 작업대 위에 밀가루를 뿌리고 이음매가 위로 향하게 하여 잠시 놓는다.

팬닝 이음매가 아래로 향하게 하여 팬 1개당 6개씩 놓는다.

발효 27~28℃, 습도 70%, 약 50분

굽기 스팀을 준 후 220~230℃ 오븐에서 굽는다. 굽기 완료 5분 전에 공기순환 밸브를 연다. 굽는 시간은 반죽 크기에 따라 달라진다.

생강향 파 스튜 *Porri stufati al profumo di zenzero*

재료(4인 기준)

파 400g, 월계수잎 1장, 생강 100g, 중간 크기 새우 24g, 엑스트라버진 올리브오일, 소금, 후 춧가루 약간

만드는 방법

1 파는 손질 후 얇고 길게 썬다. 냄비에 파를 넣고 올리브오일, 약간의 소금, 후춧가루와 월 계수잎을 넣고 볶는다.

2 생강은 갈고 린넨 천에 짜서 즙을 낸다. 1에 넣고 더 조리한 후 식힌다.

3 새우는 머리, 등껍질, 내장을 제거한다. 이쑤시개에 꺼서 오븐에 약 3분간 찐 후 얼음물 에 식힌다.

4 치아바띠나 안에 파 스튜와 새우를 채운다.

시금치·우유 치아바띠나

Ciabattina al latte con spinaci

재료

밀가루 1kg(강력분 400g+중력분 600g
      또는 W320 P/L0.55)
비가 200g(18~22시간 발효), 우유 200g,
물 300g, 효모 30g, 소금 22g, 시금치 200g

믹싱시간

스파이럴 믹서 : 저속 3분 → 중속 7분
플런저 믹서 : 저속 4분 → 중속 8분

만드는 방법

전처리	시금치를 소금 간한 끓는 물에 데친 후 꽉 짜서 물기를 제거한 다음 잘게 다진다.
믹싱	① 밀가루, 비가, 우유, 물, 효모를 넣는다.
	② 글루텐이 생성되면 소금, 시금치를 넣는다.
	③ 글루텐이 발전되어 반죽이 탄력 있고 윤이 나면 완료한다.
	(최종 반죽온도 : 26~27℃)
실온휴지	26℃, 25~30분 (표면이 마르지 않도록 비닐을 덮는다)
분할	150g, 혹은 원하는 크기로 한다.
둥글리기	표면이 매끄럽게 되도록 단단히 죄지 말고 둥글리기를 한다.
실온휴지	26℃, 약 10분
정형	① 반죽을 뒤집어 가스를 충분히 빼면서 타원형으로 만든다.
	② 반죽 윗부분의 양끝을 살짝 접은 후 말아준다.
	③ 이음매를 단단히 봉한다.
실온휴지	작업대 위에 밀가루를 뿌리고 이음매가 위로 향하게 하여 잠시 놓는다.
팬닝	이음매가 아래로 향하게 하여 팬 1개당 6개씩 놓는다.
발효	27~28℃, 습도 70%, 약 50분
굽기	스팀을 준 후 220~230℃ 오븐에서 굽는다. 굽기 완료 5분 전에 공기순환 밸브를 연다. 굽는 시간은 반죽 크기에 따라 달라진다.

피에몬테 지역 송로버섯 리코따와 메추리알 *Ricotta piemontese tartufata e uova di quaglia*

재료(4인 기준)
메추리알 8개, 토마토 100g, 검은 송로버섯 50g, 샬롯 10g, 리코따 300g, 마조람오일 15g, 엑스트라버진 올리브오일, 소금, 후춧가루 약간

만드는 방법
1 끓는 물에 메추리알을 넣고 4~5분간 삶는다. 식혀서 껍질을 벗기고 편으로 썬다.
2 토마토는 끓는 물에 살짝 데쳐서 껍질을 벗기고 씨를 제거한 후 작은 주사위 모양으로 썬 다음 소금, 후춧가루, 올리브오일을 뿌린다.
3 냄비에 물을 넣고 샬롯을 넣어 약한 불에 끓인다.
4 그릇에 리코따를 넣고 얇게 썬 송로버섯, 마조람오일을 넣은 후 잘 섞고 소금, 후춧가루로 간한다.
5 치아바띠나를 잘라 4를 놓고, 2와 3을 놓고, 1을 올려 채운다.

붉은 근대뿌리·우유 치아바띠나

Ciabattina al latte con rape rosse

재료

밀가루 1kg(강력분 400g+중력분 600g
또는 W320 P/L0.55)
비가 200g(18~22시간 발효), 우유 200g,
물 250g, 효모 30g, 소금 22g, 근대뿌리 250g

믹싱시간

스파이럴 믹서 : 저속 3분 → 중속 7분
플런저 믹서 : 저속 4분 → 중속 8분

만드는 방법

전처리 근대뿌리는 믹서에 간다.

믹싱 ① 밀가루, 비가, 우유, 물, 효모를 넣는다.

② 글루텐이 생성되면 소금, 근대뿌리를 넣는다.

③ 글루텐이 발전되어 반죽이 탄력 있고 윤이 나면 완료한다.

(최종 반죽온도 : 26~27℃)

실온휴지 26℃, 25~30분 (표면이 마르지 않도록 비닐을 덮는다)

분할 150g, 혹은 원하는 크기로 한다.

둥글리기 표면이 매끄럽게 되도록 단단히 죄지 말고 둥글리기를 한다.

실온휴지 10분

정형 ① 반죽을 뒤집어 가스를 충분히 빼면서 타원형으로 만든다.

② 반죽 윗부분의 양끝을 살짝 접은 후 말아준다.

③ 이음매를 단단히 봉한다.

실온휴지 작업대 위에 밀가루를 뿌리고 이음매가 위로 향하게 하여 잠시 놓는다.

팬닝 이음매가 아래로 향하게 하여 팬 1개당 6개씩 놓는다.

발효 27~28℃, 습도 70%, 약 50분

굽기 스팀을 준 후 220~230℃ 오븐에서 굽는다. 굽기 완료 5분 전에 공기순환
밸브를 연다. 굽는 시간은 반죽 크기에 따라 달라진다.

아삭아삭한 계절 채소 *Misticanza croccante di stagione*

재료(4인 기준)
회향 줄기 300g, 당근 200g, 적환무(래디시) 100g, 발사믹 식초 10g, 바질오일 15g, 소금, 후
춧가루, 얼음 약간

만드는 방법
1 회향 줄기는 아주 얇게 썬다. 당근과 적환무도 얇고 짧게 썬다.
2 용기 3개에 물과 얼음을 각각 넣고 그 안에 각 채소들을 따로 담는다. 냉장고에 2시간 정도
둔다. 키친타월 위에 올려 물기를 완전히 제거한다.
3 소금, 후춧가루로 간하고, 발사믹 식초와 바질오일을 뿌린다.
4 치아바띠나를 잘라 안에 채운다.

토마토 퓌레·우유 치아바띠나

Ciabattina al latte con passata di pomodoro

재료

밀가루 1kg(강력분 400g+중력분 600g
　　　또는 W320 P/L0.55)
비가 200g(18~22시간 발효),
토마토 퓌레 500g, 효모 30g,
소금 22g, 우유 200g

믹싱시간

스파이럴 믹서 : 저속 3분 → 중속 7분
플런저 믹서 : 저속 4분 → 중속 8분

만드는 방법

믹싱
① 밀가루, 비가, 토마토 퓌레, 효모를 넣는다.
② 글루텐이 생성되면 소금, 우유를 넣는다.
③ 글루텐이 발전되어 반죽이 탄력 있고 윤이 나면 완료한다.
　　(최종 반죽온도 : 26~27℃)

실온휴지 26℃, 25~30분 (표면이 마르지 않도록 비닐을 덮는다)

분할 150g, 혹은 원하는 크기로 한다.

둥글기 표면이 매끄럽게 되도록 단단히 죄지 말고 둥글기를 한다.

실온휴지 10분

정형
① 반죽을 뒤집어 가스를 충분히 빼면서 타원형으로 만든다.
② 반죽 윗부분의 양끝을 살짝 접은 후 말아준다.
③ 이음매를 단단히 봉한다.

실온휴지 작업대 위에 밀가루를 뿌리고 이음매가 위로 향하게 하여 잠시 놓는다.

팬닝 이음매가 아래로 향하게 하여 팬 1개당 6개씩 놓는다.

발효 27~28℃, 습도 70%, 약 50분

굽기 스팀을 준 후 220~230℃ 오븐에서 굽는다. 굽기 완료 5분 전에 공기순환 밸브를 연다. 굽는 시간은 반죽 크기에 따라 달라진다.

가지 카뽀나타 *Caponata di melanzane*

재료(4인 기준)

건포도 30g, 가지 400g, 토마토 200g, 바질 1다발, 엑스트라버진 올리브오일, 소금, 후춧가루
약간 **소스** 물 250g, 식초 50g, 설탕 50g, 월계수잎 1장, 정향 2개, 흑통후추 5알

만드는 방법

1 건포도를 미지근한 물에 담가둔다.
2 가지는 작은 주사위 모양으로 자른다. 팬에 기름을 두르지 않고 가지를 살짝 볶은 후 식
　힌다.
3 토마토는 끓는 물에 데쳐 껍질을 벗기고 씨를 제거한 후 작은 주사위 모양으로 썬다.
4 냄비에 소스를 만드는 재료를 모두 넣고 양이 1/3로 줄어들 때까지 졸인다.
5 그릇에 가지, 토마토, 물기를 제거한 건포도를 넣고, 소스를 붓고 소금, 후춧가루, 올리브오
　일을 뿌리고 바질을 다져 넣은 후 잘 섞는다.
6 치아바띠나를 잘라 안에 채운다.

카레·우유 치아바띠나
Ciabattina al latte con curry

재료

밀가루 1kg(강력분 400g+중력분 600g
또는 W320 P/L0.55)
비가 200g(18~22시간 발효), 우유 250g,
효모 30g, 물 400g, 소금 22g, 카레가루 15g

믹싱시간

스파이럴 믹서 : 저속 3분 → 중속 7분
플런저 믹서 : 저속 4분 → 중속 8분

만드는 방법

믹싱
① 밀가루, 비가, 우유, 효모, 물 반을 넣는다.
② 글루텐이 생성되면 소금, 카레가루, 남은 물 반을 넣는다.
③ 글루텐이 발전되어 반죽이 탄력 있고 윤이 나면 완료한다.
(최종 반죽온도 : 26~27℃)

실온휴지 26℃, 25~30분(표면이 마르지 않도록 비닐을 덮는다)

분할 150g, 혹은 원하는 크기로 한다.

둥글리기 표면이 매끄럽게 되도록 단단히 죄지 말고 둥글리기를 한다.

실온휴지 26℃, 10분

정형
① 반죽을 뒤집어 가스를 충분히 빼면서 타원형으로 만든다.
② 반죽 윗부분의 양끝을 살짝 접은 후 말아준다.
③ 이음매를 단단히 봉한다.

실온휴지 작업대 위에 밀가루를 뿌리고 이음매가 위로 향하게 하여 잠시 놓는다.

팬닝 이음매가 아래로 향하게 하여 팬 1개당 6개씩 놓는다.

발효 27~28℃, 습도 70%, 약 50분

굽기 스팀을 준 후 220~230℃ 오븐에서 굽는다. 굽기 완료 5분 전에 공기순환 밸브를 연다. 굽는 시간은 반죽 크기에 따라 달라진다.

콜론나타 라르도와 구운 닭고기 *Arrosto di pollo al lardo di Colonnata*

재료(4인 기준)
닭 육즙 소스 100g(닭 뼈, 당근, 셀러리, 양파, 로즈마리 1다발), 닭 가슴살 400g, *라르도(콜론나타 지역의 라르도 사용) 150g, 로즈마리 1줄기, 마늘 1쪽, 소금 약간

만드는 방법
1 닭 육즙 소스를 준비한다. 냄비에 물을 반 채운다. 닭 뼈, 채소를 넣고 끓인다. 거품이 생기면 제거해주고 로즈마리를 넣어 약 3시간 정도 끓인 후 체에 거른다.

2 닭 가슴살을 반으로 자르고 라르도로 휘감은 후 조리용 실로 묶는다. 팬을 달군 후 고기를 넣어 겉면만 살짝 굽는다. 오븐 팬에 옮기고 로즈마리, 마늘과 함께 180℃ 오븐에서 약 10분간 굽는다. 오븐에서 빼서 15분간 식힌 후 실을 풀고 얇게 썰어 소금으로 간한다.

3 치아바띠나를 잘라 닭 육즙 소스를 뿌리고 2를 올린다.

* 라르도(lardo) : 돼지 등 쪽의 피하지방층으로 만든 살루미

밀기울 샌드위치

Sandwich alla crusca

재료

밀가루 1.8kg(중력분 1.8kg
        또는 W280 P/L0.55)
볶은 밀기울 50g, 비가 250g, 맥아분 20g,
효모 60g, 물 900g, 소금 40g, 버터 300g

믹싱시간

스파이럴 믹서 : 저속 3분 → 중속 6분
플런저 믹서 : 저속 4분 → 중속 7분

* 밀기울 샌드위치와 어울리는 추천 속재료
  및 요리 : 마요네즈, 생치즈, 새우 샐러드
  혹은 닭고기 샐러드, 붉은 채소 샐러드,
  참치 무스, 모짜렐라 치즈

만드는 방법

믹싱
① 밀가루, 볶은 밀기울, 비가, 맥아분, 효모, 물을 넣는다.
② 글루텐이 생성되면 소금을 넣는다.
③ 잘 흡수되고 난 후 부드러운 버터를 넣는다.
④ 글루텐이 발전되어 반죽이 탄력 있고 윤이 나면 완료한다.
   (최종 반죽온도 : 25℃)

실온휴지 26℃, 약 35분 (표면이 마르지 않도록 비닐을 덮는다)

분할 120g, 혹은 원하는 크기로 한다.

둥글리기 표면이 매끄럽게 되도록 둥글리기를 한다.

실온휴지 10분

정형
① 반죽을 뒤집어 가스를 충분히 빼면서 타원형으로 만든다.
② 반죽 윗부분의 양끝을 살짝 접은 후 말아준다.
③ 말면서 가느다란 모양으로 만든다.
④ 이음매를 단단히 봉한다.

팬닝 팬 1개당 6개씩 놓고 달걀물(분량 외)을 바른다.

발효 28℃, 습도 70%, 약 60분

굽기 스팀을 준 후 200~210℃ 오븐에서 굽는다. 굽는 시간은 반죽 크기에 따라
달라진다.

토마토 마르멜라타와 오븐에서 구운 양파 *Marmellata di pomodori e cipolle infornate*

재료(4인 기준)

토마토 600g, 식초 50g, 샴페인 50g, 설탕 30g, 물 50g, 샬롯 200g, 오이 2개, 엑스트라버진
올리브오일, 소금, 후춧가루 약간

만드는 방법

1 토마토를 끓는 물에 데쳐 껍질을 벗기고 씨를 제거한다. 약간 폭이 좁고 높은 용기에 넣
는다.

2 냄비에 식초, 샴페인, 설탕, 물을 넣고 졸인다. 시럽의 농도로 농축되면 토마토를 넣은 용
기에 부어 약 2시간 동안 둔다.

3 샬롯은 180℃ 오븐에서 약 30분간 굽는다. 가늘고 길게 자른다. 소금, 후춧가루로 간하고
올리브오일을 뿌린 후 식힌다.

4 오이는 껍질을 벗겨서 작은 주사위 모양으로 자르고 올리브오일을 뿌린다.

5 빠니니를 잘라 안에 샬롯과 토마토를 조화롭게 놓고 마지막에 오이를 놓는다.

밤가루로 만든 베네치아 살라타

Veneziana salata con farina di castagne

재료

밀가루 700g(강력분 490g+중력분 210g
　　　또는 W350 P/L0.55)
밤가루 300g, 우유 400g,
달걀 2개, 효모 50g, 소금 24g,
설탕 50g, 버터 200g

믹싱시간

스파이럴 믹서 : 저속 5분 → 중속 5분
플런저 믹서 : 저속 7분 → 중속 5분

＊ 밤가루로 만든 베네치아 살라타와
　어울리는 추천 속재료 : 거위 간, 연어

만드는 방법

믹싱　① 밀가루, 밤가루, 우유, 달걀, 효모를 넣는다.
　　　② 글루텐이 생성되면 소금, 설탕을 단계적으로 넣는다.
　　　③ 잘 흡수되고 부드럽게 섞이면 부드러운 버터를 넣는다.
　　　④ 글루텐이 발전되어 반죽이 탄력 있고 윤이 나면 완료한다.
　　　　　(최종 반죽온도 : 25℃)

실온휴지　26℃, 약 5분 (표면이 마르지 않도록 비닐을 덮는다)

분할　200g, 혹은 원하는 크기로 한다.

둥글리기　표면이 매끄럽게 되도록 둥글리기를 한다.

실온휴지　10분

정형　① 다시 둥글리기를 하여 둥근 모양으로 만든다.
　　　② 이음매를 단단히 봉한다.

팬닝　빠네또네 팬에 1개씩 넣는다.

실온휴지　반죽의 가장자리가 팬의 윗부분에 도달할 때까지 휴지시킨다.

굽기　180~190℃ 오븐에서 굽는다. 굽는 시간은 반죽 크기에 따라 달라진다.

벨투르노 지역 밤 *Le castagne di Velturno*

브레사노네(Bressanone)에서 볼차노(Bolzano) 지역까지 60km의 긴 구역에 밤나무가 늘어서 있다. 그리고 브레사노네에서 볼차노 지역으로 가는 길에 있는 벨투르노(Velturno) 지역은 목초지와 숲이 함께 있다. 밤과 갓 나온 와인을 맛보는 퇴르겔렌(Törggelen) 축제처럼 밤은 가을에 열리는 수많은 음식 축제의 주인공이며 지역문화의 중요한 부분이다. 모든 밤송이는 보통 안에 세 개 정도의 밤이 들어 있다. 옛말에 세 개 중 하나는 주인에게, 하나는 백성에게, 하나는 가난한 사람에게 주어진다고 했다.
밤과 밤나무를 일명 '가난한 빵(가난한 사람들을 위한 빵)', '빵나무(먹을 것을 주는 나무)'라고도 한다. 맛있고 간단한 식사도 되며 당분과 식물성 단백질, 지방, 비타민, 무기질을 함유하고 있고 특히 칼륨 함유량이 높기 때문이다. 나뭇가지로 만든 큰 그릇 위에 층층이 놓아 시원하고 통풍이 잘 되는 곳에 두면 2주 정도 신선한 상태로 보관할 수 있다. 밤을 씻어서 말린 후 껍질을 깎아서 냉동시키기도 한다. 밤을 2시간 정도 찬물에 담가놓아 보면 맛있는 밤인지 아닌지 알 수 있는데, 만약 밤이 물에 뜬다면 그 밤은 버리도록 한다. 다른 품종인 마로니(Marroni)는 더 굵고 타원형 혹은 하트 모양이다. 껍질이 얇고 더 밝으며 안쪽 껍질이 과육에 덜 붙어 있다. 밤의 생기를 되찾게 하기 위해서는 적어도 12시간 정도 물에 담가 불려야 한다. 그런 다음에 삶는다. 디저트를 만드는 데 있어 최고의 재료이기도 한 밤가루는 세몰리나 가루와 함께 사용하면 맛있고 신선한 반죽이 된다.

햄버거 타르티나

Tartina per hamburger

재료

밀가루 1kg(중력분 1kg
           또는 W280 P/L0,55)
우유 250g, 물 250g, 설탕 20g,
맥아분 10g, 효모 35g, 소금 20g,
라드(돼지기름) 50g,
엑스트라버진 올리브오일 50g,
참깨 약간

믹싱시간

스파이럴 믹서 : 저속 8분 → 중속 2분
플런저 믹서 : 저속 10분 → 중속 3분

만드는 방법

믹싱
  ① 밀가루, 우유, 물, 설탕, 맥아분, 효모를 넣는다.
  ② 글루텐이 생성되면 소금, 라드, 올리브오일을 넣는다.
  ③ 글루텐이 발전되어 반죽이 탄력 있고 윤이 나면 완료한다.
    (최종 반죽온도 : 25℃)

실온휴지 26℃, 약 15~20분 (표면이 마르지 않도록 비닐을 덮는다)

분할 60g

둥글리기 ① 둥글리기를 하여 둥근 모양으로 만든다.
    ② 이음매를 단단히 봉한다.

실온휴지 26℃, 20분

정형 반죽의 표면을 별 모양 내는 카이저 전용기구로 누른 후,
    달걀물(분량 외)을 바르고 위에 참깨를 뿌린다.

팬닝 팬 1개당 11개씩 놓는다.

발효 27~28℃, 습도 70%, 약 60분

굽기 가볍게 스팀을 준 후 220℃ 오븐에서 약 15분간 굽는다.

그릴에 구운 채소 *Verdure alla griglia*

재료(4인 기준)

붉은 피망 1개, 노란 피망 1개, 가지 1개, 호박 2개, 마늘 1쪽, 고추(이탈리아 고추 사용) 1개,
파슬리 1다발, 엑스트라버진 올리브오일 100g

만드는 방법

1 그릴에서 피망을 통째로 굽는다. 용기에 담아 랩을 씌워서 식힌다.
2 가지는 약 0.5cm 두께로 썰고 호박은 얇고 동그랗게 썬다.
3 그릴에 소금을 뿌리고 가지와 호박을 올려 구운 후 식힌다.
4 작은 냄비에 올리브오일 50g, 으깬 마늘, 고추를 넣고 중간 불에서 약 6분간 볶은 후, 나머지 올리브오일 50g을 넣고 불에서 내려서 식힌다. 파슬리를 다져 넣는다.
5 피망 껍질을 벗기고 길고 가늘게 썬다.
6 피망, 가지, 호박에 마늘, 고추, 파슬리 향이 나는 올리브오일을 뿌린다.
7 햄버거 타르티나를 잘라 안에 채운다.

핫도그 필론치노
Filoncino per hot dog

재료

밀가루 1kg(강력분 200g+중력분 800g
또는 W300 P/L0.55)
우유 250g, 물 250g, 효모 40g, 달걀 1개,
소금 20g, 설탕 60g, 버터 100g

믹싱시간

스파이럴 믹서 : 저속 5분 → 중속 5분
플런저 믹서 : 저속 6분 → 중속 6분

만드는 방법

믹싱
① 밀가루, 우유, 물, 효모를 넣는다.
② 글루텐이 생성되면 달걀, 소금을 단계적으로 넣는다.
③ 잘 흡수되고 난 후 설탕, 버터를 단계적으로 넣는다.
④ 글루텐이 발전되어 반죽이 탄력 있고 윤이 나면 완료한다.
   (최종 반죽온도 : 24℃)

실온휴지 26℃, 약 10분 (표면이 마르지 않도록 비닐을 덮는다)

분할 60g, 혹은 원하는 크기로 한다.

둥글리기 표면이 매끄럽게 되도록 둥글리기를 한다.

실온휴지 26℃, 10분

정형
① 반죽을 작업대 위에 놓고 손바닥을 이용하여 비벼 꼬리를 빼서
   올챙이 모양으로 만든다.
② 반죽의 꼬리 부분을 잡고 둥근 모양 쪽으로 밀대를 이용해
   이등변삼각형 모양으로 밀어 늘인 후 넓은 부분부터 말아 올린다.
③ 말면서 가느다란 모양으로 만든다.
④ 이음매는 반죽의 아랫부분에 오도록 한다.

팬닝 팬 1개당 11개씩 놓고 달걀물(분량 외)을 바른다.

발효 27~28℃, 습도 70%, 약 60분

굽기 달걀물을 한 번 더 바르고, 210℃ 오븐에서 약 16분간 굽는다.

루콜라·바삭바삭한 베이컨과 오븐에서 구운 염소치즈
Caprino infornato con rucola e pancetta croccante

재료(4인 기준)
베이컨 200g, 야생 루콜라 4다발, 염소치즈 400g, 발사믹식초 샐러드드레싱(vinaigrette di aceto balsamico) 50g

만드는 방법
1 팬을 달군 후 베이컨을 약 2분간 굽는다. 키친타월 위에 올려 기름을 제거하며 식힌다.
2 오븐 팬에 치즈를 얹고 180℃ 오븐에서 약 2분간 굽는다.
3 루콜라에 발사믹식초 샐러드드레싱을 뿌린다.
4 핫도그 필론치노를 잘라 오븐에서 구운 치즈를 숟가락을 이용해 뿌리고, 루콜라와 베이컨을 올려 채운다.

소금물에 담근 빠니니

Panini alla salamoia

재료

비가
밀가루 1kg(강력분 400g+중력분 600g
  또는 W320 P/L0.50)
효모 10g, 물 450g

본반죽
비가, 밀가루 2kg(강력분 400g+중력분 1.6kg
  또는 W300 P/L0.55)
물 900㎖, 맥아분 30g, 효모 70g,
엑스트라버진 올리브오일 150g, 소금 66g

소금물
물 1ℓ, 수산화나트륨(가성소다) 50g

믹싱시간

비가
스파이럴 믹서 : 저속 3분
플런저 믹서 : 저속 4분
포크 믹서 : 저속 5분

본반죽
스파이럴 믹서 : 저속 5분 → 중속 7분
플런저 믹서 : 저속 5분 → 중속 8분

만드는 방법

비가	밀가루, 효모, 물을 넣고 저속으로 균일하게 섞은 후(최종 반죽온도 : 18℃) 실온에서 18~22시간 발효시킨다.
전처리	물에 가성소다를 넣고 끓인 후 식힌다.
믹싱	① 밀가루, 비가, 물, 맥아분, 효모를 넣는다.
	② 글루텐이 생성되면 올리브오일, 소금을 넣는다.
	③ 글루텐이 발전되어 반죽이 탄력 있고 윤이 나면 완료한다.
	(최종 반죽온도 : 25℃)
실온휴지	26℃, 약 15~20분 (표면이 마르지 않도록 비닐을 덮는다)
분할	120g, 혹은 원하는 크기로 한다.
둥글리기	표면이 매끄럽게 되도록 둥글리기를 한다.
실온휴지	26℃, 10분
정형	① 반죽을 뒤집어 가스를 충분히 빼면서 타원형으로 만든다.
	② 반죽 윗부분의 양끝을 살짝 접은 후 말아준다.
	③ 말면서 가느다란 모양으로 만든다.
	④ 이음매를 단단히 봉한다.
발효	27℃, 습도, 70%, 약 45분 발효 후 5℃ 냉장고에 약 10분간 둔다.
팬닝	소금물에 반죽을 담갔다가 팬 1개당 6개씩 놓는다.
발효	27~28℃, 습도 70%, 약 15~20분
굽기	230℃ 오븐에서 굽는다. 굽는 시간은 반죽 크기에 따라 달라진다.

토마토 콩피와 트로페아 지역 양파 샐러드 *Insalata di pomodori confit e cipolle di Tropea*

재료(4인 기준)
방울토마토 500g, 마늘 2쪽, 월계수잎 2장, 타임 1다발, 양파(이 레시피에서는 트로페아 지역의 붉은 양파 사용) 300g, 흑통후추 5알, 엑스트라버진 올리브오일, 소금, 후춧가루 약간

만드는 방법
1 토마토를 반으로 자르고 씨를 제거한다.
2 오븐 팬에 가볍게 올리브오일을 두르고 그 위에 토마토를 놓는다. 소금, 후춧가루를 살짝 뿌리고 마늘, 월계수잎, 타임을 놓고 100℃ 오븐에서 약 3시간 동안 익힌다.
3 양파는 껍질을 벗기고 얇고 길게 썬다. 냄비에 약간의 소금, 흑통후추, 올리브오일, 물을 넣고 양파를 넣은 다음 약한 불에서 끓인 후 식힌다.
4 토마토와 양파를 잘 섞고 소금, 후춧가루로 간한 후, 빠니니를 잘라 안에 채운다.

호밀·엠머밀 시골 빠니노

Panino rustico con segale e farro

재료

밀가루 600g(강력분 120g+중력분 480g
또는 W300 P/L0.55)
호밀가루 300g, 엠머밀가루 300g,
비가 250g, 맥아분 10g, 효모 40g,
물 800g, 소금 30g

믹싱시간

스파이럴 믹서 : 저속 6분 → 중속 4분
플런저 믹서 : 저속 7분 → 중속 5분

* 호밀·엠머밀 시골 빠니노와 어울리는 추천
  속재료 : 스펙, 치즈, 버터, 말린 고기, 살라미,
  코빠, 훈제 프로슈또
* 살루미(salume) : 이탈리아 햄. 소시지
* 살라미(salami) : 쇠고기, 돼지고기 등을
  긴 창자 속에 넣어 숙성시킨 이탈리아 햄
* 코빠(coppa) : 삶은 돼지머리를 눌러서 얇게
  슬라이스한 살루미

만드는 방법

믹싱
① 밀가루, 호밀가루, 엠머밀가루(보릿가루), 비가, 맥아분, 효모, 물을
  넣는다. 물 10%는 남겨놓고 넣는다.
② 글루텐이 생성되면 남겨둔 물 10%와 소금을 넣는다.
③ 글루텐이 발전되어 반죽이 탄력 있고 윤이 나면 완료한다.
  (최종 반죽온도 : 25℃)

실온휴지 26℃, 약 30분 (표면이 마르지 않도록 비닐을 덮는다)

분할 120g, 혹은 원하는 크기로 한다.

둥글리기 표면이 매끄럽게 되도록 둥글리기를 한다.

실온휴지 26℃, 10분

정형
① 반죽을 뒤집어 가스를 충분히 빼면서 타원형으로 만든다.
② 반죽 윗부분의 양끝을 살짝 접은 후 말아준다.
③ 말면서 가느다란 모양으로 만든다.
④ 이음매를 단단히 봉한다.
⑤ 작업대 위에 밀가루를 뿌리고 이음매가 위로 향하게 하여 놓는다.

팬닝 팬 1개당 6개씩, 이음매가 바닥을 향하도록 뒤집어서 놓는다.

발효 28℃, 습도 70%, 약 40분

굽기 반죽 위에 폭 1.5cm, 길이 20cm의 종이를 얹고 체를 사용해 밀가루
  (분량 외)를 뿌린 후 종이를 제거한다. 가볍게 스팀을 준 후 200~210℃
  오븐에서 굽는다. 굽기 완료 5분 전에 공기순환 밸브를 연다.
  굽는 시간은 반죽 크기에 따라 달라진다.

따뜻한 채소·카제라 샐러드 *Insalata tiepida di erbette e Casera*

재료(4인 기준)

채소(시금치, 쑥갓, 머위, 죽순 등 주로 데치거나 삶아서 먹는 채소 사용) 500g, 양파 40g, 마늘오일 10g, 세이지잎 3장, 카제라 치즈 160g, 소금, 후춧가루 약간

만드는 방법

1 채소를 끓는 물에 데친다. 양파는 삶아서 물기를 잘 제거한다.
2 팬에 마늘오일을 두르고 채소를 볶는다. 양파도 넣고 같이 볶는다. 소금, 후춧가루로 간한
  다. 불에서 내려서 식힌다.
3 세이지는 다지고 치즈는 얇게 썬다.
4 빠니노를 잘라 채소, 세이지, 치즈를 올려 채운다.

구겔호프 살라토

Kougelhopf salato

재료

밀가루 1kg(강력분 400g+중력분 600g
　　　또는 W320 P/L0.55)
우유 320g, 효모 60g, 설탕 40g,
달걀 노른자 130g, 소금 20g,
버터 450g, 호두 130g,
양파 80g, 베이컨 300g,
엑스트라버진 올리브오일, 버터 약간

믹싱시간

스파이럴 믹서 : 저속 8분 → 중속 5분
플런저 믹서 : 저속 8분 → 중속 8분

* 호두 사용을 원하지 않는 경우,
　호두 130g, 양파 80g, 베이컨 300g을
　양파 250g, 베이컨 150g으로
　조절하는 것이 좋다.

만드는 방법

전처리 양파는 껍질을 벗겨 얇게 썬다. 냄비에 올리브오일을 두르고 중간 불에서 볶는다. 베이컨은 팬에 버터를 발라 구운 후 주사위 모양으로 썬다. 호두는 다진다.

믹싱 ① 밀가루, 우유, 효모, 설탕, 달걀 노른자를 넣는다.
② 글루텐이 생성되면 소금을 넣는다.
③ 잘 흡수되고 난 후 부드러운 버터를 넣는다.
④ 글루텐이 발전되어 반죽이 탄력 있고 윤이 나면 호두를 넣고, 양파, 베이컨을 넣어 몇 분 더 믹싱한 후 완료한다. (최종 반죽온도 : 26℃)

실온휴지 26℃, 약 60분 혹은 부피가 2배가 될 때까지 한다.
(표면이 마르지 않도록 비닐을 덮는다)

분할 400g, 혹은 원하는 크기로 한다.

둥글리기 표면이 매끄럽게 되도록 둥글리기를 한다.

실온휴지 26℃, 20분

정형 ① 반죽을 뒤집어 밀대로 밀어 펴서 가스를 빼면서 가로 약 25cm 정도 되도록 만든다. ② 윗부분의 일부를 접고 접힌 부분이 약간 포개지게 아랫부분도 접어 삼단접기 한다. ③ 다시 윗부분의 일부를 왼손의 엄지 손가락과 집게손가락으로 접어가면서 오른손의 손바닥 끝으로 눌러주며 계속 말아서 약 35cm 정도의 원기둥 모양으로 만든다. ④ 이음매가 일직선을 그리며 바닥에 오도록 한다. ⑤ 도넛 모양을 만들고 이음매는 반죽과 반죽을 겹쳐 확실하게 눌러 붙인다.

팬닝 구겔호프팬에 버터를 바르고 이음매가 팬 안쪽으로 가도록 반죽을 넣는다.

실온휴지 팬 높이만큼 반죽이 부풀 때까지 한다.

굽기 190~200℃ 오븐에서 굽는다. 굽는 시간은 반죽 크기에 따라 달라진다. 구운 후 팬에서 빼서 뒤집어 놓는다.

스낵과 맥주 *Snack e birra*

발효를 돕는 맥아, 발효작용을 하는 효모, 쓴맛과 향기를 주는 호프, 그리고 물. 이 재료들에 의해 순백의 가벼운 거품 혹은 굉장히 짙은 거품과 맥주의 향이 만들어진다. 맥아의 특성에 따라 맥주 맛의 깊이와 향이 달라지는데, 라거(Lager)는 풍미가 있고 에일(Ale)은 가볍게 훈연한 맥아를 사용하여 만들었으며 스타우트(Stout)는 검게 탄 맥아를 사용하였기 때문에 색이 검은 색을 띤다. 맥주도 와인처럼 종류에 따라 그 특성과 잘 맞는 음식 궁합이 있다. 풍미가 있는 음식은 가벼운 맛의 맥주와 궁합이 잘 맞는다. 발효를 많이 한 맥주는 레드와인에, 발효를 적게 한 맥주는 화이트와인에 비유할 수 있다. 생선 파스티체리아 살라타는 필스(Pils), 필스너(Pilsener), 라거 엑스포트(Lager Export), 연어 파스티체리아 살라타는 도르트무더 엑스포트(Dortmuder export)와 궁합이 잘 맞는다. 토마토, 가벼운 맛의 치즈, 약간 강한 맛의 재료로 속을 채운 파스티체리아 살라타는 스트롱 라거(Strong lager), 채소 파스티체리아 살라타는 거품이 많은 필스너와 어울린다. 강한 맛의 치즈 파스티체리아 살라타는 트라피스트(Trappiste)와 어울린다. 프로슈토, 다양한 살루미 파스티체리아 살라타는 스타우트, 바이젠(Weizen)과 어울린다. 소시지, 살시치아 파스티체리아 살라타는 에일과 잘 어울린다.

gli snack
스낵

이 장에서는 애피타이저, 핑거푸드의 진정한 주인공인 살라티나, 키슈, 타르텔레떼, 체스티니를 비롯해 파티나 휴식 시간에 안성맞춤인 스낵들을 소개한다.

스폴리아 반죽에 독일 소시지와 식초에 절인 양배추, 이탈리아 스타일의 토마토와 모짜렐라 치즈, 이탈리아 알프스 산맥 너머 지역 묘한 풍미의 키슈 등 환상적인 속재료들을 결합해 간단하게, 혹은 정교하게 만든 맛좋은 스낵들을 만나볼 수 있다.

파티에서 이 장의 스낵들과 함께 아래 소개한 추천 와인들로 축배를 들면 더할 나위 없이 환상적인 시간이 될 것이다.

〈추천 와인〉

Spumante Rose
스뿌만테 로제
(제조사 : Velenosi
벨레노지)

**Spumante
Rosato Dry**
스뿌만테 로자토
드라이
(제조사 : Contarini
콘타리니)

Fantinel Brut Rose
판티넬
브루트 로제
(제조사 :
Fantinel 판티넬)

**Spumante
Brut Rose**
스뿌만테
브루트 로제
(제조사 : Cleto Chiarli
클레토 키아를리)

**Presecco Extra
Dry Val de Brun**
쁘레세꼬 엑스트라
드리아 발 데 브룬
(제조사 : Astoria
아스토리아)

그라나 빠다노 스낵

Snack al Grana Padano

재료

밀가루 1kg(강력분 400g+중력분 600g
또는 W320 P/L0.55)
물 500g, 효모 40g, 소금 20g,
설탕 20g, 달걀 2개, 버터 50g,
페이스트리용 버터 350g

속을 채우는 재료

프로슈또 코또 200g
그라나 빠다노 치즈가루 180g
그라나 빠다노 치즈조각 150g

베샤멜라소스

버터 25g, 밀가루 25g, 소금, 후춧가루,
넛메그 약간, 우유 250g

믹싱시간

스파이럴 믹서 : 저속 3분 → 중속 7분
플런저 믹서 : 저속 4분 → 중속 8분

만드는 방법

전처리 베샤멜라소스를 준비한다. 냄비에 버터를 녹인다. 밀가루와 소금, 후춧가루,
넛메그를 넣어 녹인다. 따뜻한 우유를 천천히 넣는다. 약 2분 정도 계속
휘저으며 끓인 후 불을 끈다. 속재료인 프로슈또 코또는 잘게 다진다.

믹싱　① 밀가루, 물, 효모를 넣는다.

② 글루텐이 생성되면 소금, 설탕, 달걀을 단계적으로 넣는다.

③ 잘 흡수되고 난 후 부드러운 버터를 넣는다.

④ 글루텐이 발전되어 반죽이 탄력 있고 윤이 나면 완료한다.
(최종 반죽온도 : 24℃)

휴지　실온휴지(26℃) 60분 후 4℃에 약 60분간 둔다. 혹은 4℃에 최소한
12시간 동안 둔다. (표면이 마르지 않도록 비닐을 덮는다)

버터 충전 반죽을 밀어 펴서 페이스트리용 버터를 넣는다.

밀어 펴기 및 접기 밀어 편 후 3절접기를 2번 한다. 반죽의 두께가 8mm보다
얇지 않게 한다.

휴지　4℃, 최소한 30분

밀어 펴기 및 접기 한 번 더 밀어 편 후 3절접기를 한다.

정형　① 반죽을 2mm 두께로 민다.

② 10×10cm 정사각형 모양으로 자른다.

③ 정사각형 반죽을 접어 정삼각형으로 만든 후 꼭짓점을 2cm 정도 남기고
가장자리를 1cm 폭으로 자른다.

④ 자른 정삼각형을 펼친 후 가장자리를 교차시켜 포켓형을 만든다.

팬닝　팬 1개당 10개씩 놓는다.

발효　27℃, 습도 70%, 약 60분

토핑　달걀물(분량 외)을 바르고, 프로슈또 코또, 그라나 빠다노 치즈조각을 넣고
베샤멜라소스로 덮는다. 마지막으로 그라나 빠다노 치즈가루를 뿌린다.

굽기　200℃ 오븐에서 약 20분간 굽는다.

베샤멜라 *La besciamella*

재료(500㎖ 소스 기준)
버터 50g, 밀가루 50g, 우유 500ml, 소금, 넛메그 약간

만드는 방법
1 작은 냄비에 버터를 넣고 중간 불에서 녹인다. 체 친 밀가루를 넣고 몇 분간 아주 천천히 익힌다.
계속해서 휘저어줘야 한다. 2 불에서 내려서 따뜻한 우유를 넣으며 거품기로 계속 휘저어준다. 3 냄
비를 다시 약한 불에 올리고 소스가 걸쭉해질 때까지 계속 휘저어준다. 4 걸쭉해지면 2분 정도 더
끓인 후 불을 끄고 소금, 넛메그로 간한다.

토마토 꽈드로띠

Quadrotti al pomodoro

재료

밀가루 1kg(강력분 400g+중력분 600g
또는 W320 P/L0.55)
물 500g, 효모 40g, 소금 20g,
설탕 20g, 달걀 2개, 버터 50g,
페이스트리용 버터 350g

속을 채우는 재료

버섯(이 레시피에서는 샹피뇽 사용) 120g,
프로슈또 코또 130g,
엑스트라버진 올리브오일 2g, 마늘 10g,
토마토 400g, 토마토 퓌레 100g,
몬타지오 치즈가루 50g

베샤멜라소스

버터 15g, 밀가루 20g, 소금 5g, 우유 250g,
그라나 빠다노 치즈가루 100g

믹싱시간

스파이럴 믹서 : 저속 3분 → 중속 7분
플런저 믹서 : 저속 4분 → 중속 8분

만드는 방법

전처리 ① 베샤멜라소스 : 냄비에 버터를 녹인다. 밀가루와 소금을 넣어 녹인다. 따뜻한 우유를 천천히 넣는다. 약 2분 정도 계속 휘저으며 끓인 후 그라나 빠다노 치즈가루를 뿌린다.
② 속재료 : 버섯, 프로슈또를 잘게 다진다. 팬에 올리브오일을 두르고 마늘을 으깨서 넣고, 버섯, 프로슈또를 넣어 볶은 후, 토마토, 토마토 퓌레를 넣는다. 식힌 후 베샤멜라소스와 합쳐 섞는다.

믹싱 ① 밀가루, 물, 효모를 넣는다.
② 글루텐이 생성되면 소금, 설탕, 달걀을 단계적으로 넣는다.
③ 잘 흡수되고 난 후 부드러운 버터를 넣는다.
④ 글루텐이 발전되어 반죽이 탄력 있고 윤이 나면 완료한다.
(최종 반죽온도 : 24℃)

휴지 실온휴지(26℃) 60분 후 4℃에 약 60분간 둔다. 혹은 4℃에 최소한 12시간 동안 둔다. (표면이 마르지 않도록 비닐을 덮는다)

버터 충전 반죽을 밀어 펴서 페이스트리용 버터를 넣는다.

밀어 펴기 및 접기 밀어 편 후 3절접기를 2번 한다. 이때 반죽의 두께가 8mm보다 얇지 않게 한다.

휴지 4℃, 최소한 30분

밀어 펴기 및 접기 한 번 더 밀어 편 후 3절접기를 한다.

정형 ① 반죽을 3mm 두께로 민다. ② 8×8cm 정사각형 모양으로 자른다.
③ 정사각형 모양으로 자른 반죽 중 반은 중앙에 꽃 모양 틀을 사용해 구멍을 뚫는다. ④ 구멍을 뚫지 않은 정사각형에 달걀물(분량 외)을 바르고 위에 구멍 뚫은 반죽을 올린다.

팬닝 팬 1개당 10개씩 놓고 달걀물을 바른다.

발효 27℃, 습도 70%, 약 60분

토핑 반죽 중앙의 구멍에 전처리한 재료를 넣고 치즈가루를 뿌린다.

굽기 가볍게 스팀을 준 후 190℃ 오븐에서 약 25분간 굽는다.

토마토 *Il Pomo d'Oro*

토마토 없이 지중해 요리가 가능할까? 케첩 없는 햄버거? 토마토소스 없는 피자? 토마토는 이탈리아 요리를 지배하고 있다고 해도 과언이 아닐 것이다. 그리고 맛 그 이상으로 영양학적으로도 중요한 특성이 전세계 모든 나라에 잘 알려져 있다. 아메리카 대륙의 발견에 의해 16세기에 유럽에 토마토가 전파되었고 18세기 후반 요리에 사용되기 시작했다. 토마토의 경작은 이미 콜럼버스의 신대륙 발견 이전에 멕시코와 페루에서 확산되었다. 한편 우리가 토마토라고 부르는 이 명칭은 고대 중앙아메리카 아즈텍 민족이 이 과일을 토마토라고 부르기 시작한 것에서 유래된 것이다.

호두·파 타르텔레떼

Tartellette di porri con le noci

재료

밀가루 1kg(강력분 400g+중력분 600g
　　　또는 W320 P/L0.55)
물 500g, 효모 40g, 소금 20g,
설탕 20g, 달걀 2개, 버터 50g,
페이스트리용 버터 350g

속을 채우는 재료
파 3줄, 양갓냉이 50g, 버터 30g,
소금 약간, 밀가루 20g, 우유 250g,
호두 30g, 그라나 빠다노 치즈가루 20g,
참깨 약간

믹싱시간

스파이럴 믹서 : 저속 3분 → 중속 7분
플런저 믹서 : 저속 4분 → 중속 8분

만드는 방법

전처리　파, 양갓냉이를 얇고 길게 썬다. 버터 바른 냄비에 파를 넣고
약한 불에서 볶는다. 소금 간을 하고, 밀가루를 뿌리고 잘 섞은 후
따뜻한 우유를 붓는다. 걸쭉한 크림상태가 될 때까지 끓인다.
양갓냉이를 넣고 불을 끈다. 체에 거른 후 호두를 굵게 다져서 섞고,
그라나 빠다노 치즈가루를 넣고 섞어 완성한다.

믹싱
① 밀가루, 물, 효모를 넣는다.
② 글루텐이 생성되면 소금, 설탕, 달걀을 단계적으로 넣는다.
③ 잘 흡수되고 난 후 부드러운 버터를 넣는다.
④ 글루텐이 발전되어 반죽이 탄력 있고 윤이 나면 완료한다.
　　(최종 반죽온도 : 24℃)

휴지　실온휴지(26℃) 60분 후 4℃에 약 60분간 둔다. 혹은 4℃에 최소한
12시간 동안 둔다. (표면이 마르지 않도록 비닐을 덮는다)

버터 충전　반죽을 밀어 펴서 페이스트리용 버터를 넣는다.

밀어 펴기 및 접기　밀어 편 후 3절접기를 2번 한다. 이때 반죽의 두께가 8mm보다
얇지 않게 한다.

휴지　4℃, 최소한 30분

정형
① 반죽을 2mm 두께로 민다.
② 직경 10cm의 원형 틀로 반죽을 찍어낸다.
③ 원형으로 찍어낸 반죽 중 반은 직경 9cm의 원형 틀로 구멍을 뚫는다.
④ 구멍을 뚫지 않은 반죽에 달걀물(분량 외)을 바르고 위에 구멍 뚫은
반죽을 올린다.

팬닝　팬 1개당 10개씩 놓고 달걀물을 바른 후 전처리한 재료를 넣고 위에
참깨를 뿌린다.

발효　27℃, 습도 70%, 약 60분

굽기　200℃ 오븐에서 약 25분간 굽는다.

호두 *La noce*

호두는 호두나무(학명 Juglans regia) 열매이다. 이 나무는 고대에 유럽으로 전래되었고 원산지는 히말라야 주변이다. 이탈리아에 확산되어 있는 좋은 품질의 호두는 소렌토(Sorrento), 프랑스 호두들 중에서 최고는 프랑케트(Franquette) 이밖에도 하틀리 캘리포니아(Hartley California), 펠트리나(Feltrina), 브레지아나(Bleggiana), 체레토(Cerreto), 미들랜드(Midland) 등이 있다. 이처럼 호두는 품종이 다양하며 식도락을 즐기는 사람들에게 많은 관심을 받는다. 호두를 구입할 때는 껍질이 손상된 것이 있는지 확인하고, 잎이 달려 있으며(최근에 수확했음을 의미) 알이 작은 것을 고르는 것이 좋다. 또한 호두 껍질의 즙으로 인해 껍질이 검게 얼룩진 것이 소위 표백을 위해 삼산화유황으로 처리하지 않았다는 표시이다.

연어 파고티노

Fagottino al salmone

재료

밀가루 1kg(중력분 1kg 또는 W280 P/L0.55)
물 500g, 효모 35g, 설탕 60g,
달걀 노른자 4개 분량, 소금 20g,
페이스트리용 버터 400g

속을 채우는 재료

훈제 연어 560g, 양파 110g,
서양 고추냉이 20g, 생크림 45g,
딜 25g, 소금, 후춧가루 약간

믹싱시간

스파이럴 믹서 : 저속 5분 → 중속 7분
플런저 믹서 : 저속 5분 → 중속 8분

만드는 방법

전처리 연어를 잘게 썰고 양파도 잘게 다진다. 서양 고추냉이는 믹서에 간다.
 믹서에 모든 속재료를 넣어 섞고, 소금, 후춧가루로 간한다.

믹싱 ① 소금을 제외한 모든 재료를 넣는다.
 ② 글루텐이 생성되면 소금을 넣는다.
 ③ 글루텐이 발전되어 반죽이 탄력 있고 윤이 나면 완료한다.
 (최종 반죽온도 : 24℃)

휴지 4℃ 냉장고에 약 12시간 동안 둔다. (표면이 마르지 않도록 비닐을 덮는다)

버터 충전 반죽을 밀어 펴서 페이스트리용 버터를 넣는다.

밀어 펴기 및 접기 밀어 편 후 3절접기를 2번 한다. 이때 반죽의 두께가 1cm보다
 얇지 않게 한다.

휴지 4℃, 30분

밀어 펴기 및 접기 한 번 더 밀어 편 후 3절접기를 한다.

휴지 4℃, 30분

정형 ① 반죽을 2mm 두께로 민다.
 ② 밑변 10cm, 높이 15cm의 삼각형 모양으로 자른다.
 ③ 삼각형의 아랫부분에 전처리한 재료를 놓고 좌, 우 꼭짓점을
 중앙으로 접는다.
 ④ 가운데 꼭짓점으로 굴려서 잘 마감 처리한다.

팬닝 팬 1개당 10개씩 놓고 달걀물(분량 외)을 바른다.

발효 실온(26℃)에서 약 60분 혹은 24℃에서 부피가 2배가 될 때까지 한다.

굽기 다시 한 번 달걀물을 바르고, 190~200℃ 오븐에서 약 15분간 굽는다.

노르웨이 연어 *Il salmone norvegese*

노르웨이 연어는 바이킹 시대부터 수세기에 걸쳐 내려오는 기술과 노하우로 만들어진다. 노르웨이 연어는 신선하고 영양가가 풍부하며, 특히 육질이 부드럽고 맛있다. 단백질, 비타민, 무기질뿐만 아니라 오메가3 지방산의 최고 원천이다. 다방면에서 사용되는 연어는 식탁 위에서 사랑받는 재료이다. 수증기에 찌거나 팬에 구워 먹는 것이 가장 이상적이고, 양념하거나 혹은 타타르소스와 함께 생으로도 먹는다. 연어는 해안으로부터 2만 1천km 떨어진 불규칙한 협만의 오염되지 않은 맑고 차가운 물에서 어획된다. 이곳의 차가운 기후가 물의 온도를 낮게 유지할 수 있게 해주기 때문에 생선의 육질이 치밀하고 맛이 좋으며, 영양가도 높다. 이러한 환경적 조건 때문에 예로부터 노르웨이 생선 제품은 그 품질을 각별하게 인정받았다. 연어를 키우는 것은 혁신적인 생산기술이 바탕이 되어야 하지만, 환경 역시 중요하게 고려되어야 한다.
노르웨이 연어는 기르는 단계뿐만 아니라, 모든 생산 단계까지 정부기관의 감독하에 엄격하게 이루어진다.

닭고기 스낵
Snack di pollo

재료
밀가루 1kg(강력분 400g+중력분 600g
　　　또는 W320 P/L0.55)
물 500g, 효모 40g, 소금 20g,
설탕 20g, 달걀 2개, 버터 50g,
페이스트리용 버터 350g

속을 채우는 재료
닭고기 200g, 마늘 1쪽, 파슬리 1다발,
버섯(이 레시피에서는 상피뇽 사용) 300g,
엑스트라버진 올리브오일 약간

키슈(quiche)
우유 400g, 생크림 100g,
달걀 4개, 소금, 후춧가루 약간

믹싱시간
스파이럴 믹서 : 저속 3분 → 중속 7분
플런저 믹서 : 저속 4분 → 중속 8분

만드는 방법

전처리 ① 속재료 : 닭고기를 물에 삶거나 혹은 그릴에 구운 후
　　　　작은 주사위 모양으로 썬다. 팬에 올리브오일을 두르고 마늘과
　　　　파슬리와 함께 버섯을 볶는다.
　　　② 키슈 : 모든 재료를 거품기로 섞는다.

믹싱 ① 밀가루, 물, 효모를 넣는다.
　　　② 글루텐이 생성되면 소금, 설탕, 달걀을 단계적으로 넣는다.
　　　③ 잘 흡수되고 난 후 부드러운 버터를 넣는다.
　　　④ 글루텐이 발전되어 반죽이 탄력 있고 윤이 나면 완료한다.
　　　(최종 반죽온도 : 24℃)

휴지 실온휴지(26℃) 60분 후 4℃에 약 60분간 둔다. 혹은 4℃에 최소한
　　　12시간 동안 둔다. (표면이 마르지 않도록 비닐을 덮는다)

버터 충전 반죽을 밀어 펴서 페이스트리용 버터를 넣는다.

밀어 펴기 및 접기 밀어 편 후 3절접기를 2번 한다. 이때 반죽의 두께가 8*mm*보다
　　　얇지 않게 한다.

휴지 4℃, 최소한 30분

밀어 펴기 및 접기 한 번 더 밀어 편 후 3절접기를 한다.

정형 ① 반죽을 3*mm* 두께로 민다. ② 적당한 크기의 유선형 틀로 반죽을
　　　찍어낸다. ③ 유선형으로 찍어낸 반죽 중 반은 처음보다 폭이 1*cm* 정도
　　　작은 유선형 틀로 구멍을 뚫는다. ④ 구멍을 뚫지 않은 반죽에
　　　달걀물(분량 외)을 바르고 위에 구멍 뚫은 반죽을 올린다.

팬닝 팬 1개당 10개씩 놓고 달걀물을 바른다.

발효 27℃, 습도 70%, 약 60분

토핑 달걀물을 바르고, 반죽 위에 전처리한 속재료를 올리고 키슈를 뿌린다.

굽기 200℃ 오븐에서 약 20분간 굽는다.

해피 타임 *L'ora dell'happy hour*

요즘 이탈리아에서는 애피타이저를 즐기기 위해 바에 가는 것이 유행이다. 원래 식욕을 돋우는 역할에 그치던 애피타이저를 이제는 식사로 즐기게 되었고, 생활패턴에 따라 애피타이저의 형태도 변화되고 있다. 과거에는 간단히 올리브와 헤이즐넛을 술안주로 즐겼다면 요즘은 피자, 포카치아, 튀긴 채소, 샐러드와 함께 냉파스타와 따뜻한 파스타를 기본으로 한 풍성한 뷔페 요리들을 술안주로 한다. 이 뷔페에서 제공하는 애피타이저들 중에는 이탈리아 요리에 영감을 받아 이국적인 맛을 가미한 새로운 요리들도 종종 등장한다. 그 중 파스티체리아 살라타가 가장 큰 인기를 얻고 있다. 한편 다양한 살라타들에 디핑타임(dipping time)이 함께 하기도 하는데 딥(dip) 즉, 생채소, 크래커, 기타 다른 스낵들과 파스티체리아 살라타들을 소스에 적셔 먹는 것이다. 그 소스는 일반적으로 채소로 만든다.

호박 타르텔레떼

Tartellette alle zucchine

재료

밀가루 800g(강력분 320g+중력분 480g
또는 W320 P/L0.55)
통밀가루 200g, 물 500g, 효모 40g,
소금 20g, 설탕 20g, 달걀 2개,
버터 50g, 페이스트리용 버터 350g

속을 채우는 재료

호박 300g, 소금, 흑후춧가루 약간,
엑스트라버진 올리브오일,
에멘탈 치즈가루 100g

믹싱시간

스파이럴 믹서 : 저속 3분 → 중속 7분
플런저 믹서 : 저속 4분 → 중속 8분

만드는 방법

전처리 호박은 얇고 동그랗게 썬다.

믹싱 ① 밀가루, 통밀가루, 물, 효모를 넣는다.

② 글루텐이 생성되면 소금, 설탕, 달걀을 단계적으로 넣는다.

③ 잘 흡수되고 난 후 부드러운 버터를 넣는다.

④ 글루텐이 발전되어 반죽이 탄력 있고 윤이 나면 완료한다.
(최종 반죽온도 : 24℃)

휴지 실온휴지(26℃) 50분 후 반죽을 밀어 펴서 팬에 놓고,
4~5℃에 약 60분간 둔다. 혹은 4℃에 최소한 12시간 동안 둔다.
(표면이 마르지 않도록 비닐을 덮는다)

버터 충전 반죽을 밀어 펴서 페이스트리용 버터를 넣는다.

밀어 펴기 및 접기 밀어 편 후 3절접기를 2번 한다. 이때 반죽의 두께가 8*mm* 보다
얇지 않게 한다.

휴지 4℃, 최소한 30분

밀어 펴기 및 접기 한 번 더 밀어 편 후 3절접기를 한다.

정형 ① 반죽을 2*mm* 두께로 민다.

② 직경 10*cm*의 원형 틀로 반죽을 찍어낸다.

③ 원형으로 찍어낸 반죽 중 반은 직경 9*cm*의 원형 틀로 구멍을 뚫는다.

④ 원형의 구멍을 뚫고 남은 반죽을 꽃 모양 틀로 다시 찍어낸다.

⑤ 구멍을 뚫지 않은 반죽에 달걀물(분량 외)을 바르고 위에 구멍 뚫은
반죽을 올린다.

팬닝 팬 1개당 10개씩 놓고 반죽 위에 호박을 놓은 다음 소금, 후춧가루,
올리브오일, 치즈가루를 뿌리며 계속 층을 쌓는다. 마지막에 꽃 모양 틀로
찍은 반죽을 올려 장식하고 달걀물을 바른다.

발효 27℃, 습도 70%, 약 50분

굽기 200℃ 오븐에서 약 20분간 굽는다.

호박 *Le zucchine*

호박은 이탈리아 요리에서 매우 다양하게 사용하는 재료이다. 애피타이저, 파스타, 피자, 생선, 고기 요리
에 곁들여 나오거나 혹은 수프나 소스의 재료로, 속재료에 맛과 색을 풍부하게 하는 목적으로 사용된다.
오일이나 식초에 절인 호박의 사용은 이루 다 말할 수 없다.
호박꽃은 소박한 식재료에서 한결 발전된 멋진 요리의 형태로 거듭나 이탈리아의 다양한 미식 문화에 기
여하고 있다. 영양학적 관점에서 호박은 100g당 14칼로리로 저칼로리 식품에 해당하며, 95%는 물이기 때
문에 다이어트 식품으로도 이상적이다.

프로슈또 스낵

Snack al prosciutto

재료

밀가루 1kg(강력분 400g+중력분 600g
또는 W320 P/L0.55)
물 500g, 효모 40g, 소금 20g,
설탕 20g, 달걀 2개, 버터 50g,
페이스트리용 버터 350g

속을 채우는 재료

달걀 4개, 달걀 노른자 4개 분량,
후춧가루 약간,
화이트와인 50g (이 레시피에서는 마르살라 사용),
프로슈또 코또 200g,
그라나 빠다노 치즈가루 100g,
에멘탈 치즈가루 100g

믹싱시간

스파이럴 믹서 : 저속 3분 → 중속 7분
플런저 믹서 : 저속 4분 → 중속 8분

만드는 방법

전처리 달걀, 달걀 노른자, 후춧가루, 화이트와인을 섞는다. 프로슈또 코또를 잘게 썰어 넣고, 그라나 빠다노 치즈가루, 에멘탈 치즈가루도 넣어서 잘 섞는다.

믹싱
① 밀가루, 물, 효모를 넣는다.
② 글루텐이 생성되면 소금, 설탕, 달걀을 단계적으로 넣는다.
③ 잘 흡수되고 난 후 부드러운 버터를 넣는다.
④ 글루텐이 발전되어 반죽이 탄력 있고 윤이 나면 완료한다.
(최종 반죽온도 : 24℃)

휴지 실온휴지(26℃) 약 60분 후 4℃에 약 60분간 둔다. 혹은 4℃에 약 12시간 동안 둔다. (표면이 마르지 않도록 비닐을 덮는다)

버터 충전 반죽을 밀어 펴서 페이스트리용 버터를 넣는다.

밀어 펴기 및 접기 밀어 편 후 3절접기를 2번 한다. 이때 반죽의 두께가 8mm보다 얇지 않게 한다.

휴지 4℃, 최소한 30분

밀어 펴기 및 접기 한 번 더 밀어 편 후 3절접기를 한다.

정형
① 반죽을 2mm 두께로 민다.
② 적당한 크기의 나뭇잎 틀로 반죽을 찍어낸다.
③ 나뭇잎 모양으로 찍어낸 반죽 중 반은 처음보다 폭이 1cm 정도 작은 나뭇잎 틀로 구멍을 뚫는다.
④ 구멍을 뚫지 않은 나뭇잎 반죽에 달걀물(분량 외)을 바르고 위에 구멍 뚫은 반죽을 올린다.

팬닝 팬 1개당 10개씩 놓는다.

발효 27℃, 습도 70%, 약 60분

토핑 달걀물을 바르고, 전처리한 재료를 넣는다.

굽기 200℃ 오븐에서 약 25분간 굽는다.

프로슈또 코또 *Il prosciutto cotto*

이탈리아 마켓에서는 다양한 종류의 프로슈또 크루도를 판매하고 있다. 얇게 슬라이스한 프로슈또 크루도 역시 식욕을 돋우지만 같은 부위로 만들었어도 프로슈또 코또보다는 덜하다. 둘 다 돼지의 넓적다리 부위로 만들지만 크루도는 날 것인 반면, 코또는 익힌 것이다. 오븐에서 물 혹은 수증기로 익히면 크루도의 풍미는 사라지게 되지만 구웠기 때문에 소화력이 높아진다. 이탈리아 요리에서 굉장히 다방면에 사용하는데 얇게 슬라이스하기도 하고 샐러드의 맛을 풍부하게 하기 위해 주사위 모양으로 썰어 사용하기도 한다. 또한 파스타, 피자, 파스티체리아 살라타의 재료로 사용하기도 한다.

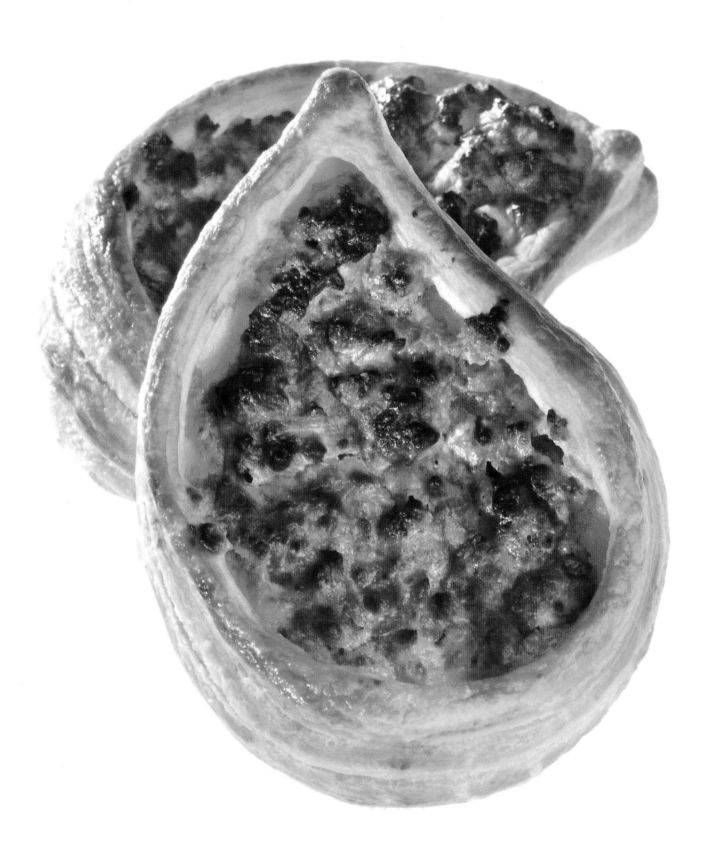

가지 타르텔레떼

Tartellette alle melanzane

재료

밀가루 1kg(강력분 400g+중력분 600g
또는 W320 P/L0.55)
물 500g, 효모 40g, 소금 20g,
설탕 20g, 달걀 2개, 버터 50g,
페이스트리용 버터 350g, 루꼴라 약간

속을 채우는 재료

가지 500g, 마늘 1쪽,
엑스트라버진 올리브오일 약간

키슈

생크림 400g, 달걀 2개,
달걀 노른자 2개 분량,
그라나 빠다노 치즈가루 100g,
소금, 후춧가루 약간

믹싱시간

스파이럴 믹서 : 저속 3분 → 중속 7분
플런저 믹서 : 저속 4분 → 중속 8분

만드는 방법

전처리　① 속재료 : 가지는 주사위 모양으로 썬다. 팬에 올리브오일을 두르고
　　　　　　마늘을 으깨서 넣은 후, 가지를 볶는다.
　　　　　② 키슈 : 모든 재료를 한꺼번에 넣고 거품기로 섞는다.

믹싱　① 밀가루, 물, 효모를 넣는다.
　　　② 글루텐이 생성되면 소금, 설탕, 달걀을 단계적으로 넣는다.
　　　③ 잘 흡수되고 난 후 부드러운 버터를 넣는다.
　　　④ 글루텐이 발전되어 반죽이 탄력 있고 윤이 나면 완료한다.
　　　　(최종 반죽온도 : 24℃)

휴지　실온휴지(26℃) 60분 후 4℃에 약 60분간 둔다. 혹은 4℃에
　　　약 12시간 동안 둔다. (표면이 마르지 않도록 비닐을 덮는다)

버터 충전　반죽을 밀어 펴서 페이스트리용 버터를 넣는다.

밀어 펴기 및 접기　밀어 편 후 3절접기를 2번 한다. 이때 반죽의 두께가 8mm보다
　　　　　　　　　얇지 않게 한다.

휴지　4℃, 최소한 30분

밀어 펴기 및 접기　한 번 더 밀어 펴서 3절접기를 한다.

정형　① 반죽을 2mm 두께로 민다.
　　　② 직경 10cm의 원형 틀로 찍어낸다.
　　　③ 원형으로 찍어낸 반죽 중 반은 직경 9cm의 원형 틀로 구멍을 뚫는다.
　　　④ 구멍을 뚫지 않은 반죽에 달걀물(분량 외)을 바르고 위에 구멍 뚫은
　　　　반죽을 올린다.

팬닝　팬 1개당 10개씩 놓고 달걀물을 바른 다음 전처리한 가지를 넣고 위에
　　　키슈를 뿌린다.

발효　27℃, 습도 70%, 약 50분

굽기　200℃ 오븐에서 약 25분간 굽는다. 루꼴라로 장식한다.

버터 *Il burro*

버터는 요리에서 매우 다각도로 사용된다. 조리할 때 사용하는 것뿐만 아니라 고기를 구울 때 사용하기도 하고, 생으로 먹기도 한다. 디저트를 만들 때 버터를 넣으면 더 풍미가 있고 부서지지 않는다. 리조또의 농도와 쌀의 익은 정도를 잘 맞추어서 맛, 풍미, 윤기, 농도 등을 낼 때도 사용하고 애피타이저, 생선이나 육류 요리에 곁들이는 채소 혹은 샐러드 그리고 파스타, 피자, 생선, 육류 등의 요리에 버터 조각을 함께 제공하기도 한다.

프로슈또 크루도 키오치올라

Chiocciola al prosiutto crudo

재료

밀가루 850g(강력분 340g+중력분 510g
또는 W320 P/L0.55)
엠머밀가루 150g, 물 500g, 효모 40g,
소금 20g, 설탕 20g, 달걀 1개, 버터 50g,
페이스트리용 버터 250g

속을 채우는 재료

프로슈또 크루도 200g, 파프리카 가루 약간

믹싱시간

스파이럴 믹서 : 저속 3분 → 중속 7분
플런저 믹서 : 저속 4분 → 중속 8분

만드는 방법

믹싱
① 밀가루, 엠머밀가루(보릿가루), 물, 효모를 넣는다.
② 글루텐이 생성되면 소금, 설탕, 달걀을 단계적으로 넣는다.
③ 잘 흡수되고 난 후 부드러운 버터를 넣는다.
④ 글루텐이 발전되어 반죽이 탄력 있고 윤이 나면 완료한다.
　　(최종 반죽온도 : 24℃)

휴지 실온휴지(26℃) 60분 후 4℃에 약 60분간 둔다. 혹은 4℃에
약 12시간 동안 둔다. (표면이 마르지 않도록 비닐을 덮는다)

버터 충전 반죽을 밀어 펴서 페이스트리용 버터를 넣는다.

밀어 펴기 및 접기 밀어 편 후 3절접기를 2번 한다. 이때 반죽의 두께가 8mm보다
얇지 않게 한다.

휴지 4℃, 최소한 30분

밀어 펴기 및 접기 한 번 더 밀어 편 후 3절접기를 한다.

정형
① 반죽을 2mm 두께로 민다.
② 40×20cm 직사각형으로 잘라 그 위에 프로슈또 크루도를 올리고
파프리카 가루를 뿌린다.
③ 단단하게 돌돌 만다.
④ 급속냉각기에 몇 분간 넣어 둔 후, 꺼내서 2.5cm 길이로 자른다.

팬닝 팬 1개당 12개씩 놓는다.

발효 27℃, 습도 70%, 약 40~50분

굽기 200℃ 오븐에서 약 25분간 굽는다. 혹은 달걀물(분량 외)을 바르고
220℃에서 약 16분간 굽는다.

산 다니엘레 *Il San Daniele*

산 다니엘레 프로슈또는 이탈리아 햄, 소시지 등의 가공식품 중에서 굉장히 우수한 제품이다. 신선한 돼지의 넓적다리살을 1년 이상 숙성시키면 크고 작은 풍미가 생기는데, 이 제조방식을 현대화시키고 고대의 저장과 숙성 기술을 유지하는 것만으로 산 다니엘레 프로슈또가 완성되는 것은 아니다. 그 우수성은 생산 지역의 지역적 특성과 관련이 있다. 바로 주변 다른 지역과는 다른 산 다니엘레 언덕의 미기후(microclimate)적 특성 때문이다. 즉 이 지역은 북쪽에서 불어오는 찬 공기와 아드리아해에서 불어오는 따뜻한 공기가 만나고 탈리아멘토(Tagliamento)강이 흐르는 지역이다. 이 강은 찬 공기와 따뜻한 공기를 조절하고 안내하는 역할을 하는데, 이러한 지역적 특성은 숙성, 건조시키기에 아주 이상적이다.

양파·베이컨 키슈

Quiche con cipolle e pancetta

재료

밀가루 1kg(강력분 400g+중력분 600g
　　　또는 W320 P/L0.55)
물 500g, 효모 40g, 소금 20g, 설탕 20g,
달걀 2개, 버터 50g, 페이스트리용 버터 350g

속을 채우는 재료

양파 200g, 베이컨 120g, 버터 30g

키슈

우유 400g, 생크림 100g,
달걀 2개, 그라나 빠다노 치즈가루 50g,
에멘탈 치즈가루 50g,
소금, 후춧가루, 넛메그 약간

믹싱시간

스파이럴 믹서 : 저속 3분 → 중속 7분
플런저 믹서 : 저속 4분 → 중속 8분

만드는 방법

전처리　① 속재료 : 양파는 잘게 다지고, 베이컨은 주사위 모양으로 썬다.
　　　　　　팬에 버터를 녹이고 양파, 베이컨을 넣고 굽는다.
　　　　② 키슈 : 모든 재료를 한꺼번에 넣고 거품기로 섞는다.

믹싱　　① 밀가루, 물, 효모를 넣는다.
　　　　② 글루텐이 생성되면 소금, 설탕, 달걀을 단계적으로 넣는다.
　　　　③ 잘 흡수되고 난 후 부드러운 버터를 넣는다.
　　　　④ 글루텐이 발전되어 반죽이 탄력 있고 윤이 나면 완료한다.
　　　　　（최종 반죽온도 : 24℃）

휴지　　실온휴지(26℃) 60분 후 4℃에 약 60분간 둔다. 혹은 4℃에
　　　　약 12시간 동안 둔다. (표면이 마르지 않도록 비닐을 덮는다)

버터 충전　반죽을 밀어 펴서 페이스트리용 버터를 넣는다.

밀어 펴기 및 접기　밀어 편 후 3절접기를 2번 한다. 이때 반죽의 두께가 8mm보다
　　　　　　　얇지 않게 한다.

휴지　　4℃, 최소한 30분

밀어 펴기 및 접기　한 번 더 밀어 편 후 3절접기를 한다.

정형　　① 반죽을 2mm 두께로 민다.
　　　　② 직경 10cm의 원형 틀로 반죽을 찍어낸다.
　　　　③ 원형으로 찍어낸 반죽 중 반은 직경 9cm의 원형 틀로 구멍을 뚫는다.
　　　　④ 구멍을 뚫지 않은 반죽에 달걀물(분량 외)을 바르고 위에 구멍 뚫은
　　　　　반죽을 올린다.

팬닝　　팬 1개당 10개씩 놓고 달걀물을 바른 다음 전처리한 재료를 넣고
　　　　그 위에 키슈를 뿌린다.

발효　　27℃, 습도 70%, 약 60분

굽기　　200℃ 오븐에서 약 25분간 굽는다.

넛메그 *La noce moscata*

넛메그의 원산지는 인도네시아 몰루카(Moluccas)섬이다. 높이 20cm까지 자라는 미리스티카 프라그란스
(Miristica fragrans)라는 상록수 나무의 열매를 가공처리한 것이다. 1년에 2~3번 살구처럼 생긴 열매를
생산하는데 익으면 노랗게 변한다. 과즙이 풍부해서 잼 제조에 사용하며, 익으면 벌어져서 알갱이가 반
쯤 보이고, 홍조 띤 가종피로 덮혀있다. 이 알맹이 안쪽에 독특한 씨가 있는데 부드럽지만 빠른 속도로
나무처럼 딱딱해진다. 이것이 보통 우리가 알고 있는 넛메그이다. 넛메그는 수지가 많은 나무 특유의 독
특하고 강한 향이 나고 매우 다양한 효능을 갖고 있다. 세계의 수많은 전통 요리 특히, 동양과 아랍의 요리에 폭넓게 사용되고 국물
을 우려내는 요리를 할 때 중요한 재료로 사용된다. 특히 서양에서는 반죽, 속재료, 소스 등에 사용한다. 환각제 성분인 미리스티신
과 엘레미신을 함유하고 있어서 만약 10~20g 정도로 높게 섭취하려면 물에 녹이거나 차의 형태로 사용해야 한다.

시금치·프로슈또 키슈

Quiche con spinaci e prosciutto

재료

밀가루 1kg(강력분 400g+중력분 600g
또는 W320 P/L0.55)
물 500g, 효모 40g, 소금 20g,
설탕 20g, 달걀 2개, 버터 50g,
페이스트리용 버터 350g

속을 채우는 재료

시금치 450g, 프로슈또 코또 120g, 버터 30g

키슈

우유 400g, 생크림 100g, 달걀 3개,
그라나 빠다노 치즈가루 50g,
에멘탈 치즈가루 50g, 소금, 후춧가루,
넛메그 약간

믹싱시간

스파이럴 믹서 : 저속 3분 → 중속 7분
플런저 믹서 : 저속 4분 → 중속 8분

만드는 방법

전처리
 ① 속재료 : 팬에 버터를 녹이고 시금치와 프로슈또를 넣고 볶는다.
 ② 키슈 : 모든 재료를 한꺼번에 넣고 거품기로 섞는다.

믹싱
 ① 밀가루, 물, 효모를 넣는다.
 ② 글루텐이 생성되면 소금, 설탕, 달걀을 단계적으로 넣는다.
 ③ 잘 흡수되고 난 후 부드러운 버터를 넣는다.
 ④ 글루텐이 발전되어 반죽이 탄력 있고 윤이 나면 완료한다.
  (최종 반죽온도 : 24℃)

휴지
 실온휴지(26℃) 60분 후 4℃에 약 60분간 둔다. 혹은 4℃에
 약 12시간 동안 둔다. (표면이 마르지 않도록 비닐을 덮는다)

버터 충전
 반죽을 밀어 펴서 페이스트리용 버터를 넣는다.

밀어 펴기 및 접기
 밀어 편 후 3절접기를 2번 한다. 이때 반죽의 두께가
 8mm보다 얇지 않게 한다.

휴지
 4℃, 최소한 30분

밀어 펴기 및 접기
 한 번 더 밀어 편 후 3절접기를 한다.

정형
 ① 반죽을 2mm 두께로 민다.
 ② 직경 10cm의 원형 틀로 반죽을 찍어낸다.
 ③ 원형으로 찍어낸 반죽 중 반은 직경 9cm의 원형 틀로 구멍을 뚫는다.
 ④ 구멍을 뚫지 않은 반죽에 달걀물(분량 외)을 바르고 위에 구멍 뚫은
  반죽을 올린다.

팬닝
 팬 1개당 10개씩 놓고 달걀물을 바른 다음 전처리한 재료를 넣고
 그 위에 키슈를 뿌린다.

발효
 27℃, 습도 70%, 약 60분

굽기
 200℃ 오븐에서 약 25분간 굽는다.

파리시의 달걀 *L'uovo di Parisi*

달걀은 우유처럼 사람에게 근원적인 영양물이자 성장에 필요한 훌륭한 영양소를 함유하고 있으며 칼슘, 단백질, 비타민, 미네랄이 풍부하다. 소박한 영양물임에도 불구하고 어떤 재료와도 조화를 잘 이루는 영양물이기 때문에 요리에서 중요한 재료로 다양하게 사용한다.

피사지역에서 농업회사를 경영하는 파올로 파리시(Paolo Parisi)는 암탉과 다른 많은 동물들을 기르면서 특히 소화가 잘 안되는 사람들을 위해 좋은 돼지에서부터 황소돼지, 양돼지를 개량했다. 그는 동물들을 겨울에만 축사에서 사육하고, 그 외에는 땅을 잘 긁는 리보르노(품종) 암탉처럼 집 밖에서 자유롭게 사육하는 것이 좋다고 생각했다. 알을 잘 낳는 모든 닭은 단백질 보충을 잘 해줘야 하는데, 파리시는 콩 대신 낙농일에서 버려진 것을 활용해 보았다. 특히 염소유를 활용해 보았는데 그 결과 달걀의 색은 자연적인 크림빛이 도는 노란색이 되고 맛이 더 강하며 버터와 같이 부드럽고 가볍게 아몬드 향이 났다.

스펙·치즈 로톨로

Rotolo con speck e formaggi

재료

밀가루 950g(강력분 380g+중력분 570g
　　　또는 W320 P/L0.55)
호밀가루 50g, 우유 500g, 효모 35g,
소금 25g, 설탕 20g, 달걀 노른자 2개 분량,
페이스트리용 버터 250g(반죽 1kg당)

속을 채우는 재료
리코따 250g, 그라나 빠다노 치즈가루 250g,
달걀 노른자 2개 분량, 스펙 450g

믹싱시간

스파이럴 믹서 : 저속 5분 → 중속 5분
플런저 믹서 : 저속 6분 → 중속 6분

만드는 방법

전처리　리코따에 그라나 빠다노 치즈가루와 달걀 노른자를 섞는다.
　　　　　스펙은 주사위 모양으로 썰어 팬에서 살짝 볶은 후, 앞의 재료와 섞는다.

믹싱　　① 밀가루, 호밀가루, 우유, 효모를 넣는다.
　　　　　② 글루텐이 생성되면 소금, 설탕, 달걀 노른자를 단계적으로 넣는다.
　　　　　③ 글루텐이 발전되어 반죽이 탄력 있고 윤이 나면 완료한다.
　　　　　　　(최종 반죽온도 : 25℃)

휴지　　실온휴지(26℃) 60분 후 4℃에 약 60분간 둔다. 혹은 4℃에
　　　　　약 12시간 동안 둔다. (표면이 마르지 않도록 비닐을 덮는다)

버터 충전　반죽을 밀어 펴서 반죽 1kg당 페이스트리용 버터 250g씩을 넣는다.

밀어 펴기 및 접기　밀어 편 후 3절접기를 3번 한다.

휴지　　4℃, 60~70분

정형　　① 반죽을 1.5mm 두께로 민다.
　　　　　② 40×60cm 직사각형으로 잘라 그 위에 전처리한 재료를 놓고
　　　　　　단단하게 돌돌 만다.
　　　　　③ 급속냉각기에 몇 분간 넣어 둔 후 꺼내서 2.5cm 길이로 자른다.

팬닝　　팬 1개당 10개씩 놓는다.

발효　　27℃, 습도 70%, 약 50분

토핑　　달걀물(분량 외)을 바르고 그라나 빠다노 치즈가루(분량 외)를 뿌린다.

굽기　　가볍게 스팀을 준 후 210℃ 오븐에서 약 15분간 굽는다.

IGP 인증 알토아디제지역 스펙 *Lo speck Alto Adige IGP*

알토아디제 지역은 이탈리아의 달콤한 프로슈또 크루도와 중유럽 훈제 프로슈또로 유명한데, 특히 스펙이 이 지역 대표상품이다. 1천 2백년부터 이어져 온 오랜 전통적 제조방식을 갖고 있으며 1996년에 알토아디제지역의 스펙은 천연, 안전성, 품질, 원산지, 특성을 보증하는 IGP 인증을 받게 되었다. 원기를 돋우고 풍미가 있는 스펙은 엄격하게 선별된 돼지 넓적다리살로 만든다. 돼지가 태어나서 도살장에 가기까지 모든 단계가 최종 제품의 품질을 보장할 수 있는 철저한 조사와 검사와 감독으로 이뤄진다. 도살한 후 넓적다리살을 깨끗이 정리하고 소금, 후춧가루, 월계수잎, 로즈마리, 노가주나무와 같은 향신료를 첨가하여 약 3주간 재운다. 특별한 레시피가 있는 것은 아니다. 그러나 허브를 혼합하여 그 향이 베이도록 한다. 단, 특별히 주의해야 하는 조건은 소금의 양을 전체의 5% 미만으로 사용해야 하는 것이다. 지나치게 사용하면 너무 짜서 스펙의 맛과 향이 저하된다. 그런 다음 염장한 후 훈제한다. 수지(나뭇진)가 달한 나무를 선택해서 그 나무에서 발산되는 연기에 굽는다. 굽는 온도는 20℃ 보다 높지 않게 한다. 굽는 동안에 썰어서 그대로 계속 굽는다. 그리고 건조시켜 숙성되는데 22주 후 최고의 상태가 된다. 마지막에 이 살루미는 전형적인 곰팡이가 생겨난다. 선별된 스펙은 그 겉의 피부가죽에 불로 낙인을 찍는다. 이를 통해 ' * IGP 인증 알토아디제 스펙 '이라고 식별할 수 있게 되는 것이다.

* IGP(Indicazione Geografica Protetta) : 유럽연합법에 의해 보호받는 생산지 표시제도

고르곤졸라 체스티니

Cestini al Gorgonzola

재료

밀가루 1kg(강력분 400g+중력분 600g
　　또는 W320 P/L0.55)
물 500g, 효모 35g, 소금 20g,
설탕 20g, 달걀 노른자 4개 분량,
페이스트리용 버터 400g

속을 채우는 재료

사과 1개, 셀러리 1줄기,
고르곤졸라 치즈 120g, 건포도 10g,
버터 20g, 소금 약간

믹싱시간

스파이럴 믹서 : 저속 5분 → 중속 5분
플런저 믹서 : 저속 6분 → 중속 6분

만드는 방법

전처리 　사과는 껍질을 벗겨 작은 주사위 모양으로 썬다. 셀러리는 섬유질을
　　　　　제거하고 얇게 썬다. 잎은 버리지 말고 놔둔다. 고르곤졸라 치즈는 주사위
　　　　　모양으로 자른다. 팬에 버터를 녹이고 사과를 넣어 약 3분간 볶는다.
　　　　　건포도와 셀러리를 넣는다. 소금으로 간하고 약 3분간 더 볶는다.
　　　　　불을 끄고 고르곤졸라 치즈와 섞는다.

믹싱 　　① 밀가루, 물, 효모를 넣는다.
　　　　　② 글루텐이 생성되면 소금, 설탕, 달걀 노른자를 단계적으로 넣는다.
　　　　　③ 글루텐이 발전되어 반죽이 탄력 있고 윤이 나면 완료한다.
　　　　　　　(최종 반죽온도 : 25℃)

휴지 　　실온휴지(26℃) 60분 후 4℃에 약 60분간 둔다. 혹은 4℃에
　　　　　약 12시간 동안 둔다. (표면이 마르지 않도록 비닐을 덮는다)

버터 충전 반죽을 밀어 펴서 페이스트리용 버터를 넣는다.

밀어 펴기 및 접기 밀어 편 후 3절접기를 2번 한다. 이때 반죽의 두께가 8mm보다
　　　　　　　　 얇지 않게 한다.

휴지 　　4℃, 30분

밀어 펴기 및 접기 한 번 더 밀어 편 후 3절접기를 한다.

정형 　　① 반죽을 2mm 두께로 민다.
　　　　　② 직경 10cm의 원형 틀로 찍어낸다.
　　　　　③ 원형으로 찍어낸 반죽 중 반은 직경 9cm의 원형 틀로 구멍을 뚫는다.
　　　　　④ 구멍을 뚫지 않은 반죽에 달걀물(분량 외)을 바르고 위에 구멍 뚫은
　　　　　　반죽을 올린다.

팬닝 　　팬 1개당 10개씩 놓고 달걀물을 바른 후 전처리한 재료를 넣는다.

발효 　　28℃, 습도 70%, 약 50분

굽기 　　210℃ 오븐에서 약 25분간 굽는다. 셀러리 잎과 얇고 길게 썬 줄기로 장식한다.

사랑에 빠진 낙농꾼의… 고르곤졸라　*Il Gorgonzola... del casaro innamorato*

고르곤졸라 치즈의 마블링은 사랑에 빠진 낙농꾼이 치즈를 만드는 것을 소홀히 한 것에서 유래되었다
고 한다. 밤 동안 무방비 상태로 응유를 놔두었고, 하루 뒤에 곰팡이가 생기게 되었다. 주인에게 혼날
까봐 두려워했던 낙농꾼은 묘책을 꾸미기 시작했다. 저녁의 응유와 아침의 것을 섞은 것이다. 그런데 그
렇게 만든 치즈는 시간이 지나도 딱딱하게 굳지 않았다. 위기를 모면하기 위해서 낙농꾼은 지방과 잔
여물을 나뭇가지로 찔렀다. 만약 그때, 주인이 고약한 냄새를 풍기는 치즈 상태를 알고 이상하게 여겼
다면, 고르곤졸라 치즈는 상품화되지 않았을 것이다. 주인은 그 치즈를 낙농꾼에게 일한 대가로 줬다.
그 낙농꾼은 죽을 만큼 배고픔을 느끼며 치즈를 눈앞에 두고 딜레마에 빠졌다. 그런데 그 치즈는 여전히 딱딱하지 않고 부드러운
상태 그대로였다. 그는 치즈를 맛보고 놀라움을 금치 못했다. 그는 사람들에게 이 맛있는 치즈의 탄생을 알렸다. 그리고 처음에는
'스트라끼오 베르데(stracchio verde - 곰팡이빛의 탁한 초록색)'라는 이름으로 상업화되었다.

gli strudel

스트루델

이 장에서는 중부 유럽의 전형적인 파스티체리아 살라타
이며 묘한 풍미를 가진 스트루델을 소개한다.

사과와 건포도 같은 재료 대신 입 안에 군침이 돌게 하
는 아티초크, 버섯, 채소, 리코따, 파, 베이컨 등의 재료들
을 속재료로 사용한다.

스트루델은 식탁 위의 요리로 올려도 손색이 없으며 다
른 모든 요리들처럼 영양이 풍부하고 풍미가 있다.

이 장에서 소개하는 스트루델의 레시피를 통해 달콤한
디저트 제품들처럼 스트루델을 즐기게 되기를 바란다.

〈추천 와인〉

Presecco di
Valdobbiadene Extra Dry
Giustino Bisol
쁘레세꼬 디 발도비아데
네 엑스트라 드라이
주스티노 비졸 (제조사 :
Ruggeri 루제리)

Presecco di
Valdobbiadene Extra Dry
쁘레세꼬 디 발도비아데
네 엑스트라 드라이
(제조사 : Bianca Vigna
비안카 비냐)

Colli di Parma Malvasia
Extra Dry Acuto
콜리 디 빠르마 말바지아
엑스트라 드라이
아추토 (제조사 : Carra
di Casatico 카라 디
카자티코)

Presecco di
Valdobbiadene
Superiore di
Cartizze Dry
쁘레세꼬 디 발도비아데네
수뻬리오레 디
카르티쩨 드라이 (제조사 :
Bortolin F.lli 보르톨린
프라텔리)

Pressecco di
Valdobbiadene
Superiore di Cartizze
쁘레세코 디 발도비아데
네 수뻬리오레 디
카르티쩨 (제조사 :
Adami 아다미)

아티초크·버섯 스트루델
Strudel con carciofi e funghi

재료

밀가루 1kg(강력분 200g+중력분 800g
　　　또는 W300 P/L0.55)
물 500g, 효모 30g,
소금 25g, 설탕 40g, 달걀 2개, 버터 50g,
페이스트리용 버터 400g

속을 채우는 재료

버섯 250g(이 레시피에서는 샹피뇽 사용),
마늘 2쪽, 아티초크 8개,
블랙 올리브 50g, 파슬리 70g,
엑스트라버진 올리브오일 50g,
소금, 후춧가루 약간

믹싱시간

스파이럴 믹서 : 저속 3분 → 중속 7분
플런저 믹서 : 저속 4분 → 중속 8분

만드는 방법

전처리　버섯을 얇게 썬다. 팬에 올리브오일을 두르고 마늘 1개를 으깨서 넣은 후
버섯을 넣어 볶는다. 팬에 올리브오일을 두르고 마늘 1개를 으깨서 넣은 후
얇게 썬 아티초크를 넣어 약 10분간 볶고 식힌 다음 믹서에 간다.
올리브는 썰어서 버섯과 섞는다. 소금, 후춧가루로 간하고
파슬리를 잘게 다져 넣어 섞는다.

믹싱　① 밀가루, 물, 효모를 넣는다.

② 글루텐이 생성되면 소금, 설탕, 달걀을 단계적으로 넣는다.

③ 잘 흡수되고 난 후 부드러운 버터를 넣는다.

④ 글루텐이 발전되어 반죽이 탄력 있고 윤이 나면 완료한다.
　　(베이스 온도 : 54℃)

휴지　실온휴지(26℃) 60분 후 반죽을 밀어 펴서 5℃에 약 60분간 둔다.
혹은 5℃에 약 12시간 동안 둔다. (표면이 마르지 않도록 비닐을 덮는다)

버터 충전　반죽을 밀어 펴서 페이스트리용 버터를 넣는다.

밀어 펴기 및 접기　밀어 편 후 3절접기를 2번 한다.

휴지　5℃, 최소한 30분

밀어 펴기 및 접기　한 번 더 밀어 편 후 3절접기를 한다.

휴지　5℃, 약 60분

정형　① 반죽을 2mm 두께로 민다.

② 30×30cm 정사각형으로 잘라 가장자리는 비워두고 전처리한 재료를 놓는다.

③ 반죽을 돌돌 말고 마지막 부분은 잘 마무리하여 눌러준다.

팬닝　팬 1개당 2개씩 구불구불하게 놓는다. 달걀물(분량 외)을 바른다.

발효　27~28℃, 습도 70%, 약 50분

굽기　달걀물을 한 번 더 바르고 가볍게 스팀을 준 후 200℃ 오븐에서 굽는다.
굽는 시간은 스트루델의 크기에 따라 달라진다.

아티초크 *Il carciofo*

아티초크는 지중해 지역의 전형적인 채소류 중 하나이다. 이탈리아에는 로마산에서 키오지아산, 캄파니아산, 샤르데냐산, 리구리아산 그리고 풀리아산에 이르기까지 그 종류가 매우 다양하다. 이탈리아는 최초로 세계적인 아티초크를 생산했으며 특히 풀리아 지역은 가장 높은 생산량을 자랑한다. 전형적인 품종은 '카타네제(catanese)'이다. 10월이면 이미 성숙하는 조생품종으로 보통 크기에 가늘고 긴 타원형이다. 잎은 초록색을 띠는데 익는 정도와 생산지에 따라 보랏빛으로 변하는 정도가 달라진다. 가시가 별로 없는 아티초크는 요리에 굉장히 다양하게 사용된다. 전형적인 아티초크 요리 방식은 가는 철사 석쇠에 굽는 것이다. 줄기를 제거하고 잎은 모두 펼쳐서 남겨둔다. 그릴에 바깥쪽 잎이 탈 때까지 약불에 구운 후 바깥쪽 잎은 제거하고 안쪽 잎을 먹는다. 꽃은 오일, 빵가루, 마늘, 파슬리, 소금, 후춧가루로 만든 양념으로 조미하여 먹는다.

트레비조 지역 붉은 라디끼오 스트루델

Strudel al radicchio rosso di Treviso

재료

밀가루 1kg(강력분 200g+중력분 800g
　　　또는 W300 P/L0.55)
물 300g, 레드 와인 200g, 효모 30g,
소금 25g, 설탕 40g, 달걀 노른자 2개 분량,
버터 50g, 페이스트리용 버터 400g

속을 채우는 재료

라디끼오 800g(트레비조 지역의
붉은 라디끼오 사용),
양파 50g, 블랙 올리브 15g
(가에타 지역의 블랙 올리브 사용),
폰티나 치즈 100g, 엑스트라버진 올리브오일,
고춧가루, 소금 약간

믹싱시간

스파이럴 믹서 : 저속 3분 → 중속 7분
플런저 믹서 : 저속 4분 → 중속 8분

만드는 방법

전처리 라디끼오는 굵게 썰고 양파는 잘게 썬다. 팬에 올리브오일을 두르고 양파를 넣고 볶은 후, 라디끼오도 넣어 중간 불에서 볶는다. 소금으로 간하고 고춧가루를 뿌린다. 치즈는 얇은 조각으로 자른다. 올리브는 씨를 제거하고 썬다.

믹싱
① 밀가루, 물, 와인, 효모를 넣는다.
② 글루텐이 생성되면 소금, 설탕, 달걀 노른자를 단계적으로 넣는다.
③ 잘 흡수되고 난 후 부드러운 버터를 넣는다.
④ 글루텐이 발전되어 반죽이 탄력 있고 윤이 나면 완료한다.
　　(베이스 온도 : 54℃)

휴지 실온휴지(26℃) 60분 후 반죽을 밀어 펴서 5℃에 약 60분간 둔다.
혹은 5℃에 약 12시간 동안 둔다. (표면이 마르지 않도록 비닐을 덮는다)

버터 충전 반죽을 밀어 펴서 페이스트리용 버터를 넣는다.

밀어 펴기 및 접기 밀어 편 후 3절접기를 2번 한다.

휴지 5℃, 최소한 30분

밀어 펴기 및 접기 한 번 더 밀어 편 후 3절접기를 한다.

휴지 5℃, 약 60분

정형 ① 반죽을 2mm 두께로 민다. ② 가로30×세로20cm 직사각형으로 잘라 가장자리에 달걀물(분량 외)을 바른다. ③ 반죽 위에 전처리한 재료를 놓는다. ④ 반죽을 세로방향으로 말고 마지막 부분은 잘 마무리한 후 직사각형이 되도록 눌러준다.

팬닝 팬 1개당 3개씩 놓고 반죽 위에 적당한 간격을 유지하며 칼집을 내고 달걀물을 바른다.

발효 27~28℃, 습도 70%, 약 50분

굽기 달걀물을 한 번 더 바르고 200℃ 오븐에서 굽는다.
굽는 시간은 스트루델의 크기에 따라 달라진다.

스낵과 와인 *Snack e vino*

파스티체리아 살라타를 먹을 때 가볍게 와인을 한 잔 하면 기분이 유쾌해진다. 파스티체리아 살라타와 와인이 다른 어떤 것과도 비교할 수 없는 최고의 궁합이라고 말할 수는 없다. 그런데 속을 채운 파스티체리아 살라타의 경우는 다른 주류에 비해 와인과 더 잘 어울린다. 생선 파스티체리아 살라타는 과일향이 풍부하고 드라이하며 맛의 균형이 조화로운 와인이 어울린다. 최고의 궁합은 탄산이 가득한 스푸만떼(샴페인)이다. 토마토, 치즈 파스티체리아 살라타는 상쾌한 화이트와인, 향이 강하지 않은 레드와인과 잘 어울린다. 채소 파스티체리아 살라타는 로제 와인, 과일향이 나는 와인, 맛이 강한 와인, 미디움 바디에 부드럽고 기운찬 특성을 가진 와인과 어울린다. 최고의 궁합은 스푸만떼(샴페인)이다. 치즈 파스티체리아 살라타는 안정되고 조화로운 바디에 가벼운 탄닌의 레드와인과 잘 어울린다. 다양한 프로슈또, 살루미 파스티체리아 살라타는 로제와인이나 가볍고 신선하며 향이 지속적이고 바디가 안정된 와인과 잘 어울린다. 소시지, 살시치아 파스티체리아 살라타는 레드와인이나 좋은 와인향이 나고 풍미가 있으며 드라이하고 가벼운 탄닌의 와인이 잘 어울린다. 포카치아 살라타는 레드와인 혹은 로제와인 또는 꽃 향이 나고 신선하며 풍미가 있고 기운찬 특성을 가진 와인이 잘 어울린다. 최고의 궁합은 역시 스푸만떼(샴페인)이다.

채소·시금치 스트루델

Strudel di erbette e spinaci

재료

밀가루 1kg(강력분 200g+중력분 800g
　　　　또는 W300 P/L0.55)
물 500g, 효모 30g, 소금 25g,
설탕 40g, 달걀 2개, 버터 50g,
페이스트리용 버터 400g

속을 채우는 재료

시금치 350g, 채소 350g(시금치,
쑥갓, 머위, 죽순 등 주로 데치거나
삶아서 먹는 채소 사용),
베이컨 50g, 엑스트라버진 올리브오일 40g,
마늘 1쪽, 소금, 후춧가루 약간,
에멘탈 치즈가루 100g, 바질 30g

믹싱시간

스파이럴 믹서 : 저속 3분 → 중속 7분
플런저 믹서 : 저속 4분 → 중속 8분

만드는 방법

전처리 　시금치를 비롯한 채소는 가늘고 길게 자른다. 베이컨도 가늘고 길게 자른다. 냄비에 올리브오일을 두르고 마늘을 으깨서 넣은 다음 베이컨을 넣어 살짝 볶는다. 시금치, 채소도 넣어 소금, 후춧가루로 간하고 3~4분 더 볶은 후 불을 끄고 식힌다.

믹싱 　① 밀가루, 물, 효모를 넣는다.
　　　② 글루텐이 생성되면 소금, 설탕, 달걀을 단계적으로 넣는다.
　　　③ 잘 흡수되고 난 후 부드러운 버터를 넣는다.
　　　④ 글루텐이 발전되어 반죽이 탄력 있고 윤이 나면 완료한다.
　　　　(베이스 온도 : 54℃)

휴지 　실온휴지(26℃) 60분 후 반죽을 밀어 펴서 5℃에 약 60분간 둔다.
　　　혹은 5℃에 약 12시간 동안 둔다. (표면이 마르지 않도록 비닐을 덮는다)

버터 충전 반죽을 밀어 펴서 페이스트리용 버터를 넣는다.

밀어 펴기 및 접기 밀어 편 후 3절접기를 2번 한다.

휴지 5℃, 최소한 30분

밀어 펴기 및 접기 한 번 더 밀어 편 후 3절접기를 한다.

휴지 　5℃, 약 60분

정형 　① 반죽을 2mm 두께로 민다. ② 가로40×세로10cm 직사각형으로 잘라 가장자리에 달걀물(분량 외)을 바른다. ③ 반죽 위에 전처리한 재료를 놓고, 치즈가루를 뿌린 다음 바질도 다져서 뿌린다. ④ 반죽을 세로방향으로 말고 마지막 부분은 잘 마무리하여 눌러준다. ⑤ 반죽을 반으로 접어 가볍게 꼰다.

팬닝 　팬 1개당 3개씩 놓고 반죽 위를 적당한 간격을 유지하며 가위로 잘라 모양을 낸다. 달걀물을 바른다.

발효 　27~28℃, 습도 70%, 약 50분

굽기 　달걀물을 한 번 더 바르고 가볍게 스팀을 준 후 200℃ 오븐에서 굽는다. 굽는 시간은 스트루델의 크기에 따라 달라진다.

스낵과 칵테일 *Snack e cocktail*

파스티체리아 살라타와 칵테일의 놀랄 만한 궁합은 미식가들에게 커다란 즐거움을 선사한다. 20세기 초 훌륭한 바텐더의 상상력에 의해 탄생한 칵테일은 가히 큰 충격이었다. 1919년 피렌체의 Casoni Bar에서는 이탈리아식 네그로니(Negroni)가 탄생했고, 1948년 베니치아의 Harry's Bar에서는 쥬세페 치프리아니(Giuseppe Cipriani)가 역사적인 칵테일, 벨리니(Bellini)를 개발했다. 벨리니라는 이름은 베네치아에서 전시회를 가졌던 지암벨리니(Giambellino)라 불리던 르네상스 시대의 예술가 Gian Battista Bellini의 이름을 딴 것이다.

다아키리와 모히토는 칵테일을 굉장히 좋아한 어니스트 헤밍웨이(Ernest Hemingway)로 인해 유명해진 칵테일이다. 이 두 칵테일은 쿠바섬에서 계속 사랑받아 온 럼에 기초한 것이고, 쿠바인들이 무척 즐기는 칵테일이다. 헤밍웨이는 다이키리를 마시기 위해 쿠바 하바나에 있는 Floridita라는 바를 즐겨 찾았고, Bodeguita del Medio라는 레스토랑에서 모히토를 즐겨마셨다고 한다.

채소 스트루델

Strudel alle verdure

재료

밀가루 1kg(강력분 200g+중력분 800g
또는 W300 P/L0.55)
물 500g, 효모 30g, 소금 25g,
설탕 40g, 달걀 2개, 버터 50g,
페이스트리용 버터 400g

속을 채우는 재료

당근 300g, 감자 300g, 콩 300g,
파슬리 50g, 소금, 후춧가루 약간,
리코따 300g, 달걀 노른자 3개 분량

믹싱시간

스파이럴 믹서 : 저속 3분 → 중속 7분
플런저 믹서 : 저속 4분 → 중속 8분

만드는 방법

전처리 당근, 감자, 콩을 삶은 후 당근, 감자는 주사위 모양으로 썬다.
파슬리는 잘게 다진다. 채소들과 파슬리를 섞고 소금, 후춧가루로 간한다.
리코따는 체에 내린 후 달걀 노른자와 섞는다.

믹싱 ① 밀가루, 물, 효모를 넣는다.
② 글루텐이 생성되면 소금, 설탕, 달걀을 단계적으로 넣는다.
③ 잘 흡수되고 난 후 부드러운 버터를 넣는다.
④ 글루텐이 발전되어 반죽이 탄력 있고 윤이 나면 완료한다.
(베이스 온도 : 54℃)

휴지 실온휴지(26℃) 60분 후 반죽을 밀어 펴서 5℃에 약 60분간 둔다.
혹은 5℃에 약 12시간 동안 둔다. (표면이 마르지 않도록 비닐을 덮는다)

버터 충전 반죽을 밀어 펴서 페이스트리용 버터를 넣는다.

밀어 펴기 및 접기 밀어 편 후 3절접기를 2번 한다.

휴지 5℃, 최소한 30분

밀어 펴기 및 접기 한 번 더 밀어 편 후 3절접기를 한다.

휴지 5℃, 약 60분

정형 ① 반죽을 2mm 두께로 민다.
② 가로30×세로10cm 직사각형으로 잘라 가장자리에
달걀물(분량 외)을 바른다.
③ 반죽 위에 전처리한 재료를 놓는다.
④ 반죽을 세로방향으로 말고 마지막 부분은 잘 마무리하여 눌러준다.
⑤ 반죽을 달팽이 모양으로 돌린다.

팬닝 팬 1개당 3개씩 놓는다. 달걀물을 바른다.

발효 27~28℃, 습도 70%, 약 50분

굽기 달걀물을 한 번 더 바르고 가볍게 스팀을 준 후 200℃ 오븐에서 굽는다.
굽는 시간은 스트루델의 크기에 따라 달라진다.

저장식품 *In dispensa*

잼이나 설탕 조림처럼 오일에 재운 채소는 식품 저장고에 두고 애피타이저나 생선, 고기 요리에 곁들이는 용도로 활용하기에 환상적이며 치즈, 육류와도 궁합이 잘 맞고 속을 채우는 재료로 사용하기도 좋다. 만약 시간적인 여유가 있다면, 저장식품을 만드는 일에 열중하는 것은 굉장히 흥미로운 일이며 투자한 시간만큼 훌륭한 제품을 만들 수 있다. 하지만 위생과 청결을 철저히 지키지 않으면 위험할 수 있다. 통 안에 넣어서 압축시키고 몇 달간 두었다가 먹기도 하기 때문에 어떠한 사소한 부주의도 용납되지 않는다. 따라서 저장식품은 처음에 좋은 품질의 재료를 선택하고 가공하고 살균, 포장까지 모든 제조 단계마다 상당한 주의와 관리가 필요하다.

채소·리코따 스트루델

Strudel alle erbette e ricotta

재료

밀가루 1kg(강력분 200g+중력분 800g
　　　또는 W300 P/L0.55)
물 500g, 효모 30g, 소금 25g,
설탕 40g, 달걀 2개, 버터 50g,
페이스트리용 버터 400g

속을 채우는 재료

채소 700g (시금치, 쑥갓, 머위, 죽순 등
주로 데치거나 삶아서 먹는 채소 사용),
버터 20g, 리코따 200g, 달걀 2개,
그라나 빠다노 치즈가루 70g,
프로슈또 코또 100g, 소금, 후춧가루 약간

믹싱시간

스파이럴 믹서 : 저속 3분 → 중속 7분
플런저 믹서 : 저속 4분 → 중속 8분

만드는 방법

전처리 채소는 소금을 약간 넣은 끓는 물에 약 3~4분간 데친 후 꽉 짜서
　　　　수분을 제거하고 다진다. 냄비에 버터를 넣고 채소를 넣어 볶는다. 소금,
　　　　후춧가루로 간한다. 용기에 리코따와 달걀을 넣고 소금, 후춧가루로 간하여
　　　　잘 섞는다. 그라나 빠다노 치즈가루를 넣고 프로슈또도 잘게 다져 넣는다.
　　　　채소도 넣고 잘 섞는다.

믹싱 ① 밀가루, 물, 효모를 넣는다.
　　　　② 글루텐이 생성되면 소금, 설탕, 달걀을 단계적으로 넣는다.
　　　　③ 잘 흡수되고 난 후 부드러운 버터를 넣는다.
　　　　④ 글루텐이 발전되어 반죽이 탄력 있고 윤이 나면 완료한다.
　　　　　　(베이스 온도 : 54℃)

휴지 실온휴지(26℃) 60분 후 반죽을 밀어 펴서 5℃에 약 60분간 둔다.
　　　　혹은 5℃에 약 12시간 동안 둔다. (표면이 마르지 않도록 비닐을 덮는다)

버터 충전 반죽을 밀어 펴서 페이스트리용 버터를 넣는다.

밀어 펴기 및 접기 밀어 편 후 3절접기를 2번 한다.

휴지 5℃, 최소한 30분

밀어 펴기 및 접기 한 번 더 밀어 편 후 3절접기를 한다.

휴지 5℃, 약 60분

정형 ① 반죽을 2mm 두께로 민다.
　　　　② 가로15×세로15cm 정사각형으로 잘라 가장자리에
　　　　　　달걀물(분량 외)을 바른다.
　　　　③ 반죽 위에 전처리한 재료를 놓는다.
　　　　④ 반죽을 세로방향으로 말고 마지막 부분은 잘 마무리하여 눌러준다.

팬닝 팬 1개당 6개씩 놓고 적당한 간격을 유지하며 칼집을 내고 달걀물을 바른다.

발효 27~28℃, 습도 70%, 약 50분

굽기 달걀물을 한 번 더 바르고 가볍게 스팀을 준 후 200℃ 오븐에서 굽는다.
　　　　굽는 시간은 스트루델의 크기에 따라 달라진다.

야생 허브 *Le erbe spontanee*

프랑스의 엔리코 4세는 굶주린 백성들이 허브를 얻을 수 있도록 국왕 공원의 철책을 열었다. 국민들은 초원에 장 보러 가는 것처럼 가서 손으로 허브를 뜯어 굶주림을 면하기에 충분했다. 이 야생 허브들은 화학적인 비료나 살 충제를 사용하지 않고 자라서 활성 비타민, 섬유질, 무기질, 단백질이 풍부했다. 백성들은 감사의 마음으로 시금 치와 같은 명아주과 허브(케노포디움 보누스헨리쿠스(C. bonus-henricus))를 왕에게 바쳤다고 한다. 이 허브는 모든 초원에서 일반적으로 많이 볼 수 있고 오늘날에도 '좋은 왕 엔리코'로 부르기도 한다.

파·베이컨 스트루델

Strudel con porri e pancetta

재료

밀가루 800g(강력분 160g+중력분 640g
　　　또는 W300 P/L0.55)
통밀가루 200g, 물 500g,
분유 20g, 효모 30g, 소금 25g,
설탕 40g, 달걀 2개, 버터 50g,
페이스트리용 버터 400g

속을 채우는 재료
파 1kg, 밀가루 약간,
베이컨 300g, 생크림 100g,
그라나 빠다노 치즈가루 250g,
소금, 후춧가루, 넛메그 약간

믹싱시간

스파이럴 믹서 : 저속 3분 → 중속 7분
플런저 믹서 : 저속 4분 → 중속 8분

만드는 방법

전처리 파의 초록색 부분은 제거하고 흰색 부분만 얇고 둥글게 썰어 끓는 물에
데친 후 물기를 제거하고 약간의 밀가루를 묻힌다. 베이컨은 주사위 모양으로
썰어 팬에 살짝 볶는다. 생크림에 파, 그라나 빠다노 치즈가루를 섞은 후
소금, 후춧가루로 간하고 넛메그를 뿌린다.

믹싱　① 밀가루, 통밀가루, 물, 분유(물에 녹여 사용), 효모를 넣는다.
　　　② 글루텐이 생성되면 소금, 설탕, 달걀을 단계적으로 넣는다.
　　　③ 잘 흡수되고 난 후 부드러운 버터를 넣는다.
　　　④ 글루텐이 발전되어 반죽이 탄력 있고 윤이 나면 완료한다.
　　　　　(베이스 온도 : 54℃)

휴지　실온휴지(26℃) 60분 후 반죽을 밀어 펴서 5℃에 약 60분간 둔다.
　　　혹은 5℃에 약 12시간 동안 둔다. (표면이 마르지 않도록 비닐을 덮는다)

버터 충전 반죽을 밀어 펴서 페이스트리용 버터를 넣는다.

밀어 펴기 및 접기 밀어 편 후 3절접기를 2번 한다.

휴지　5℃, 최소한 30분

밀어 펴기 및 접기 한 번 더 밀어 편 후 3절접기를 한다.

휴지　5℃, 약 60분

정형　① 반죽을 2mm 두께로 민다.
　　　② 가로20×세로15cm 직사각형으로 잘라 가장자리에 달걀물(분량 외)을 바른다.
　　　③ 반죽 위에 전처리한 재료를 놓는다.
　　　④ 반죽을 세로방향으로 말고 마지막 부분은 잘 마무리하여 눌러준다.
　　　⑤ 가로15×세로15cm 정사각형으로 잘라 롤러 도커로 무늬를 낸다.
　　　⑥ 무늬를 낸 반죽을 가로방향으로 잡아당겨 늘인 후
　　　　　충전한 반죽을 감싼다.

팬닝　팬 1개당 3개씩 놓고 달걀물을 바른다.

발효　27~28℃, 습도 70%, 약 50분

굽기　달걀물을 한 번 더 바르고 가볍게 스팀을 준 후 200℃ 오븐에서 굽는다.
　　　굽는 시간은 스트루델의 크기에 따라 달라진다.

파 *Il porro*

이탈리아에서는 파를 보통 수프, 스포르마토(sfotmato), 플란(plan)에 특히 많이 사용하고 핀지모니
오(pinzimonio)에 생으로 먹을 때 가장 좋다. 또한 피에몬테지역의 바냐 카우다(bagna cauda)처럼
조리 중에 고기와 채소 등에서 우러나오는 진한 국물을 끓일 때도 많이 사용한다. 그라탕, 리조또,
플란, 바냐 카우다, 달팽이 요리, 폴렌타와 함께 먹는 멧돼지 요리 등 수많은 지역요리에 훌륭한 재
료로 쓰인다

시금치 스트루델
Strudel dolce con spinaci

귤 컵 *Mandarino Cup*

재료

귤 바르넬리(Mandarino Liquore Varnelli) 200㎖, 사과 10조각,
발포성 샴페인 200㎖, 잘게 깬 얼음(crushed ice) 약간

만드는 방법

1 볼에 바르넬리 술을 붓는다. 반달모양으로 썬 사과 10조각 정
도를 술에 잠기도록 넣는다. 2 마시기 직전에 1에 발포성 샴페
인을 붓는다. 3 잔에 잘게 깬 얼음을 3/4 정도 넣고 볼에 있는
술과 사과 한 조각을 국자로 떠서 채워 넣는다.

과일 바르넬리 *Varnelli Fruit*

재료

칵테일 : 바르넬리(Varnelli) 1 1/2oz, 딸기시럽 1/2oz, 오렌지주
스 혹은 자몽즙 4oz, 조각얼음 약간, 장식 : 딸기 혹은 체리

만드는 방법

1 모든 재료를 한꺼번에 조각얼음과 함께 쉐이킹한다. 2 텀블
러 잔에 조각얼음을 가득 채우고 쉐이킹한 칵테일(얼음을 제
외하고 음료만)을 붓는다. 3 딸기 혹은 체리로 장식한다. 텀블
러 잔 대신 큰 볼을 사용해도 된다.

아니스 드링크 *Anice Drink*

재료

바르넬리(Varnelli) 40㎖(1 1/4oz), 미네랄워터 혹은 탄산워터. 레
몬 1조각, 사탕수수 1/2개, 조각 얼음 약간

만드는 방법

1 텀블러 잔에 조각 얼음을 가득 채우고 바르넬리를 붓는다.
미네랄워터 혹은 탄산워터로 잔을 채워 농도를 묽게 한다. 2 레
몬 1조각과 작은 사탕수수를 넣는다.

시빌라 칵테일 *Ricetta Sibilla Cocktail*

재료

칵테일 : 아마로 시빌라(Amaro Sibilla) 1/2oz, 비떼르 깜빠리
(Bitter Campari) 1 1/2oz, 진(Gin) 1oz, 베르모우쓰 로쏘(Ver-
mouth Rosso) 1oz, 가쪼자(gazzosa−탄산 레몬에이드) 1oz,
조각 얼음 약간, 장식 : 오렌지 조각, 서양 파리 등 원하는 과일

만드는 방법

1 모든 재료를 한꺼번에 조각얼음과 함께 쉐이킹한다. 2 일반
칵테일 잔의 2배 크기의 잔(약 12oz 용량의 잔) 혹은 텀블러
에 쉐이킹한 칵테일(얼음을 제외하고 음료만)을 붓는다. 3 조
각 얼음을 넣고 오렌지, 서양 파리 등 원하는 과일로 장식한다.

재료

밀가루 1kg(강력분 200g+중력분 800g 또는 W300 P/L0,55), 물 500g, 효모 30g,
소금 25g, 설탕 40g, 달걀 2개, 달걀 노른자 2개 분량, 페이스트리용 버터 400g

속을 채우는 재료 리코따 300g, 설탕 100g, *아마레띠 100g, 아몬드 200g,
달걀 5개, 아니스술 30g, 바닐라 10g, 시금치 500g

믹싱시간

스파이럴 믹서 : 저속 3분 → 중속 7분, 플런저 믹서 : 저속 4분 → 중속 8분

만드는 방법

전처리 리코따는 체에 거르고 아마레띠 쿠키는 잘게 부수고 아몬드는
다진다. 리코따, 달걀, 아니스술, 바닐라를 섞고 설탕, 아마레띠,
아몬드를 넣고 섞는다. 시금치는 끓는 물에 데친 후 꽉 짜서
물기를 제거하고 잘게 다진 후 앞의 재료와 같이 잘 섞는다.

믹싱 ① 밀가루, 물, 효모를 넣는다. ② 글루텐이 생성되면 소금, 설탕,
달걀, 달걀 노른자를 단계적으로 넣는다. ③ 글루텐이 발전되어
반죽이 탄력 있고 윤이 나면 완료한다. (베이스 온도 : 54℃)

휴지 실온휴지(26℃) 60분 후 반죽을 밀어 펴서 5℃에
약 60분간 둔다. 혹은 5℃에 약 12시간 동안 둔다.
(표면이 마르지 않도록 비닐을 덮는다)

버터 충전 반죽을 밀어 펴서 페이스트리용 버터를 넣는다.

밀어 펴기 및 접기 밀어 편 후 3절접기를 2번 한다.

휴지 5℃, 최소한 30분

밀어 펴기 및 접기 한 번 더 밀어 편 후 3절접기를 한다.

휴지 5℃, 약 60분

정형 ① 반죽을 2㎜ 두께로 민다. ② 가로20×세로15㎝ 직사각형으로
잘라 가장자리에 달걀물(분량 외)을 바른다. ③ 반죽 위에 전처리
한 재료를 놓는다. ④ 반죽을 세로방향으로 말고 마지막 부분은
잘 마무리하여 눌러준다.

패닝 팬 1개당 3개씩 놓고 적당한 간격을 유지하며 칼집을 내고
달걀물을 바른다.

발효 27~28℃, 습도 70%, 약 50분

굽기 달걀물을 한 번 더 바르고 가볍게 스팀을 준 후 200℃ 오븐에서
굽는다. 굽는 시간은 스트루델의 크기에 따라 달라진다.

* 아마레띠(amaretti) : 아몬드, 헤이즐넛 가루, 달걀 흰자로 만든 쿠키

이탈리아 빵 인덱스

아침 식사용 디저트와 빵

과일 스튜와 요구르트 젤라토 / 요구르트·바나나빵 ····· 58

감귤류 마르멜라타 / 달콤한 귀리빵 ····· 60

요구르트 젤라토와 딸기 폰덴티 / 단빵 ····· 62

사과 캐러멜 / 비엔나식 달걀빵 ····· 64

간식용 디저트와 빵

자바이오네 / 코코넛·살구·헤이즐넛빵 ····· 68

크레마 카타라나 / 무화과·초콜릿빵 ····· 70

과일 디저트 / 리코따·체리빵 ····· 184

샤프란 빤나코따 / 단호박·초콜릿빵 ····· 186

식전주와 함께 먹는 빵

감동의 블루 칵테일 / 안초비·레몬빵 ····· 74

열대과일 칵테일 / 양파·베이컨 포카치아 ····· 76

과일 럼 쿨러 / 뻬코리노치즈·발사믹식초 포카치아 ··· 78

바나나 프로즌 다이키리 /

크림치즈를 가득 채운 보꼰치니 ····· 80

식욕을 돋우는 전채요리와 빵

셀러리 젤리와 브레자올라 / 초피빵 ····· 84

스펙과 호박 카라멜레 / 양파·건토마토빵 ····· 86

프로슈또와 그라나 빠다노 치즈 찰다 /

허브(파슬리·차이브·마조람)빵 ····· 88

라르도 카나뻬와 당절임 레몬 /

가지·오레가노 필론치니 ····· 90

함께 먹으면 더 좋은 수프와 빵

보리주빠 / 라르도·양파빵 ····· 130

채소주빠 / 라르도·타임·레몬빵 ····· 134

감자·파 크레마 / 라디끼오·베이컨빵 ····· 136

닭·아스파라거스 미네스트라 / 프리셀레 ····· 138

잠두콩·완두콩 미네스트라 / 돼지 치치올리빵 ····· 140

샐러드와 잘 어울리는 빵

닭고기 샐러드 / 타임·사과·양파빵 ····· 106

뿔닭 샐러드 / 참깨·당근식빵 ····· 110

로즈마리, 월계수잎으로 향을 가미한 오븐채소요리 /

생강·레몬빵 ····· 170

달걀요리와 잘 어울리는 빵

살구버섯소스와 달걀 스타라빠짜떼 /

그라나 빠다노·잣 포카치네 ····· 98

프랑스식 오믈렛 / 꽃상추·훈제 스카모르자치즈빵 ····· 100

  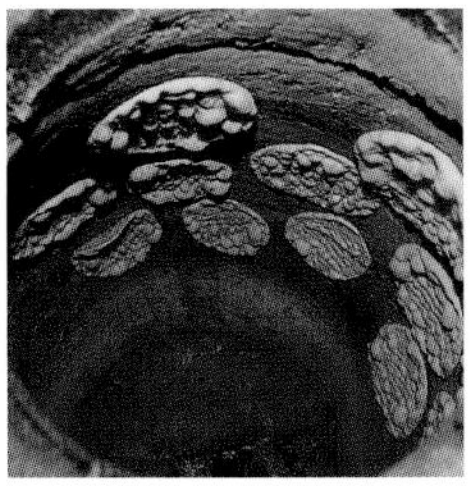  

샐러드와 달걀 / 잠두콩·로마 뻬코리노치즈빵 ---------- 102
메추리알과 송로버섯 / 구운 뽈렌타·라르도빵 ---------- 104

치즈요리에 잘 어울리는 빵

바삭한 파스트 보자기 속에 단맛의 쁘로볼로네 치즈 /
감자·호두빵 ---------- 174
따뜻한 리코따 꾸에넬레 / 곡물빵 ---------- 176
부드러운 셀러리 소스와 카브랄레스 치즈 스포르마티노 /
사과·생강빵 ---------- 178
리코따를 채운 호박꽃 / 배·흑후추빵 ---------- 180

생선·해물요리와 빵

허브(차이브)를 가미한 생선요리 /
루콜라·건토마토 포카치아 ---------- 94
바질소스와 연어스포르마티니 / 리코따·돌박하빵 ---------- 114
어린 잠두콩 퓌레와 바삭하게 튀긴 숭어 /
타임·레몬빵 ---------- 116
달마티아 생선 브로도 / 건토마토 타르티네 ---------- 132
감성돔과 가지요리 / 고수빵 ---------- 144
그릴에 구운 넙치·오징어요리 /
마늘·파슬리 트레치네 ---------- 146
가재새우와 바지락 요리 / 딜 보꼰치니 ---------- 148

쏨뱅이 스튜요리 / 마타리상추 보꼰치니 ---------- 150
노릇하게 구운 농어요리 / 민트 미뇬 ---------- 168

고기·간요리와 빵

쇠고기 카르빠치오와 샐러드 /
회향씨 호밀 치아바따 ---------- 96
육회 / 감자·로즈마리 필론치노 ---------- 112
거위 간 스칼로빠와 감자 찰다 / 대황미뇬 ---------- 120
거위 간 밀레폴리에 / 배·아몬드빵 ---------- 122
피스타치오로 옷을 입힌 소 간요리 /
샬롯·돼지볼살빵 ---------- 124
오리 간과 소 안심 / 단호박·호두빵 ---------- 126
사슴 탈리아타 요리 / 사과·잣·계피빵 ---------- 154
사보이가의 노루 요리 / 샬롯·레드 와인빵 ---------- 156
토끼고기와 레몬그라스 / 양파 필론치노 ---------- 158
소 볼살과 레몬 껍질을 가미한 감자 칸논치니 /
풀리시를 이용한 가정식 빵 ---------- 160
소 채끝살 요리 / 홍후추 미뇬 ---------- 162
허브로 옷을 입힌 돼지 안심 요리 /
듀럼밀·커민씨빵 ---------- 164
꼬치 요리 / 파프리카빵 ---------- 166

이탈리아 스낵 인덱스

스폴리아토

밀기울 / 볶은 밀기울 브리오슈 살라타 ············ 230

초피 크루아상 ············ 232

염장 황새치 / 타임·레몬 크루아상 ············ 234

그라나 빠다노·후추 크루아상 ············ 236

홍후추 크루아상 ············ 238

야생채소와 달걀요리 / 잠두콩·뻬코리노 크루아상 ············ 240

바질, 피망과 달걀 스파게티 / 민트 스폴리아토 ············ 242

허브와 소 안심 / 쥐오줌풀 스폴리아토 ············ 244

향신료 스폴리아토 ············ 246

파프리카 스폴리아토 ············ 248

루콜라 인볼티니 / 카르다몸 스폴리아토 ············ 250

아니스술 / 아니스 짤츠스탕 ············ 252

모르타델라 / 허브 짤츠스탕 ············ 254

염장 연어 / 고수·후추 짤츠스탕 ············ 256

포카치아

엑스트라버진 올리브오일 / 프로방스 포카치아 ······ 260

차이브 / 허브 포카치아 ············ 262

케이퍼 / 건토마토·케이퍼 포카치아 ············ 264

쁘로볼라 치즈 / 쁘로볼라·로즈마리 포카치아 ······ 266

빠르미지아노 레지아노 / 빠르미지아나 포카치아 ······· 268

구완치알레 / 샬롯·돼지 볼살 포카치아 ············ 270

안초비·레몬 포카치아 ············ 272

라디끼오 / 트레비조 지역의 붉은 라디끼오 포카치아 ··· 274

회향씨 포카치아 ············ 276

맥아 / 해바라기씨 포카치아 ············ 278

생강·레몬 포카치아 ············ 280

감자 피자 ············ 282

파스테 필라떼 / 꽃상추·훈제 스카모르자 칼조네 ······· 284

속을 채운 포카치아

버섯으로 속을 채운 포카치아 ············ 288

리코따로 속을 채운 포카치아 ············ 290

참치·스카모르자 포카치아 ············ 292

에멘탈 / 열대과일 포카치아 ············ 294

맛있는 오일 / 파·치즈 포카치아 ············ 296

폰티나 / 치즈로 속을 채운 포카치아 ············ 298

카프리니 / 채식주의자를 위한 포카치아 ············ 300

속을 채운 스폴리아타 포카치아

꽃상추 스폴리아타 포카치아 ············ 304

올리브 / 양파로 속을 채운 스폴리아타 포카치아 ······· 306

시금치로 속을 채운 스폴리아타 포카치아 ············ 308

고추 / 붉은 라디끼오 스폴리아타 칼조네 ⋯⋯⋯ 310

엠머밀 / 파로 속을 채운 스폴리아타 포카치아 ⋯⋯ 312

양파 / 감자·양파 스폴리아타 포카치아 ⋯⋯⋯ 314

속을 채운 빠니니

생강향 파 스튜 / 당근·우유 치아바띠나 ⋯⋯⋯ 318

송로버섯 리코따와 메추리알/시금치·우유 치아바띠나 320

계절 채소 / 붉은 근대뿌리·우유 치아바띠나 ⋯⋯ 322

가지 카뽀나타 / 토마토 퓌레·우유 치아바띠나 ⋯⋯ 324

콜론나타 라르도와 구운 닭고기 /

카레·우유 치아바띠나 ⋯⋯⋯ 326

토마토 마르멜라타와 오븐에서 구운 양파 /

밀기울 샌드위치 ⋯⋯⋯ 328

벨루르노 지역 밤 / 밤가루로 만든 베네치아 살라타 ⋯ 330

그릴에 구운 채소 / 햄버거 타르티나 ⋯⋯⋯ 332

루콜라, 베이컨, 염소치즈 / 핫도그 필론치노 ⋯⋯ 334

토마토 콩피와 트로페아 지역 양파 샐러드 /

소금물에 담근 빠니니 ⋯⋯⋯ 336

따뜻한 채소·카제라 샐러드/호밀·엠머밀 시골 빠니노 338

스낵과 맥주 / 구겔호프 살라토 ⋯⋯⋯ 340

스낵

베샤멜라 / 그라나 빠다노 스낵 ⋯⋯⋯ 344

토마토 꽈드로띠 ⋯⋯⋯ 346

호두·파 타르텔레떼 ⋯⋯⋯ 348

노르웨이 연어 / 연어 파고티노 ⋯⋯⋯ 350

해피 타임 / 닭고기 스낵 ⋯⋯⋯ 352

호박 타르텔레떼 ⋯⋯⋯ 354

프로슈또 코또 / 프로슈또 스낵 ⋯⋯⋯ 356

버터 / 가지 타르텔레떼 ⋯⋯⋯ 358

산 다니엘레 / 프로슈또 크루도 키오치올라 ⋯⋯ 360

넛메그 / 양파·베이컨 키슈 ⋯⋯⋯ 362

파리시의 달걀 / 시금치·프로슈또 키슈 ⋯⋯⋯ 364

IGP 인증 알토아디제지역 스펙 /

스펙·치즈 로톨로 ⋯⋯⋯ 366

고르곤졸라 체스티니 ⋯⋯⋯ 368

스트루델

아티초크·버섯 스트루델 ⋯⋯⋯ 372

스낵과 와인 /

트레비조 지역 붉은 라디끼오 스트루델 ⋯⋯⋯ 374

스낵과 칵테일 / 채소·시금치 스트루델 ⋯⋯⋯ 376

저장식품 / 채소 스트루델 ⋯⋯⋯ 378

야생 허브 / 채소·리코따 스트루델 ⋯⋯⋯ 380

파·베이컨 스트루델 ⋯⋯⋯ 382

시금치 스트루델 ⋯⋯⋯ 384

Pane&
Pani

Snack
Food

유럽 제빵계 거장 삐에르조르죠의

이탈리아 빵과 스낵

저자	Piergiorgio Giorilli
사진	Francesca Brambilla
번역	김선정
감수	김창석
발행인	장상원
편집인	이명원
초판 1쇄	2014년 11월 12일
발행처	(주)비앤씨월드
	출판등록 1994. 1. 21. 제16-818호
	주소 서울특별시 강남구 청담동 40-19 서원빌딩 3층
	전화 (02)547-5233　　팩스 (02)549-5235
인쇄	신화프린팅
ISBN	ISBN 978-89-88274-98-9　93590

http://www.bncworld.co.kr

이 도서의 국립중앙도서관 출판예정도서목록(CIP)은 서지정보유통지원시스템
홈페이지(http://seoji.nl.go.kr)와 국가자료공동목록시스템(http://www.nl.go.kr/kolisnet)에서
이용하실 수 있습니다. (CIP제어번호 : CIP2014031022)